高等学校专业教材

印刷电子材料

莫黎昕　李路海　著
崔　铮　主审

中国轻工业出版社

图书在版编目（CIP）数据

印刷电子材料／莫黎昕，李路海著. —北京：中国轻工业出版社，2023.9

ISBN 978-7-5184-4516-5

Ⅰ.①印… Ⅱ.①莫…②李… Ⅲ.①印刷工业—电子学 Ⅳ.①TS8

中国国家版本馆CIP数据核字（2023）第151025号

责任编辑：杜宇芳　　责任终审：劳国强　　封面设计：锋尚设计
文字编辑：王　若　　责任校对：吴大朋　　责任监印：张京华
策划编辑：杜宇芳　　版式设计：霸　州

出版发行：中国轻工业出版社（北京东长安街6号，邮编：100740）

印　　刷：北京君升印刷有限公司

经　　销：各地新华书店

版　　次：2023年9月第1版第1次印刷

开　　本：787×1092　1/16　印张：13

字　　数：350千字

书　　号：ISBN 978-7-5184-4516-5　定价：59.80元

邮购电话：010-65241695

发行电话：010-85119835　传真：85113293

网　　址：http://www.chlip.com.cn

Email：club@chlip.com.cn

如发现图书残缺请与我社邮购联系调换

211247J1X101ZBW

前　言

作为人类文明的象征之一，印刷术最早用于文字、图像信息的复制传播。随着社会与科技的进步，印刷技术的功能不断发生着变化，逐渐向多功能、交叉性方向发展。印刷技术越来越多地与材料、化学、物理、电子、生物等学科交叉融合，其产品的多样化趋势也日益明显，在一些新兴产业中得到应用和发展，如印刷显示、印刷光伏、印刷传感等。印刷电子技术的发展见证了印刷技术从图文信息复制到功能性拓展这一转变过程，是一项颠覆性技术。我则有幸见证并亲身参与了我国印刷电子技术与产业的发展、壮大过程。2005年，我在硕士阶段便接触到了印刷电子方面的研究课题，毕业论文《导电油墨构成与导电性能关系的研究》从无机和有机导电材料两方面研究了导电油墨的构效关系。2008年我来到天津大学继续攻读博士，研究方向仍然选择了印刷电子材料，博士论文《保护剂对纳米银喷墨导电墨水性能的影响研究》进一步对纳米银导电油墨性能影响因素进行了深入研究。2011年我回到北京印刷学院工作，加入了北京市印刷电子工程技术研究中心（简称"中心"）。到目前为止，我已经在印刷电子材料与技术领域从事科研、教学工作近20年。在这20年间，我有幸得到了一批国内印刷电子领域知名学者的指导，包括邹竞院士、李路海教授、崔铮研究员、宋延林研究员、杨力研究员等，目睹了中国印刷电子领域取得的长足进步，我自己也获得了成长。

第一次有写一本关于印刷电子材料的专业书籍的想法是在2015年，当时北京印刷学院的印刷工程专业进行了培养方案修订，增加了"印刷制造"培养方向，其中印刷电子是最为重要的一个支撑。但彼时受制于自身的积累还不够，于是直到2019年我才正式着手撰写本书。本书共分7章。第1章概述了印刷电子的起源与发展，对印刷电子的技术特征、应用领域及所用工艺进行了总结，并对本书将要重点介绍的各种印刷电子材料进行了概括性介绍。第2章到第5章分别介绍了可印刷无机导电材料、可印刷有机与复合导电材料、可印刷电介质材料及印刷电子基材，比较全面地涵盖了印刷电子材料的门类。第6章专门针对导电油墨制备与后处理技术进行了介绍，这是由导电油墨在整个印刷电子技术中所起到的基础核心作用所决定的。同时，这也是我自己多年深耕的研究领域，目前市面上还没有专门的书籍系统介绍与此相关的内容。第7章介绍了一类印刷电子技术典型的应用产品——柔性透明导电膜。考虑到印刷电子本身的交叉性，读者可能来自不同学科背景，因此本书各章均以描述基本原理为主，辅之以大量实例与图表，避免了烦琐的数学描述，突出其基础性与前沿性。作为一本专门介绍印刷电子材料的书籍，本书既可以作为印刷电子学的入门读物，也具有一定的专业知识深度，适于具有大学物理、化学基础的读者。同时，本书可供印刷工程专业本科生作为教材使用，也适于从事印刷电子研究与实践的研究生与科研人员阅读。

本书撰写过程中得到了方一、辛智青、李亚玲、韩少波、李修、孙志成、陈寅杰、韩璐、梁丽娟、王旭亮、李晓明、经鑫等多位老师的帮助。中科院苏州纳米技术与纳米仿生研究所崔铮研究员担任本书主审。北京印刷学院研究生王芳冬、马维娟、刘媛琪、赵静、韩紫芸、耿明天也参与了本书的校对，在此一并表示感谢！

  本书出版得到了北京市教委市属高校一流专业（北京印刷学院印刷工程专业）建设经费的支持。

  限于作者水平，书中难免存在不当之处，欢迎读者提出宝贵意见。

莫黎昕
2023 年 7 月

目 录

第1章 绪论 ·· 1
  1.1 印刷电子的起源与发展 ·· 1
  1.2 印刷电子的技术特征 ·· 2
    1.2.1 印刷电子与微电子 ··· 3
    1.2.2 印刷电子与经典印刷 ··· 4
  1.3 印刷电子应用领域 ·· 7
    1.3.1 印刷显示 ·· 7
    1.3.2 印刷传感 ·· 8
    1.3.3 印刷储能 ·· 8
    1.3.4 印刷太阳能电池 ·· 9
    1.3.5 其他 ·· 10
  1.4 印刷电子工艺 ··· 11
    1.4.1 新型印刷电子技术 ·· 12
    1.4.2 印后烧结技术 ·· 14
  1.5 印刷电子材料 ··· 16
  复习思考题 ·· 17
  参考文献 ··· 18

第2章 可印刷无机导电材料 ·· 19
  2.1 引言 ··· 19
  2.2 金属材料 ·· 19
    2.2.1 银 ·· 19
    2.2.2 铜 ·· 26
    2.2.3 金 ·· 28
    2.2.4 金属材料在印刷电子中的应用 ··· 30
  2.3 碳材料 ··· 31
    2.3.1 富勒烯 ··· 34
    2.3.2 碳纳米管（CNTs） ··· 36
    2.3.3 石墨烯 ··· 40
    2.3.4 碳材料在印刷电子中的应用 ·· 44
  2.4 新型无机导电材料 ·· 47
    2.4.1 液态金属 ·· 47
    2.4.2 MXene ·· 52
  2.5 半导体材料 ··· 57
    2.5.1 硅基半导体 ·· 57
    2.5.2 过渡金属氧化物（MOS） ·· 58
    2.5.3 过渡金属硫化物（TMDs） ··· 63

2.5.4　过渡金属氢氧化物 66
　复习思考题 68
　参考文献 68

第3章　可印刷有机与复合导电材料 78
　3.1　引言 78
　3.2　有机导电聚合物材料 79
　　3.2.1　具有不同载流子的导电聚合物 80
　　3.2.2　导电机理 83
　　3.2.3　合成方法 86
　　3.2.4　存在的问题和挑战 86
　3.3　有机小分子导电材料 88
　　3.3.1　并五苯与杂环并五苯小分子材料 89
　　3.3.2　芳胺类蓝光小分子材料 90
　　3.3.3　蒽类（二芳香基）衍生物 91
　　3.3.4　咔唑类蓝光小分子材料 91
　　3.3.5　有机小分子的导电机理 91
　3.4　有机导电复合材料 93
　　3.4.1　导电机理及影响因素 94
　　3.4.2　有机导电复合材料的分类 97
　　3.4.3　制备方法 100
　　3.4.4　发展前景 102
　3.5　有机与复合导电材料的应用 103
　　3.5.1　有机发光二极管（OLED） 103
　　3.5.2　有机场效应晶体管（OFET） 104
　　3.5.3　有机太阳能电池 108
　　3.5.4　电致变色 109
　　3.5.5　热电发电机与温度传感器 110
　复习思考题 110
　参考文献 110

第4章　可印刷电介质材料 113
　4.1　引言 113
　4.2　极化原理 114
　　4.2.1　电子极化 114
　　4.2.2　原子极化 114
　　4.2.3　取向极化 114
　4.3　介电性能表征 115
　　4.3.1　电容量 115
　　4.3.2　相对介电常数 115
　　4.3.3　介电损耗 115
　　4.3.4　介电弛豫 116
　　4.3.5　击穿电场 116

4.4 有机电介质 ... 116
4.4.1 聚乙烯吡咯烷酮（PVP） ... 116
4.4.2 有机场效应晶体管用有机电介质 ... 117
4.4.3 生物高分子电介质 ... 117
4.5 无机电介质 ... 121
4.5.1 钛酸钡 ... 122
4.5.2 CCTO ... 122
4.5.3 其他铁电材料 ... 123
4.6 复合电介质 ... 123
4.6.1 不同类型的复合电介质 ... 124
4.6.2 复合电介质的制备 ... 132
4.6.3 影响聚合物基复合电介质介电性能的因素 ... 133
4.6.4 复合电介质发展趋势 ... 136
复习思考题 ... 136
参考文献 ... 137

第 5 章 印刷电子基材 ... 142
5.1 引言 ... 142
5.2 印刷电子基材性质 ... 142
5.3 高分子基材 ... 143
5.3.1 高分子薄膜表面处理 ... 143
5.3.2 BOPET 薄膜 ... 145
5.3.3 PEN 薄膜 ... 147
5.3.4 PI 膜 ... 149
5.4 纸张基材 ... 151
5.4.1 纤维导电纸 ... 152
5.4.2 纳米纸 ... 154
5.5 新型印刷电子基材 ... 155
5.5.1 可拉伸基材 ... 155
5.5.2 可自愈基材 ... 155
5.6 柔性玻璃 ... 157
5.7 纤维织物 ... 160
5.8 铝基 ... 161
5.9 陶瓷材料 ... 161
复习思考题 ... 161
参考文献 ... 162

第 6 章 导电油墨制备与后处理技术 ... 165
6.1 引言 ... 165
6.2 导电油墨的组成与性能 ... 167
6.3 导电油墨制备技术 ... 169
6.3.1 金属纳米颗粒导电油墨制备技术 ... 171
6.3.2 金属有机化合物导电油墨制备技术 ... 174

6.4 导电油墨印后处理 174
　　6.4.1 热烧结 175
　　6.4.2 光子烧结 176
　　6.4.3 其他后处理技术 180
复习思考题 181
参考文献 182

第7章　柔性透明导电膜 185
7.1 引言 185
7.2 金属氧化物透明导电膜 186
　　7.2.1 金属氧化物透明导电膜简介 186
　　7.2.2 制备方法 187
7.3 超薄金属透明导电膜 188
　　7.3.1 超薄金属透明导电膜简介 188
　　7.3.2 制备方法 188
7.4 导电高分子透明导电膜 190
7.5 碳基材料透明导电膜 190
7.6 金属纳米线透明导电膜 192
　　7.6.1 金属纳米线透明导电膜简介 192
　　7.6.2 制备方法 192
7.7 金属网格透明导电膜 193
　　7.7.1 金属网格透明导电膜简介 193
　　7.7.2 制备方法 193
7.8 柔性透明导电膜应用与发展 195
　　7.8.1 柔性透明导电膜的应用 195
　　7.8.2 柔性透明导电膜发展要求 196
复习思考题 196
参考文献 197

第1章 绪 论

1.1 印刷电子的起源与发展

印刷电子（printed electronics，PE）是指：全部或部分利用印刷工艺制备电子器件或系统的科学与技术[1,2]。印刷电子具有多学科的交叉性、边缘性和综合性，印刷电子器件具有柔性化、绿色化、低成本、可大面积生产等特点。因此，印刷电子技术也被看作是硅基电子技术的重要补充与发展，受到了学术界和产业界的广泛关注。

印刷电子技术起源于有机电子学（organic electronics）。有机场效应晶体管（organic field effect transistor，OFET）于1986年首次被报道[3]，同一时期美国柯达公司的华裔科学家邓青云（Dr. C. W. Tang）研究了异质结有机光伏器件[4]并发明了有机发光二极管（organic light-emitting diode，OLED)[5]，从此开始了有机电子学时代。有机聚合物与小分子材料有可能被制备成溶液态，这为批量化、低成本印刷制造有机电子器件提供了基础。1997年，美国华裔科学家鲍哲南在贝尔实验室工作期间，利用有机半导体 P3HT［poly(3-hexylthiophene)］为主要原材料，通过丝网印刷方法将半导体层、介电层与导电电极全部印刷到 PET 塑料薄膜上，做出了世界上首个印刷薄膜晶体管[6]。随后剑桥大学卡文迪什实验室的科学家又开发出全部用喷墨打印方法制备有机场效应晶体管的技术[7]。尽管有机电子学在过去30多年得到了快速发展，但是仍然面临溶液态有机半导体材料电荷迁移率显著低于真空沉积有机小分子这一瓶颈性问题。两者的数值差异基本维持在一个数量级，这使得有机电子学在过去30多年的发展并没有导致印刷电子学时代的来临。印刷技术作为一种电子器件制造技术真正受到关注得益于无机纳微米材料的发展。不同维度的无机纳微米材料（量子点、纳米颗粒、纳米线、纳米片等）能够通过其表面改性和溶剂选择制得稳定的分散液，并调制获得可用于不同印刷方式的功能性油墨，最终用于印刷制造各种电子器件。纳米材料本身的性质赋予印刷功能层具有电荷传输性能、介电性能、光电性能、传感性能等，体现了印刷技术作为一种低成本电子器件增材制造的优越性。

"印刷电子"这一概念从提出至今约20年时间，随着印刷电子技术的发展，其内涵也越发广泛，交叉性日益体现。"柔性电子""可拉伸电子""可穿戴电子""三维电子""生物电子""嵌入电子"等名词和方向不断出现，并与印刷电子技术相互交叉融合。以柔性电子技术（flexible electronics）为例，由于印刷技术本身所具备的可柔性化、大面积、低成本制造等特点，印刷电子技术天然具有与柔性电子技术不可分割的依附性，人们也习惯于将其合称为柔性与印刷电子（flexible and printed electronics，FPE）。可穿戴电子则是伴随人工智能、物联网技术、智慧医疗、电子皮肤等领域的发展而广受关注。据国际调研机构 IDTechEx 发布的数据显示，截至2021年全球可穿戴设备用户已接近9亿，其市场份额在2025年将增长到750亿美元甚至以上[8]。尽管目前可穿戴设备发展迅速，但其仍然面临硬质刚性、难以贴附人体、可植入兼容性差等问题，这为印刷电子技术的介入应用提供了机会。

印刷电子工艺发展方面，在最初的实验室研究阶段，人们更加关注喷墨打印制备电子器件。随着印刷电子技术与产业的发展，在继续关注高速、大幅面、高精度喷墨印刷工艺的同时，人们将目光逐步转移到凹版印刷、柔版印刷、丝网印刷以及一些新兴的印刷技术上，以便通过"卷到卷"工艺（roll to roll，R2R）实现柔性电子器件的批量化与低成本制造。光伏、照明、显示、传感、智能包装等逐渐成为印刷电子最主要的应用领域，性能优异、环境友好的印刷电子材料以及各种新型印刷与后处理技术的开发和应用成为当前印刷电子发展的主要方向与目标。

随着印刷电子的发展，国内印刷电子应用领域研究也更加蓬勃发展，2010年在中科院苏州纳米技术与纳米仿生研究所宣告成立国内第一个印刷电子技术研究中心。同年7月，在苏州举办了国内首届印刷电子技术研讨会。2011年，由北京印刷学院牵头，成立了中国印刷电子产业创新联盟。2012年，中国应邀出席了在韩国首尔召开的国际印刷电子标准委员会成立大会。中国印刷电子技术的研发与产业化活动从此进入国际视野。同年，苏州纳米技术与纳米仿生研究所崔铮研究员出版了印刷电子的专业书籍《印刷电子学——材料、技术及其应用》，全面和系统地从材料、工艺技术、应用等方面介绍了印刷电子学这一新兴学科[9]。此后，清华大学、上海交通大学、华中科技大学、华南理工大学、天津大学、西北工业大学、北京印刷学院等国内各大研究机构和高校相继建立印刷电子技术研究中心。

在国家层面，2013年由天津大学工程院院士邹竞教授领衔撰写并向中国工程院提交了"中国印刷电子产业政策研究"的调研报告。2013年年底，科技部高技术研究发展中心组织了"西苑沙龙"，召集国内专家研讨中国发展印刷电子的方案。2014年，由TCL研究院牵头组织了三次研讨会，研究中国发展印刷显示技术的规划。在此基础上形成了科技部重点研发计划"印刷显示"专项指南，并于2015年发布。2016年11月，我国发布《"十三五"国家战略性新兴产业发展规划》，规划指出将着力提升关键芯片、后摩尔定律时代芯片、AMOLED、超高清（4K/8K）量子点液晶显示、柔性显示、电力电子、印刷电子、半导体照明、惯性导航、新型片式元件、光通信器件、专用电子材料等核心基础硬件供给能力。由此可见，柔性印刷电子行业在政策支持下，面临着良好的发展机遇。

此外，全国柔性与印刷电子研讨会、柔性与印刷电子国际会议等学术会议每年的规模和人数都在不断扩大；除了学术研讨外，自2012年以来每年在上海还举办与产业相关的柔性与印刷电子产业前瞻高峰论坛。印刷电子技术与产业已在中国获得广泛关注。

1.2 印刷电子的技术特征

在上一小节中，本书对印刷电子进行了定义，即：全部或部分利用印刷工艺制备电子器件或系统的科学与技术。由印刷电子的定义可知，传统的电子信息技术和印刷技术相互交叉、融合，构建了印刷电子技术的基本特征。在本小节，我们将分别与传统微电子及印刷技术进行比较，明晰印刷电子的技术特征。

1.2.1 印刷电子与微电子

印刷电子与基于光刻蚀技术的硅基微电子相比,具有以下技术特征:

(1) 使用的材料和设备价格更低。传统硅基微电子行业资本门槛非常高,而印刷电子技术使用的材料如导电油墨、柔性基材等价格相对低廉,且采用了低成本的各种印刷技术进行制造,因此印刷电子技术资本准入门槛更低,更有利于技术的推广。

(2) 器件制造工艺简单、高效,制造过程避免了不必要的浪费及污染。图1-1所示为传统光刻蚀技术与印刷电子技术的工艺过程比较,我们所熟悉的印刷电路板(PCB)制作就是基于这种传统光刻蚀技术。传统的光刻蚀工艺分为9步之多,其中成膜、一次烘焙、曝光、二次烘焙、刻蚀及去除光刻胶等6个步骤需要消耗各种能源。由于光刻蚀技术采用的是"减法"制造工艺,造成了沉积导电层及光刻胶的大量浪费,而且在刻蚀、去除光刻胶、清洗等过程中往往需要使用大量的化学试剂,对环境造成了污染。相比之下,印刷电子技术是"加法"制造工艺,制造导电线路仅需印刷与印后烧结两步,大大简化了制备工艺,避免了浪费与污染。

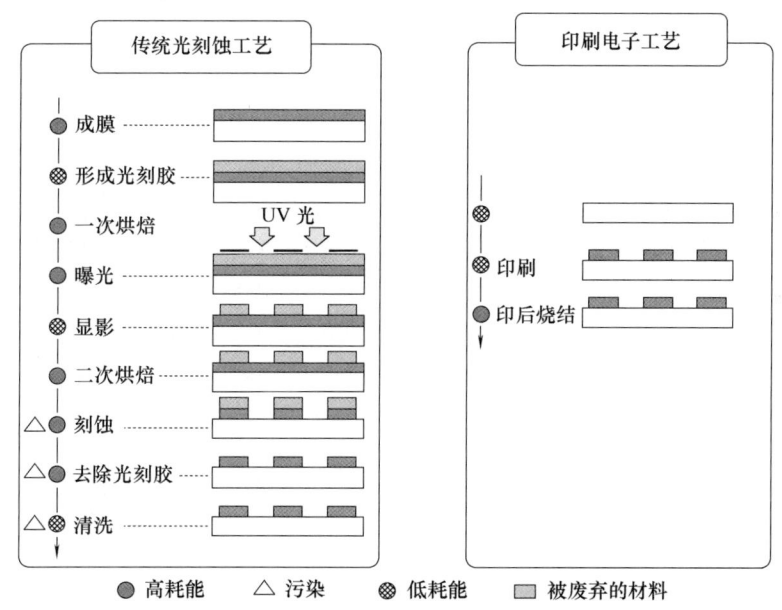

图1-1 传统光刻蚀技术与印刷电子技术工艺过程比较示意图

(3) 更加适于在一些对温度及化学处理敏感的柔性基材上制备各种电子器件,如塑料薄膜、纤维、纸张等。近年来,随着显示技术的高速发展以及人们对阅读方式提出的新的期望,柔性显示器件成为研究的热点。印刷电子技术不需要高温及大量的化学处理,且适合于大面积的电子电路及器件印刷,特别适用于柔性显示器件的制造,图1-2 (a) 所示是利用印刷电子技术在柔性基材上制备的电子电路,相应的柔性显示器件如图1-2 (b) 所示。

(4) 具有"加法"制造特点的印刷电子技术可以消除大多数基于化学刻蚀工艺带来的废液排放等环境污染问题,是一种绿色制造技术。同时,印刷电子技术通过采用具有良

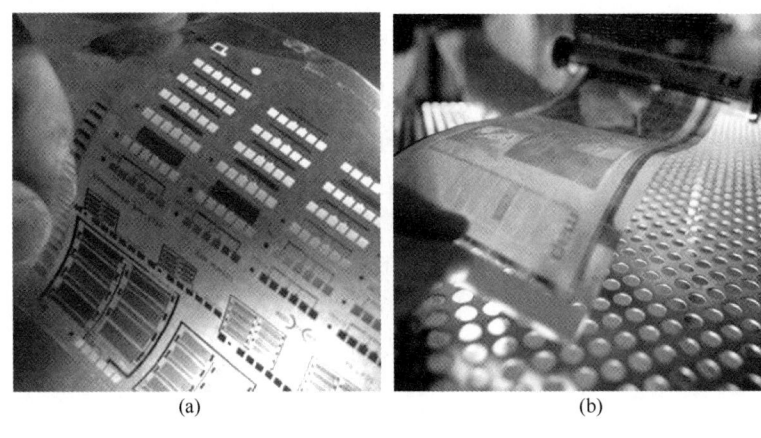

图 1-2
（a）利用印刷电子技术制备的电子电路 （b）相应柔性显示器件

好降解性的有机功能材料与基材，可以解决日益严重的电子产品垃圾带来的环境污染问题。

尽管印刷电子器件的性能和集成度与硅基微电子产品相比还有明显的差距，但上述技术特征使其可以应用于硅基微电子所不能胜任的众多领域，其大面积批量化制造、器件柔性化、生产工艺绿色环保等特点符合当今社会和科技的发展趋势，而且还能创造出硅基微电子产品难以实现的产品。表 1-1 从设备成本、材料成本、能耗、产品形态、生产方式、商业模式等几个方面对印刷电子技术和硅基微电子技术进行了全面比较。

表 1-1　印刷电子技术与硅基微电子技术的比较

	印刷电子技术	硅基微电子技术
设备成本	投入较小，百万到数亿的投入即可，取决于产品种类；运行维护成本低	投入巨大，通常需要几亿到数百亿；运行维护成本极高
材料成本	材料来源广泛，成本下降；"加法"工艺，材料利用率高	以硅材料为主，成本高；"减法"工艺，材料利用率低
能耗	加工温度低，设备能耗低	加工温度高，需要高真空设备，能耗高
产品形态	产品个性化，多样化，生产周期短	产品单一，生产周期长
生产方式	以轻、薄、柔性基材为主，可实现卷对卷大面积连续生产	以刚性基材、单件生产为主，大面积生产受限制
商业模式	一次性工艺线的投入，通过更新材料和设计，实现产品的更新换代	通过更新昂贵的生产线进行技术和产品的换代，实现利润空间

1.2.2　印刷电子与经典印刷

作为人类文明的象征之一，印刷技术最早用于文字信息的复制传播。随着社会的发展，印刷的功能和技术在不断发生着变化，逐渐向多媒体、多功能方向转变，印刷产品的多样化趋势日益明显，并在一些新兴制造业中得到应用和发展，进而推动着社会发展进步。印刷的定义随着时代的变迁有一定变化，其本质是将微小功能单元在空间内精确摆放的一个过程，与这个过程相关联的技术被称为印刷技术。其中，"功能单元"是指具有某种或某些特定功能的单元，既包括经典印刷技术中普遍使用的呈色剂，也包括其他一些功能材料，如导体、半导体、电阻、电致发光材料等。当呈色剂形成微小功能单元并按照人的视觉特征在承印基材表面进行排列组合时，就构成了我们今天所熟悉的印刷传媒的基础；当具有不同声、光、电、热、力、生物等性能的功能材料在空间内被精确摆放时，就构成了印刷制造的基础。从宏观层面观察，印刷具有文化传播和产品制造的双重功能。印刷技术作为一种实现产品功能和制造的手段，已经越来越多地受到了学术界和产业界的关注。与此同时，我们也应该看到，电子器件往往对其制造精度提出了更高的要求，而功能油墨的特性也与传统呈色油墨有着显著的差异。因此，印刷电子技术中涉及的印刷工艺也绝非是传统印刷工艺的照搬，需要对其进行适合印刷电子技术特征的改良。为了更加直观地比较印刷电子与传统印刷技术，本节将以金属栅格型透明导电膜为例，介绍其印刷制造过程，并从材料、工艺及产品属性等方面与传统经典印刷进行比较。

（1）印刷透明导电膜的原理　印刷透明导电膜（transparent conductive film，TCF）是印刷电子领域的关键基础材料之一，能够被广泛地应用于柔性显示器件、薄膜太阳能电池、柔性发光器件及智能薄膜器件等新兴电子产品。传统的透明导电膜以金属氧化物氧化铟锡（indium tin oxide，ITO）为代表，具有技术成熟、光电性能优良的优点。但是，由于氧化铟锡中的铟元素（In）价格昂贵且有毒，并不适合于当今社会对于绿色环保生产方式的提倡以及可持续发展的要求；同时，基于真空沉积技术的ITO薄膜制备方法使得传统透明导电膜的柔性较差，无法满足新型柔性电子产品的应用要求。印刷制造是一种"加法"生产技术，用于制备柔性透明导电膜有利于克服传统技术生产效率低、成本高、非绿色环保等缺点。

印刷金属栅格型透明导电膜的基本原理如图1-3所示。通过在透明基材表面印刷导电油墨形成图案化的金属导线而实现薄膜的高导电性，而空白部分则保证了光的透过而实现薄膜的透光性。基于此原理的印刷透明导电膜的挑战性主要来自以下两个方面：

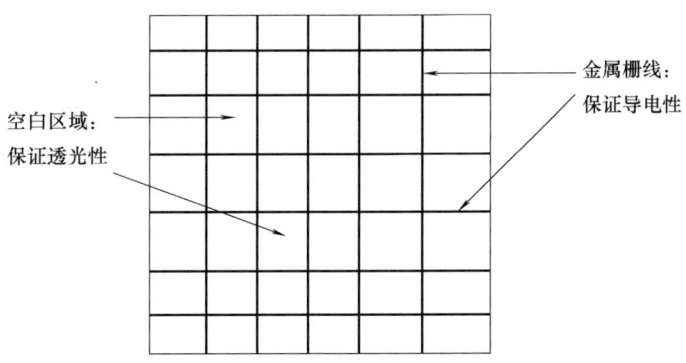

图1-3　印刷金属栅格型透明导电膜的基本原理

1）印刷技术方面　图案化薄膜的占空比直接决定了印刷薄膜的透光率，即印刷线路与空白部分的面积百分比越小，薄膜透光性越高。因此，需要尽可能获得细而厚的印刷导电线路。经过理论计算，若以导线宽度为20μm、间距为200μm的正方形栅格为基本图案，其获得的印刷薄膜透光率约为70%（不含承印基材），能够应用于电磁屏蔽、防静电等对透光性要求不高的应用领域，而20μm的导线宽度已经十分接近大多数印刷技术的精度上限。于是，如何获得细而厚的导电线路也对印刷技术提出了较高要求。

2）导电油墨方面　较细的线路使得栅格截面积较小，若想获得理想的导电性能则要求功能油墨的导电性较高，这也对材料的制备提出了挑战。

利用印刷技术制备透明导电膜的优势也是显而易见的，可通过图案的灵活设计，调整薄膜的光电性能（增加金属导线的宽度、分布密度将提高导电性能而降低透光性能，反之亦然），且易于实现柔性透明导电膜的大面积工业化生产，绿色环保、对环境无污染。

（2）印刷透明导电膜制造过程　获得光电性能优异的透明导电膜是最终目标，围绕这一目标需要从材料、栅格图案设计及印刷工艺3个方面开展工作。材料部分主要是制备导电油墨，导电油墨决定了产品的导电性能；栅格图案设计将决定产品的理论透光率；印刷工艺则是实现高性能透明导电膜的技术保障。各个步骤的具体实施如下：

1）纳米银导电油墨制备　利用液相化学还原法合成纳米银分散液，并对其进行纯化、浓缩处理，去除体系中非导电杂质及副产物，提高纳米银分散液浓度。在此基础上，根据所选印刷方式对于油墨的印刷适性要求进行纳米银分散液油墨化。其中，油墨的导电性与印刷适性之间的矛盾是本领域的关键瓶颈性问题。这是因为，一方面为了获得更高的导电性应该保持油墨组分尽可能纯净，而另一方面，在传统油墨中树脂、助剂、添加剂等组分却是使得油墨具备良好印刷适性（黏度、转移性、润湿铺展性、附着力、干燥性等）的必要成分，如何平衡油墨导电性和印刷适性的矛盾在此不进行展开，会在第6章中具体阐述。我们应该认识到，此矛盾的存在将会使得印刷电子技术所使用的油墨及印刷工艺与经典印刷有所不同。

2）栅格图案设计　金属栅格型透明导电膜的特点在于其透光及导电性能可以通过不同的栅格图案设计进行调控，以满足不同应用领域的需要。本部分工作主要是建立不同的栅格图案、栅线宽度、栅线分布疏密程度等因素与透明导电膜透光及导电性能的定量关系。

3）印刷工艺及产品质量控制　优化印刷工艺的目标是，在印刷过程中保持导电栅线具有较好的连续性、一致性与均匀性。纳米银导电油墨具有较高的转移率，在承印塑料薄膜表面具有良好的润湿铺展性。印刷与质量检测的结果将反馈到导电油墨的制备工艺及栅格图案设计中，从材料和设计两方面优化栅线印刷质量。

（3）印刷电子与传统印刷的比较　通过上述金属栅格型透明导电膜的印刷制造过程可知，印刷电子产品是以某种印刷技术为手段进行的产品制造，其核心技术仍然属于印刷的范畴。但是，印刷电子产品所使用的材料以及最终的产品特性又与传统的印刷品有显著差异。既使用了印刷技术，但又非传统工艺的照搬，印刷制造产品往往在精度、一致性、可靠性等方面对印刷技术提出了更高的要求。因此，我们能够看到一些在传统印刷技术基础上进行的改良、升级，甚至是全新的印刷技术在印刷制造领域被发明。表1-2从印品属性、图案构成、性能测试、印刷精度要求、油墨、印刷工艺等方面对传统印刷技术与印刷电子技术进行了比较，以便读者在系统学习印刷电子相关知识之前对其与传统印刷的区别和联系建立初步认识。

表1-2　　　　　　　　　　印刷电子技术与传统印刷技术比较

	传统印刷技术	印刷电子技术
印品属性	视觉信息传达	电子功能实现
图案构成	网点、线条、实地	线条、实地
性能测试(质量控制)	网点、色彩再现	电学、光学、力学、转化率、传感性等功能性
印刷精度要求(墨层均匀性、套准精度等)	一般	较高
油墨	多组分混合物：颜料、染料、树脂、溶剂、添加剂等	组分相对单一，重点解决油墨印刷适性与功能性的矛盾与统一
印刷工艺	平、凸、凹、孔、数字印刷	凸、凹、孔、喷墨、凹胶印、纳米压印、气流喷印、微接触印刷等

1.3　印刷电子应用领域

目前，印刷电子产业领域中的印刷电路及其基本元器件部分已具规模化，代表性应用包括：硅基太阳能电极、印刷 RFID 天线、触摸屏印刷电路、印刷透明导电膜等。新兴的印刷电子产业领域则包括：印刷显示、传感、能源、可穿戴、光伏等，印刷电子在航空航天领域的应用近年来也得到了产业界的极大关注，如图 1-4 所示。

1.3.1　印刷显示

印刷显示技术是将印刷电子学应用于显示领域，以旋涂、丝印或喷墨打印等印刷方法将金属、无机材料、有机材料转移到基板上制成发光显示器件。印刷显示技术的终极目标是实现全印刷发光显示器件，在常温、常压下以按需给料方式实现

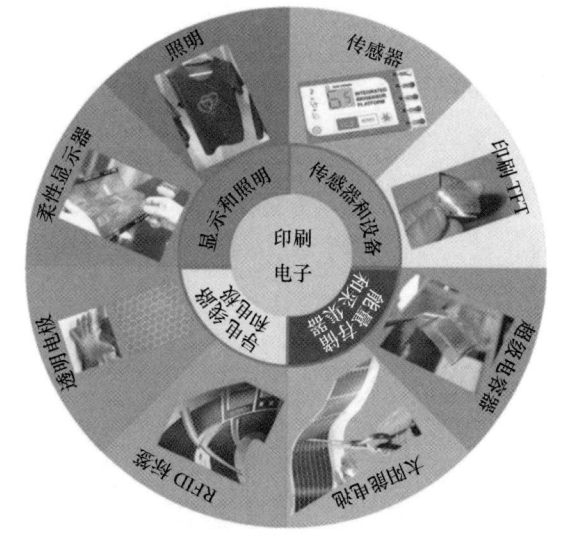

图 1-4　印刷电子技术的各个应用领域[10]

低成本制造。在目前印刷显示技术中，采用有机发光二极管（OLED）材料来实现显示是主流且比较成熟的技术。印刷显示技术相较于传统方法具有低成本、柔性化、可大面积生产等显著特点，图 1-5 展示了 OLED 真空镀膜和印刷成膜的工艺对比。

随着 OLED 技术的发展，科研工作者又开始用量子点电致发光器件（quantum dot light emitting diodes，QLED）代替有机电致发光材料。理论上，QLED 的"薄膜化点阵涂覆"更适合于印刷技术，成品率也会更高，材料成本比真空蒸镀节省九成，且大尺寸化的技术难度增长有限，因此成为印刷电致发光器件研究的新方向。QLED 和 OLED 有着相似的发光原理与器件结构，但 QLED 有更容易在彩色显示中实现基色的调节、和有机材料相比具

有较好的稳定性等独特优势。

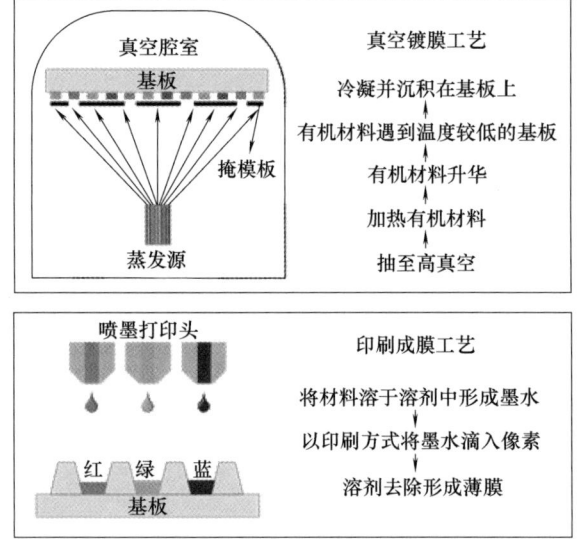

图1-5　OLED真空镀膜和印刷成膜工艺对比

1.3.2　印刷传感

随着人工智能、物联网、可穿戴电子等技术的蓬勃发展，柔性传感器作为其关键基础元件之一，因其在人机交互、医疗健康、电子皮肤、感知重建等领域的广阔应用前景而备受关注。印刷柔性传感器具有轻薄、柔性、可拉伸、生物兼容性强等特点，能够很好地解决传统刚性器件与人体皮肤、器官之间的弹性模量适配问题，被看作是可穿戴产品1.0到2.0转变的关键核心器件，具有巨大的市场应用前景。与此同时，随着研究的深入，柔性传感器逐渐被赋予了更多的功能，包括自愈合性、自供能性、可降解性、可拉伸性等。器件集成度也获得较大提升，将柔性电源与多模态传感器进行集成，利用兼容的制造技术获得低成本、大面积、柔性化的传感系统，进而应用在电子皮肤、植入式智慧医疗等场景中，并要求能解决生物兼容性、可降解性、界面模量匹配、信号串扰等系列问题。

1.3.3　印刷储能

印刷储能器件如超级电容器、锂离子电池、金属空气电池、燃料电池等引起了广泛的关注，其中印刷柔性固态超级电容器和印刷柔性电池的研究和应用最为广泛。

印刷柔性固态超级电容器具有高功率密度、优异的循环稳定性和安全性、可大规模生产等优点，满足了便携式、可穿戴电子产品对智能超级电容器的集成要求，提高了超级电容器商业化应用的可能性。在柔性固态超级电容器中采用和使用的印刷电子技术，包括丝网印刷、喷墨印刷、凹版印刷、转移印刷及卷对卷印刷（R2R）等（见图1-6）。例

图1-6　各种印刷柔性固态超级电容器[11]

如，Lee 等人在聚合物基底上卷对卷印刷银纳米颗粒油墨和活性炭电极，获得了柔性固态超级电容器[12]，器件表现出较高的电容（45mFcm^{-2}）和能量（4.1μWhcm^{-2}）性能，并且可以弯曲高达 135°而不降低电化学性能。Kang 等人[13]基于 R2R 激光打印石墨烯-石墨碳电极实现了高性能超级电容器，该制备方法具有良好的机械和化学稳定性。然而，由于印刷生产工艺的固有特点，印刷柔性固态超级电容器的实现仍然面临挑战。首先，需要开发与印刷工艺相匹配的功能性油墨，这些油墨应能很好地印刷在各种柔性基材上，并在限定的环境条件或受控的储存温度和湿度下稳定数月。其次，在实际应用中应根据需要综合考虑各种印刷技术的分辨率，以获得结构和电化学性能更好的印刷柔性固态超级电容器。最后，应合理利用印刷技术的规模化生产能力，以实现低成本柔性固态超导体。

随着便携式电子设备如无线射频识别设备、医疗便携式设备、可穿戴电子设备、传感器、智能卡等的兴起，电子设备的储能问题是一个重要的挑战。电池作为一种传统的储能载体在日常生活和工业生产中应用最为广泛，它以化学能的形式储存能源。电池能灵活地提供能源，且待机损耗低，是各种便携式电子设备供电最常用的储能器件，也是其中不可或缺的组件。在以物联网、可穿戴设备为代表的各类新提出的便携式电子概念中，独立自主的电源和自供电设备的运用无处不在。在此运用情景中的电池不需要很高的能量密度，更注重低成本和灵活性。传统电池由刚性衬底组成，体积较大，不够灵便，不具备柔性可弯折的特性，因此难以满足便携式设备的需求。与此同时，对柔性电子器件的研究日益完善，目前多种器件均已实现了柔性产品的应用，如传感器、存储器、可植入医疗设备、薄膜晶体管、能源器件、天线等。可见，柔性印刷电池为便携式电子设备供电提供了创新解决方案。

在印刷电池中，最常用的电池类型是锂离子电池（lithium-ion batteries，LIB）和锌（Zn）基电池。锂离子电池凭借其高能量和功率密度为大多数便携式电子设备供电。丝网印刷法常被用于制造印刷锂离子电池中的活性阳极和阴极，各种锂离子材料（如 $LiMn_2O_4$、$LiCoO_2$、$LiTi_5O_{12}$、$LiFePO_4$ 和 Li_3BO_3）和石墨用作丝网印刷油墨。而锌基电池能够提供高性能，可使用含水电解质并消除与 LIB 相关的易燃性问题。目前，科研工作者已经开发出各种类型的印刷锌基电池，如 Zn-空气电池、Zn-MnO_2 碱性电池、Zn-Ag 电池和 Zn-氧化银电池。系统的研究全印制电池的机械和电化学性能是未来研究的重要课题之一。图 1-7 为柔性印刷电池结构设计的过程。

图 1-7　柔性印刷电池结构设计[14]

1.3.4　印刷太阳能电池

太阳能电池是直接把太阳能转化成电能的装置，在太阳光照射下，太阳能电池发生光生伏特效应，实现太阳能向电能的转换。根据太阳能电池技术演进与发展历程，可将其分为三代。第一代太阳能电池：基于晶体硅的晶硅太阳能电池。第二代太阳能电池：基于半导体薄膜的薄膜太阳能电池。第三代太阳能电池：包括基于有机半导体、敏化剂、量子点材料、钙铁矿材料等新材料与叠层太阳能电池等新器件构型的新型太阳能电池。近年来，以金属卤化物钙钛矿半导体薄膜作为光活性材料的钙钛矿太阳能电池（perovskite solar cells, PSCs）因其迅速增长的能量转换效率、简便的溶液法制备工艺、低廉的原材料成本等优势，已成为光伏行业具有颠覆性潜力的技术，吸引着世界各地众多研究人员和产业家的广泛关注。与前两代技术相比，PSCs 作为新一代高效太阳能电池技术具有如下优势：理论转换效率高，制备成本低，原材料用量少、纯度要求低，温度系数小、弱光发电好。传统的 PSCs 在制备过程中往往需要比较严格的工作环境和复杂的制备工艺，这些因素严重限制了 PSCs 在大面积制备和大规模产业化方向的发展。以 mp-TiO_2/mp-ZrO_2/carbon（mp-TiO_2 为介孔 TiO_2，mp-ZrO_2 为介孔 ZrO_2）为主要结构的可印刷介观太阳能电池具有成本低廉、制备工艺简单、易于大面积生产等特点，在太阳能电池领域具有很大的发展潜力。其中的介孔 TiO_2、介孔 ZrO_2 和多孔碳层均采用丝网印刷工艺制备，易于工业化生产。此外，可印刷介观太阳能电池避免了价格昂贵的空穴传输层和贵金属电极的使用，降低了生产成本。可印刷介观钙钛矿太阳能电池除了成本低廉、制备工艺简单、性能稳定之外，还可重复使用。可印刷介观太阳能电池的结构省去了价格昂贵且需要掺杂的空穴传输层，同时也避免了空穴传输层中掺杂物质扩散引起的器件性能下降。此外，可印刷介观太阳能电池采用石墨、碳等来源丰富、价格低廉的材料取代贵金属电极，使成本显著降低。可印刷介观太阳能电池的研究有利于太阳能电池的进一步发展与应用，为太阳能电池的商业化注入了巨大的潜力。

1.3.5 其 他

RFID 是一种非接触式的自动识别电子标签，作为信息获取的终端与物联网、云计算及大数据相结合，在身份识别、防盗与防伪、金融、物流等领域获得了广泛应用。采用印刷法制备 RFID 天线能够有效地克服传统工艺的缺点与不足，符合国家对印刷行业绿色化、低能耗的转型升级要求，已经得到了国内外众多印刷企业的积极关注与响应。

薄膜晶体管（thin film transistor, TFT）由源漏电极、栅极、有源层、介电层组成，具有放大、开关、振荡、频率转换、混频的作用，是半导体微电子技术、现代通信技术、显示技术的核心电子元器件。传统无机半导体材料的晶体管需要经过光刻、真空沉积等过程，工艺复杂，成本高。印刷电子技术作为一类增材制造工艺，将有机半导体、高介电聚合物、金属纳米颗粒等油墨通过丝网印刷、刮涂印刷、凹版印刷、喷墨印刷等策略大面积、高通量、分步地转移至功能化基底表面，具备较高的材料利用率（85%以上），同时可以大幅度降低制造成本。鉴于近年来科学界与工业界对薄膜晶体管在大面积加工、原料成本控制、设备易得性、低能耗、加工制程的环境友好性等方面的强烈需求，以印刷电子技术为基础实现有机薄膜晶体管批量化制备的技术受到了越来越广泛的关注。由于印刷工艺的操作连续性优异、加工温度接近室温和材料兼容性极高等技术优势，薄膜晶体管的印刷制备可进一步拓展至"卷对卷"工艺（R2R）制程，从而有力地加速印刷薄膜晶体管的技术跃进和商业化。

透明电极作为一种功能元器件，既可以透过可见光，也可以传输电流，已广泛应用在现代电子器件中，如触摸屏、液晶显示器、有机发光二极管、太阳能电池、电子纸等领域。以锡掺杂的氧化铟薄膜（ITO）为代表的金属氧化物薄膜是最为常见的透明电极材料,但面临资源供应稀缺、价格昂贵、易碎等问题。通过溶液涂布的方法在基材表面沉积二维随机排列的碳管、石墨烯、银纳米线导电网络,可用于制备低成本、大面积透明电极。研究人员在随机排列的导电网络表面涂布导电聚合物或金属氧化物等材料可进一步降低透明导电膜的粗糙度和电阻。在透明电极制作方面,也可采用印刷金属网格的方法。北京印刷学院印刷电子工程技术研究中心采用凹印、柔印印刷纳米银导电油墨的方法,在PET等塑料基底上印刷网格型图案,获得高透光率、低方阻的透明导电膜。图1-8是北京印刷学院制备的大面积金属栅格型透明导电膜实物照片[15],其透光率为

图1-8 北京印刷学院印刷电子工程技术研究中心研发的金属栅格型透明导电膜

80%,表面电阻为15Ω/□。北京印刷学院还在纳米银线透明导电膜、导电高分子透明导电膜等其他类型的透明导电膜方面进行了相关研发工作。其中,导电高分子(基于PEDOT:PSS)透明导电膜透光性达到80%,表面电阻为400Ω/□,已经用于防静电涂层的生产。

印刷电子产品具有质量轻、加法制造、结构简易、可靠性高及由此带来的维修工作量少等特点,已引起航空界的兴趣。波音747-8飞机系列中已应用了印刷电子产品,如险情检测传感器(damage detection sensor)已被应用于检测机体结构的完整性,还有整套传感器用以测量飞机襟翼移动执行机构的力度和角度。印刷电子在传感器、电机伺服执行器和反馈控制系统领域中的应用可显著减少导线质量。

1.4 印刷电子工艺

传统的印刷工艺中,凹版印刷、柔版印刷、丝网印刷、喷墨打印等方式均已应用于印刷电子领域。至今尚未得到应用的传统印刷工艺为胶印(offset printing)。一方面,胶印所用油墨黏度较大,这要求油墨中树脂的含量相对较高,而这在印刷电子功能油墨中很难实现。另一方面,胶印实现图案化的原理是利用油水不相溶,且油墨的传递墨路较长,这都大大增加了印刷电子油墨的制备难度。因此,目前已报道的胶印导电油墨极少。北京印刷学院在2008年报道了一种以导电高分子PEDOT:PSS为填料的无水胶印油墨,可在无水胶印机上通过实际印刷获得墨层厚度小于3μm,表面电阻低于100kΩ/□的导电涂层[16]。尽管各种传统印刷工艺广泛应用于印刷电子领域,但是还不能完全满足柔性电子器件对制造精度的要求。表1-3为各种印刷方式参数比较,可以看出,凹版与柔版印刷的最小线宽通常在20μm以上,传统喷墨印刷与丝网印刷的最小线宽则一般在50μm以上。而一些新型的印刷电子器件如薄膜晶体管、太阳能电池、OLED等,要求将导电线宽降低到20μm以下。因此,在传统印刷工艺的基础上,还需要进一步开发更高精度的新型印刷工艺。同时,印刷电子器件的功能层往往需要在印刷完成后进行后处理,以进一步提高功能层性能。比较典型的实例为,纳米金属油墨印刷后需要进行烧结后处理,去除印刷

油墨涂层中各种非导电物质的同时提高其致密程度，从而获得更高导电性。本小节不对传统的印刷工艺进行介绍，仅重点介绍几种典型的新型印刷电子工艺以及印后烧结技术。

表 1-3　　　　　　　　　　各种印刷方式参数比较

印刷方式	油墨黏度	印刷线宽	油墨厚度	印刷速度
凹版印刷	100~1000cP	20~150μm	4~50μm	0.1~10m/s
丝网印刷	500~5000cP	50~100μm	4~100μm	0.1~1m/s
喷墨印刷	4~50cP	50~70μm	0.1~1μm	0.01~0.1m/s
柔版印刷	100~1000cP	20~150μm	1~3μm	0.1~10m/s

1.4.1　新型印刷电子技术

（1）气流喷印（aerosol jet printing）　作为传统喷墨方式的补充，气流喷印的工作原理如图1-9所示。气流喷印涉及对油墨进行雾化、喷印两个过程。首先，通过超声或气动方式对油墨进行雾化操作，使油墨分散成液相颗粒，并与工作气体（N_2）形成气溶胶；其次，通过气体带动作用将气溶胶从喷嘴喷出。设备的喷头部分设计成夹层结构，在喷嘴的气溶胶细束外围另有一圈环绕的剪切气流，以保证气溶胶的主要落点控制在小于喷嘴直径的1/10的范围内，使喷射的气溶胶态油墨最终汇聚成稳定的细线。

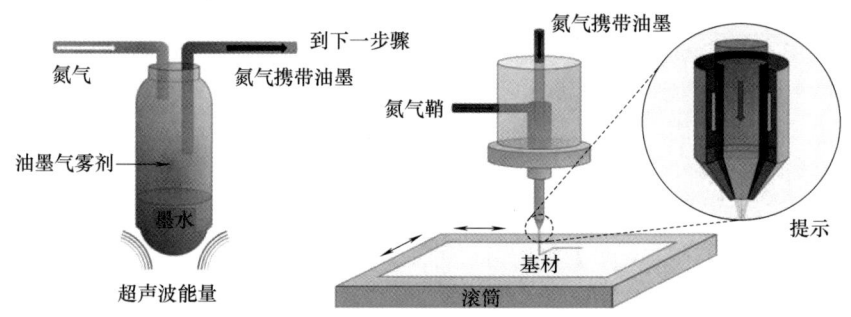

图1-9　气流喷印的工作原理

相对传统喷墨打印而言，气流喷印的优势在于油墨宽容度大及印刷精度高。气流喷印油墨的选择范围大大拓宽，一方面，油墨黏度可高达1000cP，油墨只要能成功雾化均可打印；另一方面，可打印含有较大固体颗粒的分散体系，颗粒直径为3μm以下的分散体系均可用气流喷印来打印，而普通喷墨墨水的最大粒径要求在数百纳米级[17,18]。气流喷印图案的分辨率高，线条最细可小于5μm，远高于普通喷墨打印的分辨率。

（2）电流体动力学喷印（electrohydrodynamic printing）　电流体动力学属于流体力学的一个分支，主要研究外加电场对流体介质的作用，电雾化、电纺丝等技术的兴起均以此为理论基础。其原理是利用在喷嘴和基底之间施加的外加电场作用来诱导油墨在喷嘴处发生变形并形成泰勒锥，从而实现油墨从喷嘴尖端处喷射到基底，最终沉积固化。基于该方法的喷射打印工艺通常被称为电流体动力学喷印。相对于传统的喷墨方法，该方法可有效简化喷头结构，并在最小打印尺寸、油墨适用范围等方面较传统喷墨打印方法有独特优势，可采用300nm或更小直径的喷嘴喷射油墨，从而实现240nm左右的超高分辨率打印效果。电流体动力学喷印设备结构及其喷射原理示意图如图 1-10 所示。

电流体动力学喷印与传统喷墨打印有较大区别,具体表现为:

1) 电流体动力学喷头结构简单,只需毛细玻璃管或注射器针头即可。

2) 油墨的适用范围广,黏度可高达 15000cP,而普通喷墨打印通常要求墨水黏度小于 20cP。

3) 分辨率高且液滴尺寸不受限于喷嘴直径,图案的线宽最小可在 100nm 以下。

4) 油墨喷射原理不同,电流体动力学喷印的油墨是被电场力从喷嘴内拉出来的,而普通喷墨打印的油墨是被外力从喷嘴推出来的。

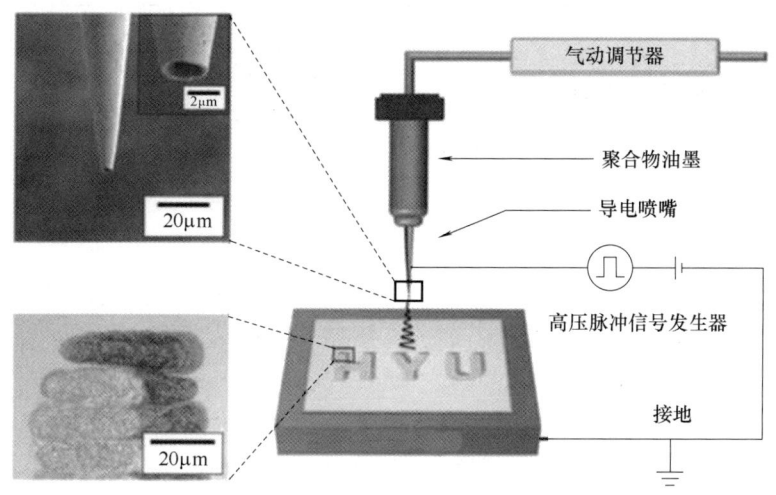

图 1-10 电流体动力学喷印设备结构及其喷射原理示意图

(3) 热压印与喷墨打印结合 在塑料基底上通过热压方法得到宽度为 5~30μm 的凹槽(基底预先加热到玻璃化温度 Tg 以上),然后在热压形成的槽上方喷墨打印导电墨水,墨滴通过毛细力填充到热压的凹槽内,形成与热压图案相同的导电图案,从而得到比喷墨墨滴直径更小的图案,如图 1-11 所示。该方法要求喷墨打印的墨水与聚合物基材具有良好的润湿性,墨水容易毛细流动。

(4) 物理结构基底与涂布结合 典型代表为纳米压印与刮涂结合,使物理模板填充上油墨,从而实现利用物理限域作用来形成图案。具体过程:首先采用物理手段,在基底的 UV 胶衬底上构造出具有凹槽的图形;其次利用刮刀涂布将功能性油墨刮涂到带有物理沟槽的基材上,通过控制刮刀压力和角度,使功能性油墨填充到凹槽内,而 UV 胶表面不残留油墨;最后经烧结固化在柔性基底上得到微细导电线条,如图 1-12 所示。该方法利用了纳米压印的优势,极大地提高了印刷线条

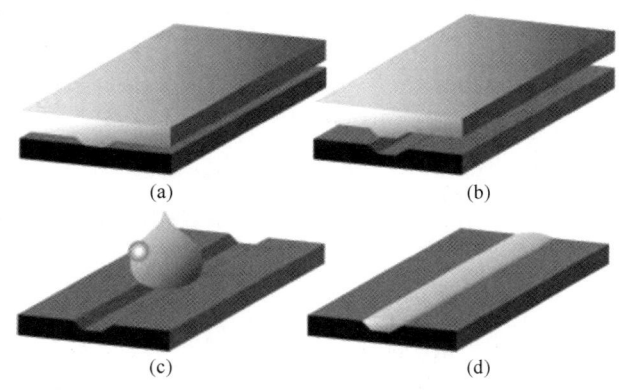

图 1-11 采用热压印与喷墨打印制备图案

分辨率。

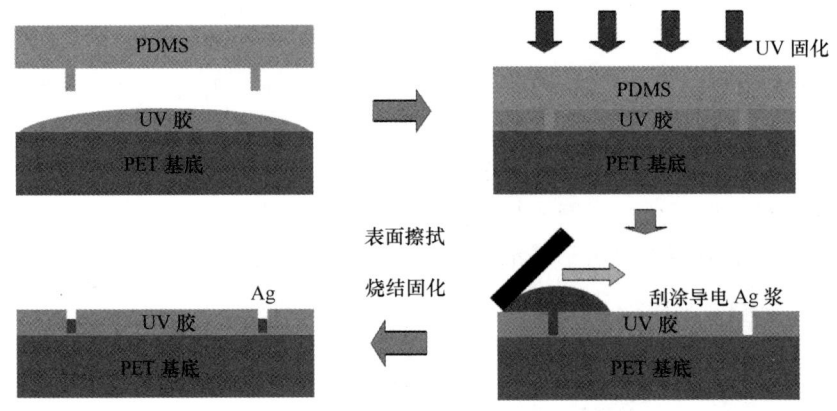

图 1-12　纳米压印技术和 Ag 浆刮涂技术

1.4.2　印后烧结技术

烧结是指在印刷完成后，通过热、光、电等物理或化学方法使纳米颗粒致密连接，从而获得良好导电性的印后处理方法。目前，直接加热处理是最常见的纳米金属油墨烧结方法。但是，加热处理往往需要较高的温度，且加热时间较长，限制了对于一些温度较为敏感的印刷基材的选择。因此，近年来出现了其他一些烧结方法，如光子烧结、等离子体烧结、微波烧结、化学烧结等，对于实现高效制备电子器件、扩展承印基底的选择具有重要的价值。

（1）**热烧结**　直接加热烧结主要利用了纳米金属颗粒的热动力学尺寸效应，可实现在远低于其熔点温度下的烧结成型。例如，块体银的熔点为 961℃，而纳米银颗粒的表面能够在 100℃以下开始融化。这种趋势在纳米银颗粒直径小于 10nm 时更加明显。当纳米银颗粒直径小于 7nm 时，熔点仅为 150℃左右（见图 1-13）。因此，可以利用纳米金属的热动力学尺寸效应在较低温度下实现印刷涂层的烧结。

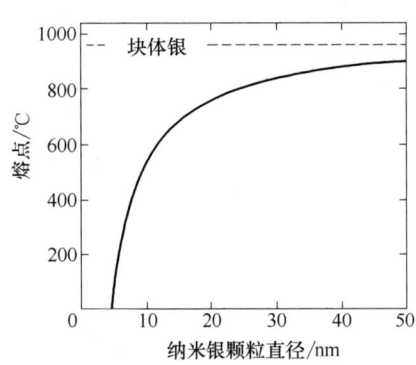

图 1-13　纳米银颗粒的熔点
随粒径的变化曲线

通常，一个完整的烧结过程分为初始、中间和最终 3 个阶段，即脱附、接触、成颈（见图 1-14）。初始阶段，在热驱动作用下，颗粒表面包覆的高分子或小分子保护剂脱附。中间阶段，颗粒在烧结驱动力的作用下旋转、滑移到更稳定的位置，颗粒之间相互接触、收缩，在界面处形成烧结颈。最终阶段，烧结颈不断长大，纳米颗粒相互合并融合，实现高导电性。

从能量的角度来说，烧结过程就是体系自由能减小的过程，即系统相对于烧结前处于一个较低能量状态。烧结过程中颗粒间形成烧结颈，从而使系统的表面能降低，这就致使系统的总能量有所减少。烧结的驱动力主要来自于颗粒系统的表面能和界面能。因此，颗粒越小，颗粒系统所具有的表面能越高，致密化的过程就越容易发生，颗粒的烧结活性也就越大。

（2）光子烧结　光子烧结技术是高能光子与纳米金属颗粒相互作用，待纳米颗粒吸收能量后发生保护剂脱附，纳米颗粒在很短时间内相互聚集融合，属于低温快速烧结技术。光子烧结主要包括：闪灯烧结（强脉冲光烧结）、激光烧结、红外烧结等。光子烧结技术由于其能够低温、快速、非接触性、选择性地烧结纳米材料且不破坏基底而受到了广泛关注。

闪灯烧结是一种新型烧结技术，采用宽光谱、高能量的脉冲光对纳米材料墨水进行固化烧结，其作用机理及过程相对复杂。烧结装置由触发控制器、电容器、氙气灯、反射器组成（见图 1-15）。闪灯烧结具有烧结时间短（几毫秒）、可大面积烧结（增加灯管数量）、均匀性好、不损坏基底（能量主要被纳米金属吸收）等特点。

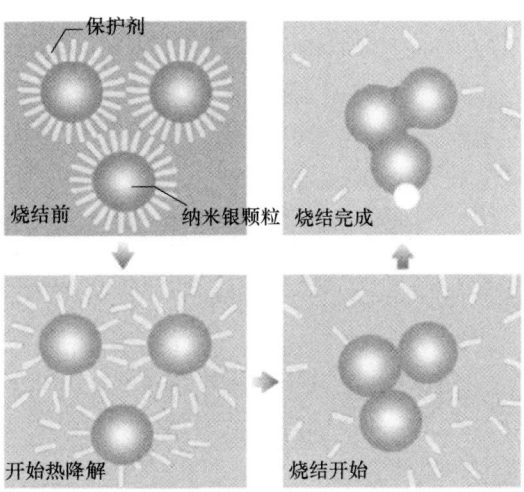

图 1-14　烧结过程的初始、中间和最终 3 个阶段

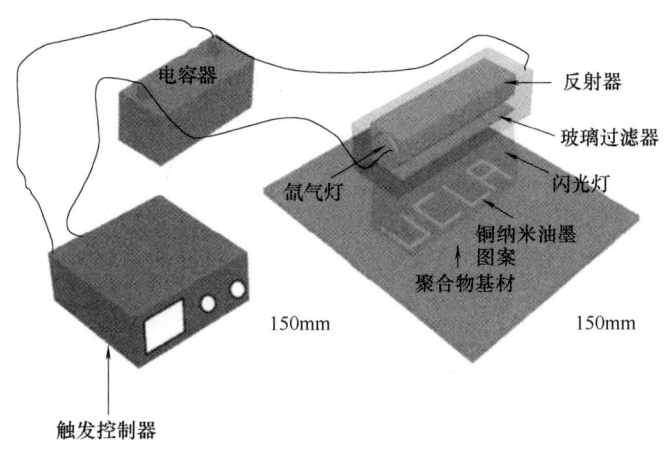

图 1-15　闪灯烧结铜纳米颗粒装置示意图

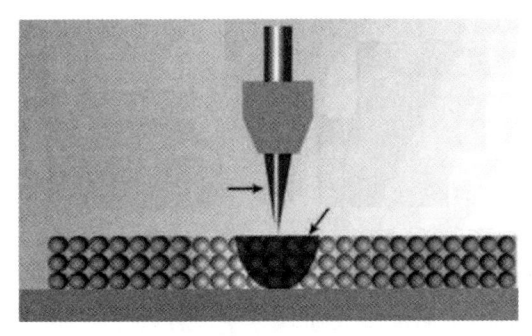

图 1-16　激光烧结装置原理示意图

激光烧结是采用连续或脉冲激光照射纳米材料涂层，利用激光产生的热量使纳米材料实现烧结。激光烧结装置原理示意图如图 1-16 所示。激光烧结装置包括激光器、光纤、分光镜、透镜、移动平台等，通过光学透镜组整形聚焦后能获得较小的光斑，可实现精细的图形化。激光烧结具有如下特点：由于激光光斑小，可使热影响的区域最小；通过调整激光强度使激光对基底热损伤最

小；高效、能量集中；室温可进行；可通过激光烧蚀实现精细图案化。

红外烧结是利用红外光的热效应实现对纳米材料墨水的固化烧结。研究发现，采用红外光对金属纳米颗粒墨水进行烧结时，随着金属纳米材料的聚集融合，其表面的反射率会逐步增强，对红外光的吸收逐步减小，从而形成了一个负反馈效应，有利于防止烧结时温度过高而引起的样品损伤。

（3）其他烧结技术　微波烧结的基本原理是利用纳米金属受到微波辐射时其内部会产生涡流，从而产生能量使纳米金属表面的稳定剂脱去，达到烧结目的。采用微波加热处理法可避免衬底承受较高的温度，同时大大缩短了烧结时间，与传统的加热方式相比，微波烧结具有均匀、快速、体积性加热的特点。

化学烧结是通过喷涂或在墨水中提前加入化学试剂等方法达到烧结目的，一般在常温下即可实现稳定剂的脱附使颗粒紧密接触。化学烧结具有节能、快速、简单等优点，正受到人们越来越多的关注。

1.5　印刷电子材料

工欲善其事必先利其器，如同任何一个新兴技术和产业，印刷电子材料是推动印刷电子产业发展的关键与基础。印刷电子技术起源于可印刷有机电子材料，快速发展于可印刷无机纳米材料，印刷电子材料的发展史同步于印刷电子技术的发展。在中国，相关的研究机构及研究人员最早也是从材料入手，带动工艺与器件研究，最后发展到印刷电子产业化。按照材料的导电性能可将印刷电子材料分为可印刷导电材料和电介质材料（绝缘材料），其中可印刷导电材料包括可印刷导体和可印刷半导体。半导体与导体和绝缘材料的导电能力虽然没有十分严格的界限，但人们通常将常温电导率为 $10^{-9} \sim 10^{3} \mathrm{S/cm}$（或电阻率为 $10^{-3} \sim 10^{9} \Omega \cdot \mathrm{cm}$）的材料归类为半导体材料，电导率低于和高于此范围的材料则分别归类为绝缘材料和导体材料。为了充分阐述可印刷导电材料的特性，可进一步按照有机材料和无机材料对其进行细分。

本书第 2 章介绍了可印刷无机导电材料。无机导电材料具有电学性能优异、易于规模化制备、可溶液化等特点，根据其电导率高低，可分为无机导体材料与无机半导体材料。纳米金属与先进碳材料是典型的可印刷无机导电材料，被广泛用作导电油墨功能填料。本书对近年来快速发展并引起人们广泛关注的一些新兴可印刷导电材料也进行了介绍，包括液态金属，过渡金属碳化物、氮化物或碳氮化物（MXene）。无机半导体材料以硅基半导体、过渡金属氧化物（MOS）、过渡金属硫化物（TMDs）、过渡金属氢氧化物等类型为主，这几类材料既是传统半导体行业的材料支柱，也是柔性与印刷电子领域中重要的材料基础。

第 3 章介绍了可印刷有机与复合导电材料。20 世纪 70 年代，美国物理学家 A. J. Heeger、美国化学家 A. G. MacDiarmid 和日本化学家 Hideki Shirakawa 共同研究发现聚乙炔分子在掺杂其他原子（如碘原子）时可以产生导电性质，有机导电材料的研究正式拉开了序幕。目前，有机导电材料在分子结构设计、导电机理及实际应用等方面均取得了重要进展。多数有机导电材料在室温下具有可溶液化特点，其导电性能可通过分子设计及掺杂等手段进行调控，适于在大面积柔性基材上进行印刷和涂布加工，因此在柔性半导体器件、印刷电子领域具有独特的应用前景。第 3 章根据分子量不同，将可印刷有机导电材料分为有机导电聚合物材料和有机小分子导电材料两大类。其中，有机导电聚合物材料是指具有分子本征共轭体系的结构型导电聚合物，如聚噻吩、聚苯胺、聚吡咯、聚咔唑等。有机小分子导电材料主要指芳香碳氢化合物，包括并五苯、蒽、红荧烯等。此外，第 3 章还介绍了有机导电复合材料，以及本领域的相关应用研究。

第 4 章介绍了可印刷电介质材料。电介质材料是一类可以被电极化的绝缘材料，电介质材料的电子传导能力极低，常被用作印刷电子器件中的绝缘层。同时，电介质在电场作用下可被高度极化，是优良的电容器和存储器材料，被广泛用于印刷传感器、存储器、柔性电池、集成电路、薄膜晶体管等印刷电子器件。第 4 章主要介绍了电介质极化的相关理论，性能表征，有机、无机、复合等不同类型的电介质材料及其在印刷电子器件中的应用。

第 5 章介绍了印刷电子基材。印刷电子基材起到承载功能油墨与印刷电子器件的作用。随着人们对于电子器件舒适度、贴合性和便携性要求的提高，在柔性衬底上直接制备电子元件已经成为印刷电子技术的显著特点，开发具有可拉伸、自修复、高黏附、自适应等多种特性的功能性印刷电子基材，对于实现印刷电子器件的功能化、多样化、个性化与集成化特征具有重要意义。第 5 章介绍了高分子、纸张、柔性玻璃、纤维织物、铝基材料、陶瓷材料，以及可拉伸、可愈合等新型印刷电子基材，从基材的制备、性能与应用等方面分别进行了阐述。

第 6 章重点介绍了导电油墨制备与后处理技术。实现印刷电子技术应用的前提是将特定功能材料配制成液态浆料，使其满足某种印刷或涂布工艺的性能要求。然而，应用于印刷电子领域的功能性油墨无法在配方上复制传统油墨中各组分构成与比例，甚至要在一定程度上颠覆传统油墨的配方构成。因此，平衡功能油墨印刷适性与其功能性之间的矛盾是本领域的关键问题之一，同时也需要从功能性油墨配方、制备方法、印刷工艺、印刷装备等多方面进行研究。导电油墨是印刷电子材料的基础，作为一种伴随着现代科学技术而迅速发展起来的功能性油墨，至今约有半个世纪的发展历史。为了满足现代电子工业高精度与高效率的生产要求，进一步扩大导电油墨的应用领域，制备纳米级的导电材料，降低助剂含量与后处理温度，研发适用于各种印刷工艺、高速卷对卷（roll to roll）的高导电性、低后处理温度导电油墨成为目前本领域发展的重点。本章主要介绍印刷电子材料中导电油墨的类型、制备、后处理工艺等。

第 7 章介绍了柔性透明导电膜，这是一类在光电器件中普遍使用的基础原材料。透明导电膜（transparent conductive film，TCF）是指在可见光范围内（$\lambda = 380 \sim 780 nm$）有较高的透光率（平均透光率 $T>80\%$）和较好的导电性（$\rho<10^{-3}\Omega \cdot cm$）的薄膜材料。透明导电膜根据材料及其微观形态可分为金属氧化物膜、超薄金属膜、导电高分子膜、碳基材料膜、纳米金属线膜及金属栅格膜等。以掺锡氧化铟（Indium Tin Oxide，ITO）和掺铝氧化锌（aluminum zinc oxide，AZO）等为代表的金属氧化物透明导电薄膜是目前技术最为成熟、应用最多的类型，但存在制备工艺复杂、成本高、质脆、弯曲后导电性下降大等缺点。导电高分子膜、碳基材料膜、纳米金属线膜、金属栅格膜等新型柔性透明导电膜则更多地在柔性与印刷电子器件中逐渐扮演重要角色。本章将就上述几种主要的柔性透明导电膜的原理、制备方法及其应用进行介绍。

复习思考题

1. 简要分析印刷电子与微电子及传统印刷的不同。

2. 结合所见所思,分享一个身边印刷电子的应用。

3. 分析总结新型印刷电子技术与传统印刷技术的区别及其优势。

4. 对比不同印后处理的优势与不足。

5. 画一个简单的柔性电子器件示意图,并说明不同位置的材料及其用途。(以柔性传感器为例。)

参 考 文 献

[1] 赵晨飞. 你了解电子油墨吗 [J]. 丝网印刷, 2005 (1): 28-29.

[2] CLEMENS W, FIX W, FICKER J, et al. From polymer transistors toward printed electronics [J]. Journal of Materials Research, 2011, 19 (7): 1963-1973.

[3] TSUMURA A, KOEZUKA H, ANDO T. Macromolecular electronic device: Field-effect transistor with a polythiophene thin film [J]. Applied Physics Letters, 1986, 49 (18): 1210-1212.

[4] TANG C W. Two-layer organic photovoltaic cell [J]. Applied Physics Letters, 1986, 48 (2): 183-185.

[5] TANG C W, VANSLYKE S A. Organic electroluminescent diodes [J]. Applied Physics Letters, 1987, 51 (12): 913-915.

[6] BAO Z, FENG Y, DODABALAPUR A, et al. High-Performance Plastic Transistors Fabricated by Printing Techniques [J]. Chem Mate, 1997, 9U (6): 1299-1301.

[7] SIRRINGHAUS H, KAWASE T, FRIEND R H, et al. High-resolution inkjet printing of all-polymer transistor circuits [J]. Science, 2000, 290 (5499): 2123-2126.

[8] MüCK J E, B Ü, H B, et al. Trends in Biotechnology [J]. 2019, 37 (6): 563-566.

[9] 崔铮, 苏文明, 陈征, 等. 印刷电子学: 材料、技术及其应用 [M]. 北京: 高等教育出版社, 2012.

[10] WU W. Inorganic nanomaterials for printed electronics: a review [J]. Nanoscale, 2017, 9 (22): 7342-7372.

[11] LEE H, HONG S, KWON J, et al. All-solid-state flexible supercapacitors by fast laser annealing of printed metal nanoparticle layers [J]. Journal of Materials Chemistry A, 2015, 3 (16): 8339-8345.

[12] KANG S, LIM K, PARK H, et al. Roll-to-roll laser-printed graphene-graphitic carbon electrodes for high-performance supercapacitors [J]. ACS Appl Mater Interfaces, 2018, 10 (1): 1033-1038.

[13] LIU L, FENG Y, WU W. Recent progress in printed flexible solid-state supercapacitors for portable and wearable energy storage [J]. Journal of Power Sources, 2019, 410-411: 69-77.

[14] CHOI K-H, AHN D B, LEE S-Y. Current Status and Challenges in Printed Batteries: Toward Form Factor-Free, Monolithic Integrated Power Sources [J]. ACS Energy Letters, 2017, 3 (1): 220-236.

[15] MO L, RAN J, YANG L, et al. Flexible transparent conductive films combining flexographic printed silver grids with CNT coating [J]. Nanotechnology, 2016, 27 (6): 065202.

[16] 莫黎昕. 导电油墨构成与导电性能关系的研究 [D]. 北京: 北京印刷学院, 2008.

[17] KHAN S, DOH Y H, KHAN A, et al. Direct patterning and electrospray deposition through EHD for fabrication of printed thin film transistors [J]. Current Applied Physics, 2011, 11 (1): S271-S279.

[18] FORTUNATO E, CORREIA N, BARQUINHA P, et al. High-Performance Flexible Hybrid Field-Effect Transistors Based on Cellulose Fiber Paper [J]. IEEE Electron Device Letters, 2008, 29 (9): 988-990.

第 2 章 可印刷无机导电材料

2.1 引　言

近30年，日益增多的可印刷无机导电材料被开发，极大地推动了印刷电子技术的快速发展。无机导电材料具有电学性能优异、易于规模化制备、可溶液化等特点。根据其导电性高低，无机导电材料可分为无机导体材料和无机半导体材料，通常将常温电导率为 $10^{-9} \sim 10^{3}$ S/cm（或电阻率为 $10^{-3} \sim 10^{9}$ Ω·cm）的材料归类为半导体材料，电导率高于此范围的材料归为导体材料。无机导体材料主要以金属和碳材料为主，上述两种材料也是较早被用于制备导电油墨的主要填料，导电性能优异、稳定性强，适用于多种印刷方式。此外，液态金属近15年来受到了学术界和产业界的广泛关注。液态金属优异的导电性能与流动性使得其在可拉伸电子、可穿戴电子及人机交互等领域具有较大应用潜力。同时，一些新兴的二维无机导电材料也引起了大家的关注，如石墨烯，过渡金属碳化物、氮化物或碳氮化物（MXene）等。二维无机导电材料具有较大的比表面积、丰富可调的表面官能团、优异的电荷传输速度及物理化学性质，在储能、传感、催化、显示等领域发挥着日益重要的作用。无机半导体材料以硅基半导体、过渡金属氧化物（MOS）、过渡金属硫化物（TMDs）、过渡金属氢氧化物等类型为主，既是传统半导体行业的材料支柱，也是柔性与印刷电子领域中重要的材料基础。尽管无机导电材料在印刷电子领域受到了极大的重视，部分材料体系已经实现产业化，在印刷电路、太阳能电池、柔性显示器件和高迁移率晶体管等领域获得了应用。但是，无机导电材料仍然在油墨分散稳定性、成膜性、机械强度及低温后处理等方面存在挑战。

2.2 金属材料

从电子技术出现至今，金属材料一直作为主体和核心功能材料，被广泛应用于电子电路、显示器、照明设备、太阳能电池、传感器等领域[1]。在印刷电子领域，金属材料主要作为导电油墨中的导电填料使用[2]。最常用的导电金属材料包括：银（体积电阻率为 1.59×10^{-8} Ω·m）、铜（体积电阻率为 1.72×10^{-8} Ω·m）、金（体积电阻率为 2.44×10^{-8} Ω·m）等。银因其价格适中、室温条件下导电性优良、抗氧化性好，是目前应用最广泛、市场最成熟的导电材料之一。铜由于其价格低廉、导电性优良、抗电迁移性能好等优点，受到越来越多的关注[3]。但是铜纳米颗粒容易氧化的缺点在很大程度上限制了其在导电油墨中的应用。

2.2.1 银

（1）基本性质　贵金属银在自然界中有单质存在，但绝大部分是以化合态的形式存在于银矿石中。银的化学性质稳定，导热、导电性能很好，质软，富延展性，反光率可达99%以上，块状银的熔点为960℃。由于小尺寸效应，纳米银颗粒的熔点随粒径的降低会大幅下降。这是由于纳米银的粒径小、比表面积大、表面原子多，这些表面原子近邻配位不全，使得纳米银的活性远大于其宏观块状形态，用其制成的导电油墨可实现低温烧结，从而适用于塑料、纸张等温度敏感基材[4]。

一般而言，我们将至少有一个维度小于100nm的材料称之为纳米材料[4]。目前市面上的纳米银有多种形态，图2-1列举了球形、三角片形和方块形纳米银颗粒及纳米银线[5,6]。

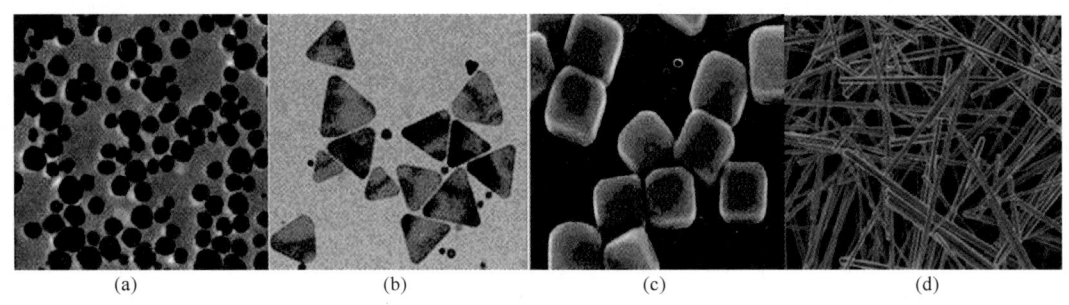

图2-1 纳米银颗粒的4种形态
（a）球形 （b）三角片形 （c）方块形 （d）线状

纳米材料的制备按照组装方式可分为"自上而下法"和"自下而上法"。"自上而下法"是将较大尺寸的块体材料通过刻蚀、研磨、超声、激光烧蚀等手段获得所需尺度与形貌的纳米材料，一般包括机械球磨法、蒸发冷凝法、激光烧蚀法等。"自下而上法"是指从底部开始构筑纳米材料的方法，即从原子、分子或团簇单元开始逐步组装形成纳米结构，一般有溶胶凝胶法、水热法、化学气相沉积法等。

纳米银的制备按照是否发生化学反应可分为物理法与化学法。物理法是通过研磨、粉碎、雾化等物理手段将块状银变成纳米级银颗粒的方法，物理法一般能耗相对较大、制备效率不高，且容易混入杂质而降低产品性能。化学法一般属于"自下而上法"，生产效率较高，可以通过反应条件的优化实现对纳米银颗粒尺度和形貌的控制，是目前纳米银主要的制备方法。

（2）制备方法

1）物理法 包括机械球磨法、蒸发冷凝法、雾化法、激光烧蚀法等[7]。

机械球磨法也被称为球磨法或高能机械球磨法。其过程如图2-2所示，是在密闭的容器内放置大小不一的钢球，通过容器的振动、旋转，使得钢球对粉体进行撞击、研磨和搅拌，将球磨介质的机械能以不同的形式传递给晶粒，从而改变晶粒的形状和大小。机械球磨过程实际是大晶粒变成小晶粒的过程[8]，但是要控制时间，当晶粒细到一定程度时，比表面积增大，会造成晶粒团聚。球磨法制备的银粉色泽光亮、密度大、机械性能好、比表面积大，

图2-2 球磨过程示意图

可改善粉末的烧结性能，但产品纯度低、颗粒分布不均匀。Xu 等[9]在低温下用高能机械球磨法制备银纳米颗粒，得到了平均粒径约为 20nm 的银纳米颗粒。

蒸发冷凝法是制备具有清洁界面纳米粉体的主要手段之一。此过程在靶用金属纳米材料制备装置上进行，其装置原理示意图如图 2-3 所示。该法是在真空下充入纯净的惰性气体（Ar、He 等），高频感应加热使原料蒸发，产生原物质烟雾，惰性气体的流动驱动烟雾向下移动，并接近冷却装置。在蒸发过程中，金属块体气化与惰性气体原子碰撞失去能量，然后冷却、凝结形成纳米颗粒[10-11]。张卫华等[12]报道了在惰性气体的氛围中，利用真空冷凝法制备了形貌和分散度都较均匀的纳米银颗粒。

2）化学法　化学法制备纳米银，是将 Ag^+ 还原得到纳米银颗粒。化学法主要有液相还原法、电化学还原法、光化学还原法等[13]。化学法有利于对纳米银的形貌进行有效控制，进而调控纳米银的物理、化学特性，主要应用于对纳米颗粒性能要求较高的光学、电学、生物医学等领域。

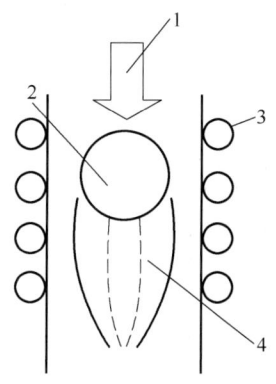

1—惰性气体　2—熔化的金属
3—高频感应线圈　4—纳米颗粒
图 2-3　蒸发冷凝法制备
纳米颗粒原理示意图

对于银纳米颗粒来说，生长机理可以用 Gibbe-Wulff 理论模型进行解释，包括成核和生长两个阶段，成核与晶面的生长都需要克服一定的热力学势垒，并受到临界晶核尺寸的影响。其中，晶粒的生长是通过晶面生长来实现的，通常成核速度比晶核生长速度快。较快的反应速度有利于在成核阶段维持较高的过饱和度，从而可以生成较多晶核，在前驱体初始浓度相同的条件下，较多晶核的生成导致了单个颗粒的最终生长尺寸相对较小。由于新核生成比旧核生长需要更高的过饱和度，在成核阶段，新核生成与旧核生长同时进行；随着反应过程的进行，还原生成的银原子的浓度不断升高，如图 2-4[14]所示。当银原子的浓度大于最小晶核浓度 c_{min} 时，便开始生成晶核；随着体系中银原子浓度的增大，晶核的形成速度不断加快，达到一个最大值 c_{max}。随后，体系中银原子的浓度变小，当体系中银原子浓度重新下降到 c_{min} 时，即进入晶核的生长过程；随着反应的进行，晶核不

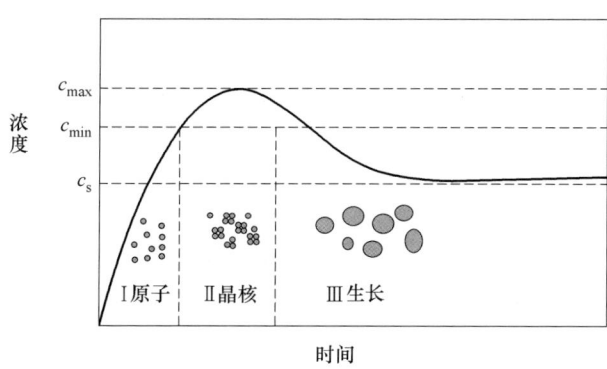

图 2-4　在晶核形成和生长过程中浓度与时间关系图

断吸附体系中新还原的银原子，导致粒径不断增大，生长成为纳米颗粒。基于反应速度对生成的纳米颗粒尺寸的影响，有些学者将快速反应与慢速反应结合起来，采用分步法制备纳米晶体。首先，通过快速还原反应制备出大量尺寸均匀的小粒子，然后采用较温和的还原剂或较慢的还原剂添加方式使这些小粒子慢速生长。在电化学反应中，通过调节电流密度也可以控制纳米颗粒的生成尺寸。由于较大的电流密度有利于在溶液中维持较高的过饱和度，因此可以在较短时间内生成大量晶核，导致生成颗粒的尺寸较小。

关于纳米颗粒的形貌控制主要有两种机理：模板机理和表面晶面淘汰机理。模板机理认为，在纳米颗粒合成过程中，体系中存在的某些模板使纳米晶体的生长受到约束，从而形成特定的形状，该理论通常用于解释棒状纳米晶体的生成。表面晶面淘汰机理认为晶体表面由具有不同点阵结构的多种晶面构成，不同晶面间的点阵密度及表面自由能存在差异，在各自的晶面垂直方向上的生长速度也互不相同。根据二面角守恒定律[15]，新生成的晶面与原有的晶面互相平行，即晶体表面的二面角具有保持不变的趋势。其演化示意图如图2-5[16]所示，假设晶面A的生长速度比晶面B慢，由于晶面A与晶面B组成的二面角在晶体表面所占的比例会随着晶体的长大逐渐减小甚至消失，最后晶体表面将主要由生长速度较慢的晶面A构成，同时整个晶体会由于对称性而呈现出特定的形状。如果选择合适的还原剂或添加对某些晶面具有稳定作用的保护剂（表面活性剂或聚合物等），促使某些晶面更快地生长，则可以对晶面生长的相对快慢进行调节，从而实现对晶体生成形状的控制[17]。

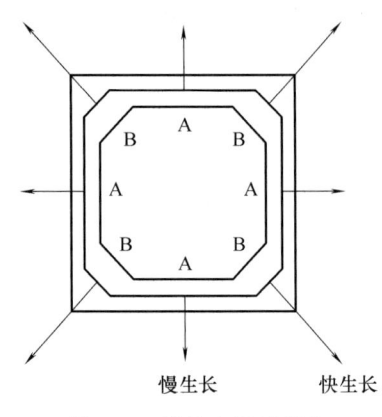

图2-5 晶体生长过程中表面晶面演化示意图

液相化学还原法是最常用的制备纳米银分散液的方法，该方法将银盐前驱体、还原剂、保护剂分别溶解于溶剂中，可采用单注入（一般是将还原剂溶液注入银盐前驱体和保护剂溶液中）和双注入（一般是将银盐前驱体和还原剂溶液同时注入到保护剂溶液中）的方法对银盐前驱体进行还原，通过优化反应物配比、温度、添加速度、搅拌速度等条件，可获得形貌和尺度可控的纳米银分散液。常用的银盐前驱体有硝酸银、醋酸银等，主要是为反应提供银离子；还原剂有硼氢化钠、有机胺、双氧水、抗坏血酸、次亚磷酸钠、柠檬酸钠、甲醛、葡萄糖、多元醇等，主要起到将银离子还原为银单质的作用，还原剂还原能力的强弱将在一定程度上决定反应的速度及纳米银晶核成核、生长的速度，从而影响纳米银的形貌与粒径分布；保护剂有聚乙烯吡咯烷酮（PVP）、十六烷基三甲基溴化铵（CTAB）、十二烷基磺酸钠（SDS）、十二烷基苯磺酸钠（SDBS）、明胶、聚乙烯醇（PVA）等，主要起到改善纳米银颗粒在溶剂中分散稳定性的作用，保护剂会通过一定的作用形式吸附在纳米银颗粒表面，改变纳米银的表面特性，因此纳米银导电油墨在何种溶剂中能够分散稳定往往取决于保护剂的选择[18]。该方法的优点在于能在较短的时间内产生大量的银纳米颗粒，并且可以对银纳米颗粒的粒径及尺寸分布进行较好的控制[19,20]。

纳米银颗粒的形貌、粒径与其成核和生长过程有关，晶体生长的热力学与动力学表明，银晶核的种类主要取决于体系反应速度。随着体系反应速度增加，主要产生的银晶核分别为多重孪晶、单孪晶及单晶。通过加入相关控制剂控制特定晶面生长，可获得不同形貌的微纳米银颗粒。例如：多重孪晶可诱导形成准球形、线形或棒状纳米银，单孪晶可诱导形成正双棱锥、束状纳米银，单晶可生成球形、立方体及八面体纳米银。不同晶核与形成的纳米银形貌对应关系如图2-6所示。

水热法是指在特制的密闭反应器中，以水作为反应介质，通过对反应体系加热、加压（或自生蒸汽压），创造一个相对高温高压的反应环境，促使常温常压下难溶的反应物或

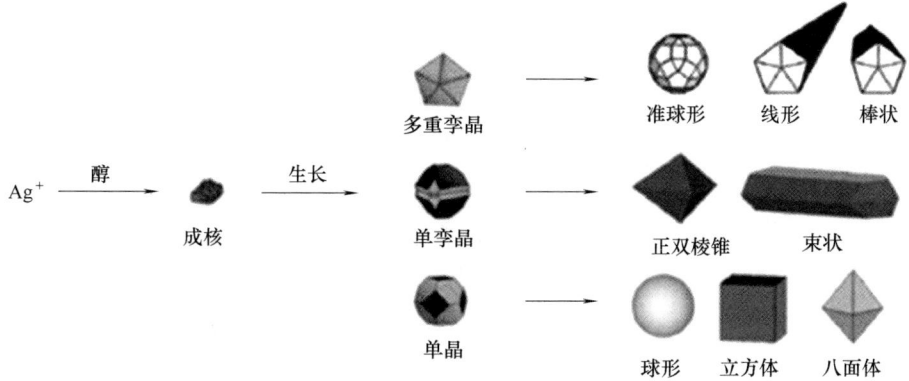

图 2-6 纳米银晶核与晶体形貌对应关系图[21]

生成物溶解,从而促使反应发生的方法。水热法是一种常用的无机材料合成与改性方法,利用了水在高温高压下密度、表面张力和黏度降低,离子积增大的特性促使反应的发生。

水热法优点:低温、等压溶液条件有利于生长缺陷少、取向好、结构完美的晶体,从而获得结晶度高、热应力小、均匀性和纯度较高的产物;通过调节水热溶液的温度、压力等过程参数控制产物的组成、结构及形貌,从而实现对晶体材料的可控制备;原材料相对廉价易得,反应在液相快速对流中进行,产率高;采用中温液相控制,能耗相对较低、适用性广。Yang 等[22]以海藻酸钠、硝酸银为原料,不需要其他还原剂,采用水热法制备了不同形貌的纳米银颗粒。刘艳娥等[23]采用水热法,在水中用葡萄糖还原 Ag^+ 制得了纳米银颗粒。

醇热法是一种经典的纳米银合成方法,有利于纳米银晶型的控制,可以合成不同形貌的纳米银,包括球体、立方体、线形、八面体、立方八面体、双锥体、三角片等。控制剂的种类和剂量对纳米银的形貌和纯度起着关键作用,随着反应温度的提高,多元醇的还原能力增强,可通过调整反应温度,控制纳米颗粒的成核和生长过程,从而达到控制纳米银尺寸的目的。夏幼南等[24]通过包含氯离子的醇热法合成了许多不同的纳米银结构,包括纳米管、纳米线和纳米四面体,并提出纳米银的形貌差异主要是由"晶种氧化刻蚀"引起的。氯离子和氧气的存在会影响初始成核阶段,促进不同成核结构间的波动,即"晶种氧化刻蚀"。为了避免此效应,通常需要通入惰性气体进行保护。晶种氧化刻蚀主要是产生单晶晶种,氯离子和氧气会对孪晶晶种产生刻蚀,进而增加单晶晶种的数量。可通过调节反应浓度和反应时间来控制纳米银形貌,其中反应浓度主要影响纳米银的形貌,而反应时间对粒径的影响相对较弱。Silvert 等[25]采用硝酸银/EG/PVP 反应体系,得到准球形十面体或二十面体多重孪晶结构的纳米银,且其粒径随着硝酸银浓度的增加而增加,当硝酸银浓度从 4×10^{-3} mol/L 增加到 256×10^{-3} mol/L 时,对应的粒径从 15nm 增加到 36nm。通过严格控制 PVP 浓度能获得单分散性纳米银胶体[26]。

纳米银颗粒主要化学制备方法见表 2-1。

3)生物法 生物法是指在生物参与的情况下制备纳米银,与化学还原法相比,该法所用的还原剂、保护剂等反应物对环境几乎没有危害,是更为绿色环保的方法。目前生物法制备纳米银的方法主要有微生物还原法、植物还原法等。

表 2-1　　　　　　　　　　纳米银颗粒主要化学制备方法一览表

方法	还原剂	制备方法	纳米银特性
液相化学还原法	水合肼	以 PVP 为保护剂,还原硝酸银溶液	近似球状的、平均粒径约为 50nm 的纳米银粉[27]
	水合肼	以柠檬酸三钠为分散剂,还原硝酸银溶液	粒径为 20~50nm 的纳米银颗粒[28]
	水合肼	以琥珀酸二异辛酯磺酸钠(AOT)为分散剂,还原硝酸银溶液	粒径为 20nm 的纳米银溶胶[29]
	七水合硫酸亚铁	柠檬酸钠为分散剂,还原硝酸银溶液	小于 10nm 且粒径分布均一的纳米银颗粒[30]
	硼氢化钠	月桂酸为分散剂,还原银氨络合物溶液	5~30nm 纳米银颗粒[31]
	次磷酸钠	以六偏磷酸钠为分散剂、PVP 为保护剂	红色的纳米银溶胶[32]
	乙醇	PVP 为保护剂还原硝酸银	粒径较小的纳米银颗粒[33]
微乳液法	水合肼	以十二烷、环己烷等为溶剂,AOT 作为表面活性剂,分别制得硝酸银和水合肼的微乳液。然后把水合肼的微乳液滴加到硝酸银的微乳液中,反应 2h,得到稳定的亮黄色透明纳米银溶胶	平均粒径为 1.5~6nm 的纳米银颗粒[34]
	硼氢化钠	聚丙烯酸酯类阳离子共聚物(PAA-DCA-AM)为保护剂,还原硝酸银	平均粒径为 30.03nm 的纳米银颗粒[35]
	抗坏血酸	PVP 为分散剂,还原硝酸银溶液,使用硝酸或氨水调节 pH 至 7,在反应温度 30~80℃ 下搅拌 30min,最后使用去离子水与无水乙醇洗涤 3 次,真空干燥得到纳米银粉	平均粒径为 330nm 的纳米银颗粒[36]
水热法	不需要还原剂	采用海藻酸钠、柠檬酸钠、硝酸银为原料	不同形貌的纳米银颗粒及银纳米线[22,37]
	葡萄糖	以聚乙烯吡咯烷酮、硝酸银为原料	纳米银颗粒[23]
溶胶-凝胶法	柠檬酸三钠	pH 为 5.7~11.1,还原硝酸银	尺寸可控的纳米银球[38]
光化学还原法	天然聚合物卡拉胶	在室温条件下通过紫外光照射,还原硝酸银溶液	粒径小于 30nm 的球形纳米银颗粒[39]
	抗坏血酸	聚乙二醇辛基苯基醚为分散剂	粒径为 15~60nm 的纳米银球[40]
	海藻酸钠	在室温下经紫外光照射 2h 还原硝酸银溶液	粒径为 1~5nm、无团聚现象且具有面心立方构型的红棕色球状纳米银[41]
	PVP	以银氨溶液为前驱体、PVP 为还原剂和保护剂	粒径较小、分散性较好的纳米银溶胶[42]
	柠檬酸钠	柠檬酸钠还原硝酸银	粒径约为 65nm 的银纳米颗粒[43]
电化学还原法	不需要还原剂	以柠檬酸钠作为配位剂和稳定剂	球状、枝状和树叶状的纳米银[44]
		去离子水作为电解质溶液,PVP 作为稳定剂	纳米银胶[45]

续表

方法	还原剂	制备方法	纳米银特性
电化学还原法	不需要还原剂	采用聚乙二醇为保护剂	纳米银棒和纳米银线[46]
		用巯基乙酸或 N,N-二甲基甲酰胺保护剂	纳米银溶胶,用巯基乙酸为保护剂的纳米银溶胶稳定性更好[47]
微波法	亚甲基蓝	PVA 为分散剂,硝酸银为银源,利用微波反应制备纳米银	平均粒径为 20nm 的球形纳米颗粒[48]

微生物还原法是指利用微生物产生的还原性辅酶、胞外酶及其他次级代谢物质作为还原剂和稳定剂用于还原制备纳米银的方法,常用的微生物主要有细菌、放线菌、真菌、酵母菌等。特点是微生物繁殖速度快、可操纵性强,可通过控制培养条件调节代谢从而控制纳米银的形貌。乔自鹏等[49]利用真菌代谢产物中的还原性官能团合成了纳米银颗粒,发现反应的 pH、温度、Ag^+ 浓度、真菌生物质用量等因素均会影响纳米银颗粒的形貌和尺寸。黄晓丹等[50]发现在碱性环境下,气单胞杆菌能加速生物质中酰胺结构与多糖结构的水解,还能加快纳米银的还原速度,得到稳定的纳米银粉。

植物还原法是指利用植物中的活性有效成分(如多酚、还原糖等)作为还原剂还原银离子来制备纳米银的方法。按活性有效成分存在部位可分为细胞内(胞内物质)、细胞外(胞外产物)和细胞组成部分三大类,如图 2-7[51]所示。这些活性有效成分可以包裹在纳米颗粒表面从而对纳米颗粒起到保护和稳定的作用,因此活性有效成分同时起到了还原剂和保护剂的作用,这样既降低了材料成本又避免了额外的化学试剂污染,符合"绿色化学"的发展要求。目前,已有多种植物的浸取液可以制备纳米银颗粒,如龙眼叶[52]、栀子干粉[53]、山茱萸[54]、芳樟叶[55]等。茶叶中的茶多酚具有极强的抗氧化性,茶叶浸取液中的茶多酚及黄酮类化合物在反应中可以起到还原和分散作用,在利用绿茶和普洱茶制纳米银时,不用添加任何表面活性剂,就可以制备出粒径均匀、分散性好的球形颗粒。

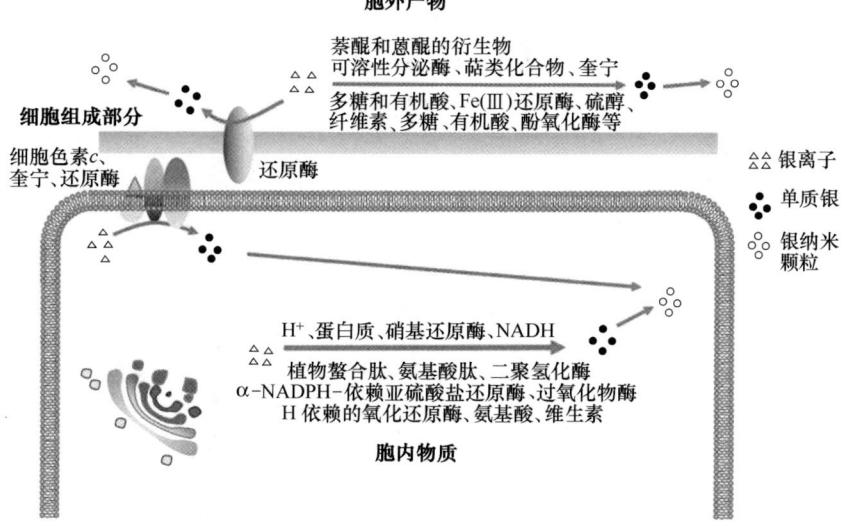

图 2-7 植物还原法合成银纳米颗粒的作用机制

2.2.2 铜

(1) 基本性质　纯铜柔软、延展性好，导热性和导电性高，是电缆、电线、电子元件最常用的材料。自然界中的铜多以化合物形式存在，如铜矿石，二价铜盐最常见，常呈蓝色或绿色。与相同化学成分的常规大尺寸材料相比，纳米材料往往表现出优良的物理化学性质（纳米特性），如反应活性高、比表面积大、电子特征和量子效应特殊等。纳米铜根据其尺寸、形状、表面电荷、团聚情况、溶解度及化学成分纯度的不同，表现出不同的性质。纳米铜颗粒是铜导电油墨的导电主体，目前制备的纳米铜颗粒有球形、立方体、五边形棒状、五边形线状、片状三角形和片状六边形等，具体如图2-8所示。

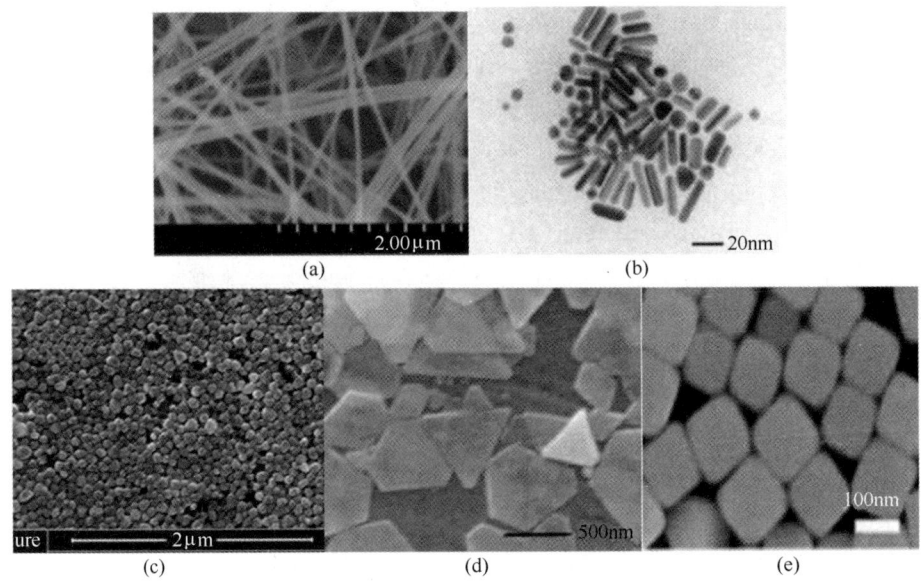

图2-8　不同形貌的纳米铜的SEM图
(a) 五边形线状　(b) 五边形棒状　(c) 球形　(d) 片状三角形/六边形　(e) 立方体

纳米铜表面易被氧化成Cu_2O或CuO，因此如何改善纳米铜粉的分散性及怎样防止铜粉被氧化是一个重要研究方向。铜的氧化反应过程是$Cu\rightarrow Cu_2O\rightarrow CuO$，这说明铜的氧化反应在热力学和动力学上都是逐级反应。目前，防止纳米铜氧化的方法是有机物包覆法，即在一定条件下将纳米铜粉浸泡在有机酸中一段时间，使其表面包覆一层有机酸，或使用有机蒸汽对纳米铜颗粒表面进行包覆，如使用PVP和短链羟基羧酸[56]。PVP分子内含有极性的内酰胺基和非极性的亚甲基，是一种水溶性高分子聚合物，它可以通过氧原子和氮原子与纳米铜表面的原子进行配位，形成比较紧密的吸附层，从而避免纳米铜颗粒直接接触空气。短链羟基羧酸可以和表面被氧化的纳米铜发生反应，生成有机羧酸铜盐，生成物及多余的羟基羧酸包覆在其表面，可以防止纳米铜进一步被氧化，再经过焙烧，有机铜盐能被还原成铜，其中，羟基羧酸在焙烧的过程中也能抑制纳米铜的氧化[57]。

(2) 制备方法

1) 物理法　物理方法是将块状铜转变成纳米铜颗粒，然后分散在适宜的介质中，包括机械粉碎法、雾化法、激光烧蚀法、气相蒸汽法、加热蒸发法、等离子体蒸发法等。

机械粉碎法是一种利用固体物料或颗粒在足够大的机械粉碎力作用下发生变形，使大颗粒破碎成超细颗粒的方法。在粉碎过程中，由于机械力的反复作用，颗粒尺寸迅速变小，体系温度升高，导致颗粒的表面能及性质发生很大变化，颗粒局部易发生化学反应，使得产物纯度降低。李慧芝等[58]采用该法制备的铜颗粒可达亚微米级甚至纳米级别，粒径分布范围窄，性质极其稳定。

雾化法是指将液态金属或合金通过高压水流或气流雾化、离心力雾化、超声波雾化等机械手段破碎成雾，再冷凝成固态粉末的方法。雾化法又分为水雾化和气雾化两种制备技术。水雾化法虽然成本低廉、取材方便且雾化效率较高，但是生产的粉末球形度较低、氧含量较高。气雾化法克服了这些缺点，但粉末产率较低。李晖云[59]以铜和铜合金为原料，采用气雾化法制得球形或类球形的雾化铜粉，粒径为 $5\sim150\mu m$。

2）化学法　Cu 纳米颗粒可以采用类似于 Ag 纳米颗粒的溶液化学方法制备。但由于反应活性的差异，通常要采用联胺等强还原剂在更高温度下制备。为了避免铜的氧化，制备过程需要惰性气体保护。

液相化学还原法是指铜盐前驱体与还原剂在水相或溶剂中发生氧化还原反应，将 Cu^{2+} 还原生成不同尺寸和形貌的纳米铜的方法[60]。常用还原剂有硼氢化钠/硼氢化钾、水合肼、次亚磷酸钠、抗坏血酸、多元醇等。通常加入各种大分子保护剂和小分子修饰剂如羧酸、明胶、十二烷基氯化铵、聚乙烯醇、聚乙烯吡咯烷酮等，对铜颗粒表面进行修饰，在铜颗粒表面形成有机包覆层，保持铜颗粒的稳定性和分散性，控制铜颗粒的尺寸及形貌，防止铜颗粒因直接裸露而被氧化。Abdulla 等[61]利用氩气为保护气体，在水/乙腈混合溶液中用硼氢化钠还原硝酸铜，制备球状纳米铜。

电化学还原法是指在外加电压下，金属离子在阴极区被还原为原子，原子成核生长形成纳米颗粒的方法。该方法设备简单，操作方便，反应条件温和，通过调节电解液浓度、电极电位等参数来改变产物的形貌和粒径，但是该方法产物比较少，不适合规模化生产。采用超声存在下的电化学还原法制备小于 100nm 的铜粉时，电流密度直接影响产物粒径，超声功率影响电沉积过程，进而也会影响产物的粒径。

纳米铜化学制备方法见表 2-2。

表 2-2　　　　　　　　　　　　　纳米铜化学制备方法

方法	还原剂	制备方法	纳米铜特性
液相化学还原法	水合肼($N_2H_4 \cdot H_2O$)	在水溶液中，控制保护剂聚丙烯酸（PAA）的含量，还原 $CuSO_4 \cdot 5H_2O$，通过调节 pH 得到纯净的纳米铜	粒径为 30~80nm，在 560nm 处有强 UV-Vis 吸收[62]
		在强碱条件下，以乙二胺为保护剂，$N_2H_4 \cdot H_2O$ 还原 $Cu(NO_3)_2 \cdot 3H_2O$	超长一维纳米线，直径为 90~120nm，长度为 40~50μm，纵横比为 350~450[62]
		以 CTAB 为修饰剂，还原硝酸铜得出不同形貌的纳米铜晶体	CTAB 对立方晶系铜的{100}面有较强吸附作用；控制 pH、硝酸铜浓度得到不同形貌的铜[63]
	$NaBH_4$	在水溶液中以聚氧乙烯山梨醇酐为表面活性剂，用 $NaBH_4$ 还原硝酸铜	粒径为 25~35nm，操作简单[64]

续表

方法	还原剂	制备方法	纳米铜特性
液相化学还原法	抗坏血酸	以PVP为保护剂,在乙二醇中还原硫酸铜	平均粒径为(100±25)nm的立方体纳米铜[65]
	葡萄糖,抗坏血酸	用油酸修饰,第一步用葡萄糖将二价铜还原为一价铜,第二步用抗坏血酸还原为铜原子	铜颗粒有良好的油溶性和稳定性[66]
	$NaH_2PO_2 \cdot H_2O$	以PVP为保护剂,在二甘醇中还原硫酸铜,改变保护剂和铜盐的摩尔比、温度、进料速度等得到不同形貌的铜颗粒	球形、立方体铜颗粒[67]
	1,2-十六二醇	以油酸、油胺为修饰剂,在正辛烷/辛醚/辛胺的混合物溶剂中用1,2-十六二醇还原醋酸铜	粒径为5~25nm的纳米铜颗粒[68]
微乳液法	水合肼($N_2H_4 \cdot H_2O$)	以山梨糖酐单油酸酯、正丁醇等为表面活性剂,石蜡为有机相的W/O型微乳液体系,以水合肼还原硝酸铜	形成玉米棒状超晶格结构(NC-Ss)[69]
电化学沉积法	—	以氯化铜为前驱体,SDS为添加剂	微米级树枝状铜晶体[70]
	—	以氧化铝模版纳米孔制备铜纳米线	直径100nm,长40~50μm,在{111}方向生长[71]

2.2.3 金

（1）基本性质 在自然界中,金以单质的形式出现在岩石、地下矿脉及冲积层中。金单质在室温下为固体,密度高、柔软、光亮、抗腐蚀,其延展性是已知金属中最高的。金在溶解后可以形成三价及单价正离子。金与大部分化学物质都不会发生化学反应,但可以被氯、氟、王水及氰化物侵蚀。金能够被水银溶解,形成汞齐。直径在纳米级的纳米金颗粒,其基本单元都是微小尺寸的粒子,故具有很多宏观粒子所不具备的物理特性,如光学效应、小尺寸效应、表面效应、宏观量子隧道效应、介电限域效应、久保效应,以及其他特殊效应。不同粒径、不同形貌的金纳米胶体溶液呈现出不同的颜色。最常见的纳米金呈现红色,最大吸收波长在520nm左右。一般情况下,随着粒径的增大,纳米金颜色逐渐加深,从酒红色、紫红色、紫色、蓝色,一直加深到黑色,最大吸收波长也会发生变化。

（2）制备方法

1）柠檬酸钠还原法 利用柠檬酸钠制备纳米金是一种最经典、最成熟的方法。制备时先将氯金酸（$HAuCl_4$）加入超纯水中进行稀释、搅拌,并加热煮沸,然后加入柠檬酸钠溶液,持续沸腾一定时间。反应过程中,刚加入氯金酸时溶液呈现浅黄色,加入柠檬酸钠后继续加热,溶液最终变为红色。在此反应中,柠檬酸钠一方面作为还原剂,将Au^{3+}还原为零价的金单质;另一方面,柠檬酸钠又起到分散剂的作用。柠檬酸钠还原金属反应方程式如图2-9所示。柠檬酸钠吸附在Au表面,由于柠檬酸钠含有三个羧基,带有三个单位的负电荷,同种电荷相互排斥,使合成的纳米金具有较好的分散性。反应物浓度比、反应物加入次序、溶液 pH 在一定程度上影响产物的尺寸，保温温度、保温时间及搅拌速度对产物生成速度有较大影响。通过改变金的浓度和柠檬酸盐的浓度，可以制备出大量平均粒度的金纳米颗粒。但反应中柠檬酸钠有一定程度的分解，这就导致柠檬酸钠还原制备的金颗粒化学界面不清晰。1951 年 Turkevitch 等提出的在水溶液中用柠檬酸盐还原 $HAuCl_4$ 的方法，可得到 20nm 左右的金纳米颗粒。

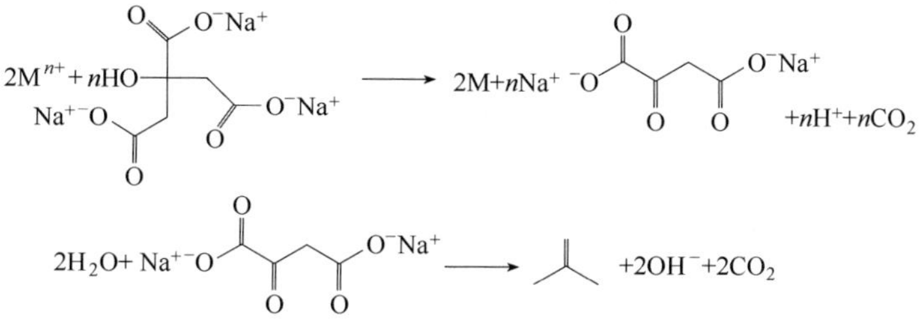

图 2-9　柠檬酸钠还原金属

2) 种子生长法　种子生长法是以小的纳米金颗粒为晶种，合成大纳米金颗粒的方法，如图 2-10 所示。典型的种子生长法合成纳米金颗粒分为两步：第一步，合成小尺寸的纳米金种子；第二步，将纳米金种子添加到由氯金酸、还原剂和稳定剂组成的"生长液"中。在生长液中，氯金酸被还原成零价金，在纳米金种子表面生长，得到更大粒径的纳米金颗粒。用此方法可制备具有高指数晶面裸露的纳米金[72,73]。不同制备条件（如温度、pH、金种前驱体浓度、柠檬酸钠浓度等）对纳米金的粒径分布和形貌均有影响。对于种子生长法，若不考虑颗粒间由于范德华力引起的聚集，从理论上讲可以制备出任意尺寸的纳米金颗粒。但是在实际中，纳米金颗粒生长到一定尺寸会导致重力沉降和团聚。不过，在一定尺寸范围内，对于连续合成尺寸可控的单分散纳米金颗粒来说，种子生长法仍然是最值得推广的方法之一。Wilcoxon 等[74]利用一种可以在甲苯中溶解的金前驱体配制生长液，用硫醇包覆的纳米金颗粒作种子，成功实现油溶性单分散纳米金颗粒的合成。

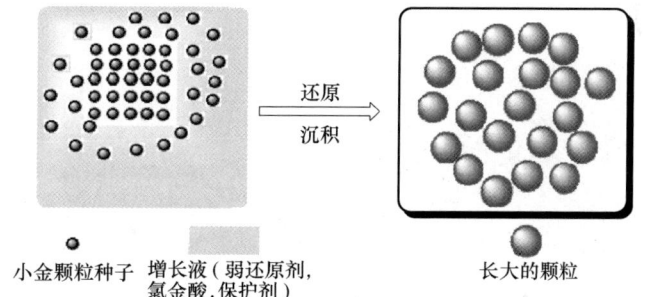

图 2-10　种子生长法制备的 AuNPs

3) 生物还原法　生物还原法是指在生物参与的情况下制备纳米金。生物还原法因清洁、无毒、环境友好、可持续发展，并且反应条件温和可控、产量高，成为纳米金合成领域的研究热点。生物质在绿色合成金属纳米颗粒时，既充当还原剂又充当稳定剂，符合"绿色化学"的要求。用于还原纳米金的微生物主要有细菌和真菌。植物还原法主要采用植物提取物作为还原物质还原纳米金。细菌、真菌、酵母菌、病毒、生物分子、植物提取素、DNA 等在纳米金合成中都有报道。植物反应速度快，操作简便，不需要细胞培养的过程，微生物廉价、易培养、繁殖快，合成的纳米金尺寸和形貌可控，具有很好的生物相容性，产量高，适合大规模生产。Zhan 等[75]以侧柏叶提取物制得了 AuNPs，同时分析了提取物中的活性成分，研究发现，提取物中的黄酮类化合物和还原糖充当了还原剂和纳米金颗粒的保护剂。

2.2.4 金属材料在印刷电子中的应用

随着印刷电子技术的兴起及印刷电子市场的蓬勃发展，光伏电池、射频电子标签、智能包装、触摸屏、柔性显示器等众多印刷电子产品已逐步从实验室走向市场。金属导电油墨作为目前印刷电子技术中应用最为广泛的功能性材料，广泛应用于印刷电极、能量转化、传感器等领域。

（1）传感器　传感器作为一种检测装置，能够将检测到的信息，以一定的规律变换成电信号、光信号等信号输出，来满足信息的传输、处理、存储、记录等功能。根据检测组分的不同，传感器可分为热敏传感器、气敏传感器、力敏传感器、湿敏传感器等。柔性传感器相较于传统刚性传感器，具有更好的柔韧性、延展性、生物相容性等特点，在医疗保健、软机器人和人机交互等领域有强大的应用潜力。金属纳米颗粒导电性优异，并且具有独特的物理化学性质。例如，当温度升高时，金属原子间距离增大，导电性下降，因此电阻变化可以反映待测温度的变化；当处于湿润的环境时，介电常数发生改变，同样会引起电阻的变化，进而可反映湿度的变化。Andersson等[76]通过喷墨打印将导电银油墨印制到相纸上，并置于100~150℃下烧结，得到湿敏传感器，可以在湿度为30%~90%的环境中实现线性检测，有望作为纸基一次性湿敏传感器检测货物运输过程中和建筑物内的湿度变化（见图2-11）。

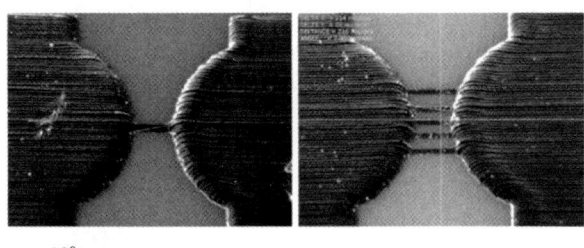
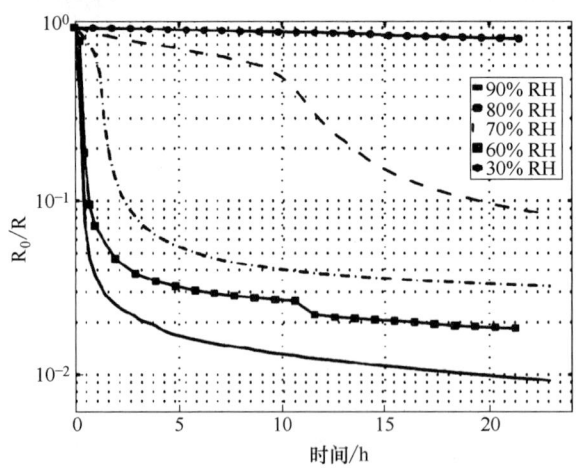

图2-11　通过喷墨打印导电银油墨制备的湿敏传感器

（2）透明导电膜　透明导电膜（transparent conductive film，TCF），又称透明电极。透明导电膜同时具有透光性和导电性，是光电领域中不可或缺的重要工业基础材料。自2000年以来，光电产品对透明电极的需求量逐渐增加，这种增长趋势还会一直持续，并且基于透明电极的新的应用领域也会出现。柔性光电器件要求新一代透明电极在保证良好导电性和透光性的同时，还需具有轻质、柔性和耐用的特点。基于纳米金属的TCF栅格在光学透明性、导电性和机械灵活性方面表现出优异的性能，因此在许多光电器件中得到了应用，如显示器、触摸屏、有机发光二极管、太阳能电池等。Cai等[77]报道了一种基于纳米银颗粒PEDOT:PSS导电高分子混合透明电极的新型电致变色超级电容器，在高电流充电/放电条件下，可以利用快速、可逆的颜色变化监测存储的能量水平。Wang等[78]制备了基于铜纳米线网络的透明导电膜，该透明导电膜在 200~800nm 波长范围内透光率较高。

（3）无线射频标签（RFID） 无线射频技术是基于一种非接触式的自动识别技术，通过射频信号自动识别目标对象并获取相关数据，其作为数据载体，能起到标识识别、物品跟踪、信息采集的作用，主要由无线射频标签和阅读器构成。其中，无线射频标签的主要组成部分是天线和芯片，分别负责信号传输和数据存储。现阶段，制备 RFID 天线的主要工艺有光刻蚀、丝网印刷、喷墨印刷等，其中，采用印刷方式制备的天线具有无污染、低成本、低导电层厚度、柔性等优点。由于无线射频标签的读写距离与天线的导电性相关，因此需要天线具有较低的电阻率。近年来，以金属导电墨水作为印刷材料，通过印刷方式制备 RFID 天线得到了广泛关注。Allen 等[79] 将商业化的导电银油墨喷印到聚酰亚胺薄膜表面制备 RFID 天线，该天线厚度仅为 500nm，耦合天线在 13.56MHz 频率带质量因数可达到 10（见图 2-12）。

图 2-12 通过喷墨打印导电银油墨制备的 RFID 天线

2.3 碳 材 料

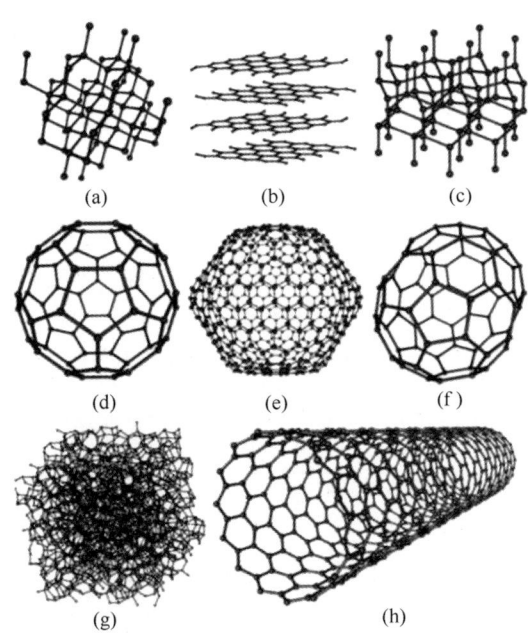

图 2-13 各形态碳的结构图
(a) 金刚石 (b) 石墨烯 (c) 蓝丝黛尔石
(d)~(f) 富勒烯 (g) 无定形碳 (h) 碳纳米管

碳是自然界中最常见的元素之一，其性质跨度极大，如从最硬至最软、绝缘体至半导体至超导体、绝热至超导热、吸光至全透光等，没有任何元素能像碳这样作为单一元素可形成三维金刚石晶体、二维石墨层片、一维卡宾和碳纳米管、零维富勒烯分子等如此之多的结构与性质不同的物质形态。这是由于碳元素具有 sp、sp^2、sp^3 杂化的多样电子轨道特性，再加之 sp^2 的异向性导致晶体的各向异性和其他排列的各向异性，所以以碳元素为唯一构成元素的碳材料具有各式各样的性质。传统的碳材料包括：木炭、竹炭、活性炭、炭黑、焦炭、天然石墨、石墨电极、碳刷、碳棒等，新碳素相和新型碳材料有金刚石、碳纤维、石墨层间化合物、柔性石墨、储能型碳材料、玻璃碳，以及新型纳米碳材料如富勒烯、碳纳米管、纳米金刚石、石墨烯等，图 2-13 为各形态碳的结构图。

碳材料发展一览表见表2-3。

表2-3 碳材料发展一览表

代序	名称	基本描述
第一代 (5千—1万年前)	木炭	• 木质材料不完全燃烧,隔绝空气热解生成的多孔材料,用于燃料、炼钢、炼铁
第二代 (19世纪)	烧结型炭材 (人造石墨)	• 具有导电、耐热、耐腐蚀、耐摩擦等性质 • 应用:用作电极、电刷、各种机械、化工、原子反应堆等
	炭黑	• 含碳物质(煤、天然气、重油、燃料油等)不完全燃烧或受热分解形成的轻、松、细、无定形碳粉末,比表面积 10~3000m^2/g • 应用:用于轮胎、塑料、化妆品等
第三代 (第二次世界大战后)	金刚石	• 碳同素异形体。最坚硬的天然物质 • 性能:高热传导率,低热膨胀系数,低摩擦系数,高硬度,高透明,高折射系数,化学和放射惰性 • 应用:首饰、切割、研磨、热探头、放射性检出、压敏器、荧光显增器、微机元件、高密度、高能量电子元件等
	线型碳(卡宾)	• 碳同素异形体,线型碳结构,在高温低密度的液体碳中存在 • 性能:高热力学稳定、高生物相容性等 • 应用:超导材料、外科手术缝合线及动物硬组织材料、合成金刚石
	碳纤维	• 含碳量95%以上,由片状石墨微晶等有机纤维沿纤维轴向方向堆砌而成,或经碳化及石墨化处理而得到的微晶石墨材料 • 性能:比钛、钢、铝等金属强度大、模量高、密度低、线膨胀系数小 • 应用:航天航空、汽车、电子、机械、化工、轻纺、运动器材
	活性炭纤维 (ACF)	• 性能优于活性炭,高效活性吸附材料,被称为表面性固体 • 性能:比表面积大,吸附性能好 • 应用:环保、储能、隐身、核防护、催化剂载体、生物医药、除臭除湿、高能电极及双层电容
	玻璃碳	• 由高纯度的交联结构的酚醛树脂(或呋喃树脂),经特殊高温热解制得 • 性能:耐3000℃高温,低密度,高透气,高耐酸碱,生物相容性好 • 应用:分析电极、电池电极隔板、半导体器件
	金刚石薄膜	• DLC 薄膜,性质近似金刚石 • 性能:高硬度、高电阻率、良好的光学性能及自身独特摩擦学性能 • 应用:高温晶体管、激光器件、绝缘材料等
	石墨层间化合物 (可膨胀石墨)	• 石墨层间化合物(GIC)是通式为 XCy 的化合物,具有极性的插入剂(酸、碱、卤素)分子或离子插入石墨层与碳网平面形成石墨层间化合物 • 性能:轻、高导电性、电化学性、反应性等 • 应用:高导电材料、电池活性物质、催化剂等
	气相生长碳纤维	• 化学催化气相沉积,以过渡族金属(Fe、Co、Ni)或其化合物为催化剂,将低碳烃化合物(如甲烷、乙炔、苯等)裂解生成的微米级碳纤维 • 性能:极细、比表面积大、中空、结晶性好 • 应用:增强材料、催化材料、导电材料等
	中间相沥青碳纤维	• 以燃料系或合成系沥青原料为前驱体,经调制、成纤、烧成处理制成的纤维状碳材料 • 性能:原料便宜、碳收率高、易制得超高模型碳纤维 • 应用:航天、航空;隔热、磨耗制动、耐腐蚀、导电和屏蔽、水泥增强

续表

代序	名称	基本描述
第三代 (第二次世界大战后)	碳化硅晶体	• 1824年,瑞典科学家在人工合成金刚石的过程中观察到了SiC。1885年,首次生长出SiC晶体 • 性能:化学性能稳定、导热系数高、热膨胀系数小、耐磨性能好 • 应用:磨料、高级耐火材料、脱氧剂、电热元件硅碳棒、半导体,用于叶轮或气缸体内壁的碳化硅粉末涂布
	碳/碳复合材料	• 碳/碳复合材料是碳纤维及其织物增强的碳基体复合材料 • 性能:低密度(<2.0g/cm³)、高强度、高比模量、高导热性、低膨胀系数、摩擦性能好、抗热冲击性能好、尺寸稳定 • 应用:火箭发动机喷管及其喉衬、航天飞机的端头帽和机翼前缘的热防护系统、飞机刹车盘等
第四代——新型碳材料	富勒烯 (Fullerene)	• 碳的同素异形体。以球状、椭圆状或管状结构存在的碳,都可以被叫作富勒烯。富勒烯与石墨结构类似,石墨只有六元环,富勒烯中可能存在五元环 • 性能:线性和非线性光学特性、碱金属富勒烯具有超导性等 • 应用:非线性光学器件、光导体、超导材料、有机太阳能电池、催化剂、抗癌药物、CVD金刚石膜、高强度碳纤维、高能轰击粒子
	碳纳米管(CNTs)	• 又名巴基管,是具有特殊结构(径向尺寸为纳米量级,轴向尺寸为微米量级,管子两端基本上都封口)的一维量子材料。主要由呈六边形排列的碳原子构成数层到数十层的同轴圆管。层间距约为0.34nm,直径为2~20nm • 性能:高电导率、高热导率、高弹性模量、高抗拉强度 • 应用:纳米复合材料、新能源、传感器、超级电容器、场发射管
	石墨烯 (Graphene)	• 碳原子的单层片状结构,只有一个碳原子厚度的二维材料,由碳原子以sp^2杂化轨道组成六角形呈蜂巢晶格状的平面薄膜 • 性能:极高导电性、机械强度、透光性、导热性 • 应用:光电显示、触摸屏、储能电池、传感器、军工、生物医药等
	碳纳米洋葱	• 用爆炸技术合成的零维新材料 • 性能:高硬度、小尺寸效应、大比表面积、量子尺寸效应等纳米材料的特性 • 应用:纳米金刚石抛光液、纳米金刚石-聚合物复合体、润滑油、烧结体、磁性记录系统、医学
	碳包覆纳米金属颗粒 (CEMNP)	• 又称碳包覆纳米金属晶,是碳/金属纳米复合材料,数层石墨片层紧密围绕核心的纳米金属颗粒有序排列,形成类洋葱结构 • 性能:可避免环境对纳米金属材料的影响,提高金属与生物体之间的相容性 • 应用:磁记录材料、锂离子电池负极、电波屏蔽、催化剂、核废料处理、精细陶瓷和抗菌
	金碳气凝胶	• 2013年,浙江大学研制出了一种被称为"全碳气凝胶"的超轻固态材料 • 性能:高弹性、强吸附,密度为0.16mg/cm³,是空气密度的六分之一,是迄今为止世界上最轻的材料 • 应用:海水淡化、相变储能保温、催化载体、吸音及高效复合

2.3.1 富勒烯

1985年,哈罗德·沃特尔·克罗托博士和理查德·斯莫利在莱斯大学制备出了第一种富勒烯,即 C_{60} 分子。之后理查德·斯莫利等人又相继发现了 C_{70}、C_{76}、C_{80}、C_{90} 等富勒烯族的碳材料。富勒烯在短短40年内,已经广泛应用到物理、化学、材料科学、生命及医药科学各领域。

(1) 基本性质 富勒烯(Fullerene)是一种完全由碳组成的中空笼状结构材料,结构如图2-14所示,在种类繁多的富勒烯族(C_n)中,C_{60} 因稳定性最高而引起人们的深入研究。掺杂的富勒烯分子具有超导性,C_{60} 分子具有半导体性质,富勒烯族分子具有磁性,分子质量只有铜的六分之一,硬度大,韧性强,化学性质稳定。

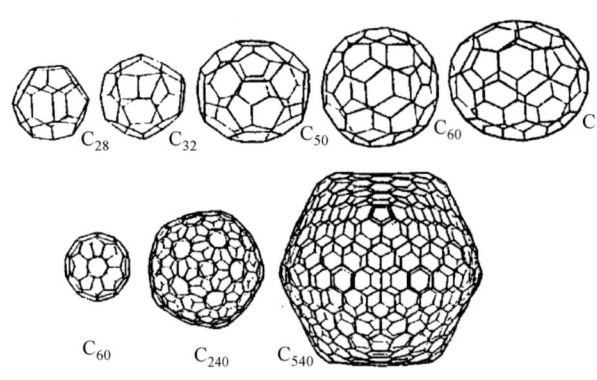

图2-14 富勒烯结构图

富勒烯族分子物理性质稳定,但化学反应活性大,可发生氧化、还原、聚合、光敏化、亲核加成、亲电加成等化学反应。以 C_{60} 为例,C_{60} 是由12个互不相连的五边形和20个六边形镶嵌而成的球形32面体,组成五边形的键全部为单键,键长为0.1447nm,共有60个单键,具有很强的三阶非线性电子亲和性与还原性。C_{60} 外观呈深黄色固体,随厚度不同颜色可呈棕色到黑色,密度为 $1.65\pm0.1 g/cm^3$,不导电,熔点>500℃。C_{60} 是含有大π键的非极性分子,易溶于苯、甲苯等含有大π键的芳香性溶剂中[80]。如图2-15所示,富勒烯分子具有内部修饰性和外部修饰性。内部修饰性是指富勒烯分子具有较大的内腔,可束缚各种原子,富勒烯分子内腔直径约为0.7nm,可容纳直径小于0.5nm的分子,最早由Heath等[81]在利用激光蒸发 $LaCl_2$/石墨混合物得到的质谱上检测到 La@C_{60} 分子;外部修饰性是指富勒烯族具有芳香性,这是因为富勒烯族分子结构中有易于被打开的双键,可以与其他分子或原子结合,实现特定部位上引进官能团的目标,因而易发生化学反应[82]。

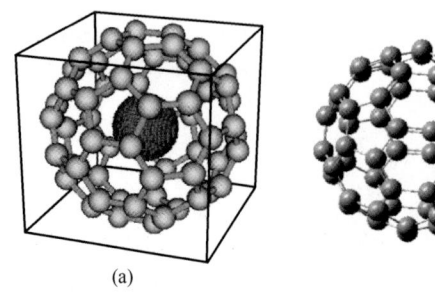

图2-15 富勒烯
(a) 内部 (b) 外部

（2）制备方法　制备方法主要有蒸发石墨法[83]、苯燃烧法[84]、激光法[85]、电弧法、射频等离子体法等。

1）苯燃烧法　苯燃烧法是指在低压氧气或其他氧化性气体中连续燃烧苯、甲苯等有机燃料来生产富勒烯的方法。1992年麻省理工学院的Howard等[86]燃烧用氩气稀释过的苯获得C_{60}和C_{70}混合物。苯、甲苯在氧气作用下不完全燃烧的炭黑中有C_{60}或C_{70}，通过调整压强、气体比例等可以控制C_{60}与C_{70}的比例，这是工业中生产富勒烯的主要方法。苯燃烧法根据原料的燃烧方式可以分为预混燃烧和扩散燃烧两种，预混燃烧是指将燃料与氧化剂混合后再将混合气体通入燃烧室中燃烧；扩散燃烧是指燃料和氧化剂从各自的通道释放，通过扩散相互接触，混合与燃烧过程在燃烧室中同时进行[87]。日本先锋公司Hiroaki等将甲苯于423K的条件下预热，与纯氧混合后在燃烧室中燃烧。燃烧条件：反应物C/O比为0.99~1.28，燃烧室压力为5.33kPa，燃烧器表面冷却气体的速度为0.7~1.67m/s，实验装置如图2-16所示。

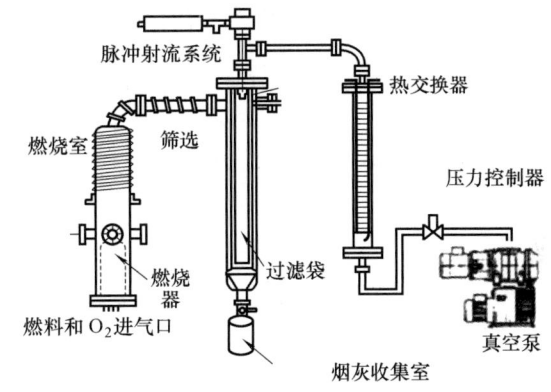

图2-16　燃烧法的反应与收集装置

苯燃烧法形成富勒烯一个很重要的条件是在高温下有五元环和六元环结构的存在，当五元环和六元环结合时就会发生卷曲，从而形成笼状结构。此过程中，富勒烯的生长机理主要有芳烃分步反应机理、"拉链"机理和凝聚相机理。Pope等[88]提出芳烃分步反应机理，他认为燃烧法形成富勒烯的机理是乙炔加到单个多聚芳烃分子的多步反应机理，其中包括两个多聚芳烃分子的反应或脱氢再关环。Baum等[89]提出"拉链"机理，他们认为两个近平面排列的多聚芳烃脱氢连接，包括多聚芳烃分子的重排形成五元环；或者若存在五元环，两个碗形多聚芳烃分子直接进行拉链成笼。他们还提出凝聚相机理，认为小烟灰微粒作为富勒烯形成的反应载体，一些粒子发生分子内重排、弯曲、生长，最后闭壳并从微粒上蒸发出来。

2）激光法　激光法是指用激光照射石墨，利用激光高能特性，使石墨受热蒸发成为游离态的碳，在惰性气体的保护下，游离态的碳在冷却过程中相互碰撞结合便可形成C_{60}、C_{70}等富勒烯分子。此方法装置简单，但成本高、效率较低，在工业生产中较少利用该方法制备C_{60}、C_{70}等富勒烯分子。

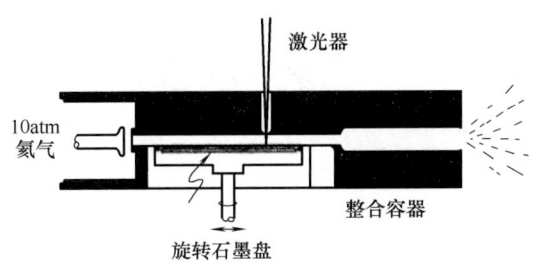

图2-17　激光法制备富勒烯实验装置示意图

1985年，Kroto等[85]利用激光法发现了C_{60}和C_{70}，图2-17所示为实验装置示意图，装置由氦气喷嘴、旋转石墨盘、激光器、整合容器4个部分组成。将Nd：YAG的二次谐波射进旋转的石墨盘，利用氦气提供惰性环境，防止石墨在高温下被氧化。实验过程中保证氦气喷射脉冲周期与激光脉冲相匹配，使氦气在冷却产物的同时将产物喷出装置以便收集。该实验制备出的 C_{60} 只能通过飞行时间质谱仪检测到，无法获得足量的富勒烯做进一步的研究。

3）电弧法 电弧法是指利用石墨棒作为电极，在惰性气体的保护下通入直流或交流电，使两个电极之间产生电弧，固态的石墨棒在高温和高电压的条件下变为等离子体，碳分子经多次碰撞、合并、闭合形成稳定的 C_{60}、C_{70} 及其他高碳富勒烯分子。反应结束后，这些富勒烯会存在于反应生成的碳灰中，将碳灰收集提纯即可得到不同的富勒烯。电弧法制备富勒烯几乎没有有害产物形成，但是获得的产物中含有无定形碳、石墨等杂质，较难分离，同时电弧放电耗能较大，并且由于石墨棒的长度限制，无法进行长时间、连续的富勒烯制备，因此不适合大规模工业化生产。但是由于其设备简单紧凑且体积较小，同时具备比较高的安全性，是一种可以在实验室中实现的小规模生产方法。

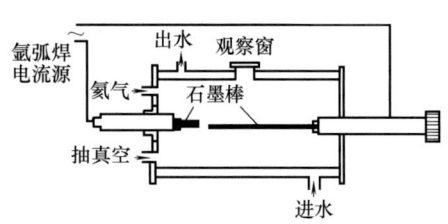

图 2-18 电弧法制备富勒烯装置示意图

王金刚等利用图 2-18 中的装置研究不同条件对富勒烯制备的影响，认为在电弧法制备富勒烯的过程中，适宜的氦气量和电流大小所形成的一个适宜的温度场分布有助于碳原子自由基的形成及与电离的 He 离子间的有效碰撞，有利于提高 C_{60} 产率。

4）射频等离子体法 射频等离子体法是指利用快速交变的电磁场引起含碳原料内部粒子的快速振动或转动，摩擦产生的热效应使得原料分解，分解生成的小分子碳单元在冷却过程中相互碰撞结合形成富勒烯。与电弧法相比，生产相同数量的富勒烯，射频等离子体法平均要多消耗 20% 的能量[90]，装置也更为复杂，但是产生的等离子体区域范围更大，气体流速更低，反应物在等离子区的平均停留时间更长[91]，有利于反应的充分进行，同时进料方便可以实现持续生产。射频等离子体法在氧化物、碳化物、氮化物、硼化物、金属和复合材料等纳米颗粒的合成方面也具有很好的应用前景[92]。

Yoshie 等[93]采用了射频与直流电相结合的方式生产富勒烯，如图 2-19 所示，以氩气作为保护气，直流输入 5kW，射频输入 20kW，当炭黑进料速度为 0.5g/min 时，收集产物中富勒烯的含量为 7%。制备过程中，富勒烯的产率随着氩气流动速度的加快而降低，这是由于富勒烯的形成需要一定时间，过快的气体流速不利于富勒烯的形成。

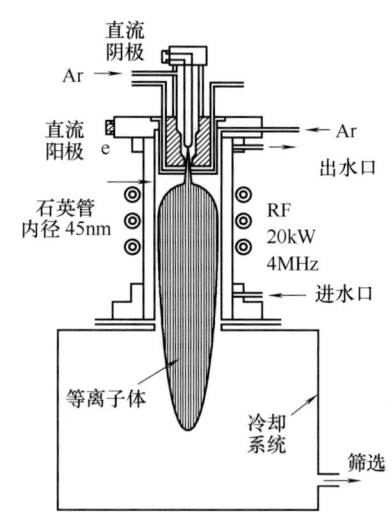

图 2-19 射频与直流电相结合制备富勒烯装置示意图

2.3.2 碳纳米管（CNTs）

碳纳米管又被称为巴基管，是一种具有特殊结构的一维材料。饭岛博士于 1991 年发现碳纳米管，在此之前，碳纳米管已被制出，但没有人认识到它是一种新的碳结构。碳纳米管根据结构特征可分为扶手椅形碳纳米管、锯齿形碳纳米管和螺旋形碳纳米管，如图

2-20（a）所示。其中螺旋形碳纳米管具有手性，而锯齿形和扶手椅形碳纳米管没有手性。根据石墨烯层数的不同，可以将碳纳米管分为单壁碳纳米管（SWCNTs）、双壁碳纳米管和多壁碳纳米管（MWCNTs），如图2-20（b）所示。SWCNTs由直径为0.4~2nm的单个中空管组成，而MWCNTs则由多个同心纳米管组成，层间相距0.34nm，且最终直径为2~25nm。碳纳米管的几何结构决定了电子结构的不同。

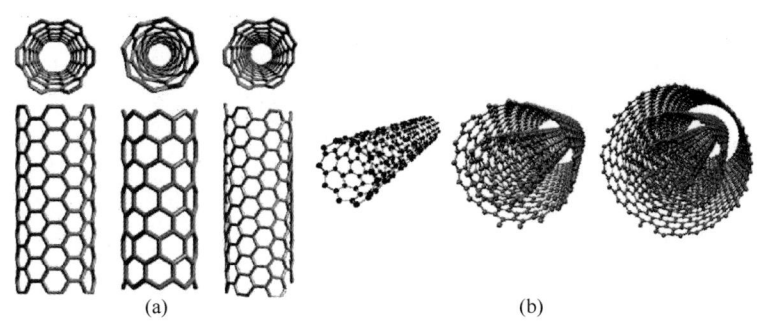

图2-20 碳纳米管的类型
（a）扶手椅形、锯齿形、螺旋形碳纳米管 （b）单壁、双壁、多壁碳纳米管

（1）基本性质 碳纳米管具有良好的力学性能。其拉伸强度为钢的100倍，但密度只有钢的1/6，弹性模量与金刚石相当，具有良好的柔韧性。碳纳米管的导电性能取决于其管径和管壁的螺旋角。根据电子结构差异，可以将单壁碳纳米管划分为金属型和半导体型。金属型碳纳米管在费米能级附近存在电子态，因此被认为是化学反应的活泼载体。而半导体型碳纳米管是一种直接带隙的半导体，带隙大小与碳纳米管的直径成反比关系，其直径越大，带隙就越小。当碳纳米管的直径足够大时，只呈现出金属性质[94]。碳纳米管中的碳原子是sp^2杂化共价键直接相连的，因此碳纳米管具有相当高的杨氏模量和拉伸强度，SWCNTs的杨氏模量接近1TPa，与金刚石的模量相当，约是钢的5倍，而MWCNTs的杨氏模量平均达到1.8TPa。此外，碳纳米管的抗拉强度达50~200GPa，比钢高100倍，而密度却只有钢的六分之一，是目前可制备出具有最高强度的材料，具有极高的韧性和热稳定性，因而被称作"超级纤维"。碳纳米管在轴向上具有优异的导热性能、较低的热膨胀系数和很高的轴向导热系数，是理想的导热材料。在100K时，SWCNTs轴向导热系数高达37000W/mK；在室温下，SWCNTs轴向导热系数大约在6600W/mK以上。单根MWCNTs轴向导热系数大于3000W/mK，远远超过金刚石和石墨（约2000W/mK）。但其径向上则是绝缘体，因此通过合适的调配取向，可以合成各向异性的热导材料。与其他材料或技术相比，单壁碳纳米管还具有一些优良的性质，见表2-4。

表2-4 单壁碳纳米管与其他材料或技术比较

特性	单壁碳纳米管	与其他材料或技术比较
尺寸	直径通常为0.6~1.8nm	电子束刻蚀可产生50nm宽、几纳米厚的线
密度	1.33~1.40g/cm³	铝的密度为2.9g/cm³
抗拉强度	50~200GPa	高强度钢在2GPa断裂
抗弯性能	可以大角度弯曲不变形，回复原状	金属和碳纤维在晶界处破裂

续表

特性	单壁碳纳米管	与其他材料或技术比较
载流容量	约为 1GA/cm^2	铜线在 1000kA/cm^2 时即烧毁
场发射	电极间隔 1m 时,在 1~3V 可以激发荧光	钼尖端发光需要 50~100V/m,且发光时间有限
热传导	室温下有望达到 6000W/(mK)	金刚石为 6000W/(mK)
热稳定性	真空中可稳定至 2800℃ 空气中可稳定至 750℃	微芯片上的金属导线在 600~1000℃ 时熔化

（2）制备方法　主要有电弧放电法、激光蒸发法、化学气相沉积法、模板法及凝聚相电解生成法等[95,96]。下面对电弧放电法、激光蒸发法和化学气相沉积法的机理和优缺点进行介绍。

1）电弧放电法　电弧放电法是指将稀有气体或氢气通入真空反应室内，以较大的石墨棒作为阴极，细石墨棒作为阳极，在电弧放电的过程中，阳极石墨不断被消耗，阴极上生成含有碳纳米管的产物。此方法的优点是制备碳纳米管的速度快，实验过程中所需要的工艺参数设定简单，得到的碳纳米管管直且结晶度良好。缺点是制备碳纳米管的温度要求较高，所需设备十分复杂，并且制备出的碳纳米管有比较明显的缺陷，容易在制备过程中催生出副产物如无定形碳、石墨颗粒、富勒烯等，不利于分离和提纯，制备成本较高，不利于规模化、工业化生产。

1992 年 Iijima 等根据电弧放电中碳纳米管的生长现象提出顶端开口生长模型（也称外延生长模型），认为碳纳米管在生长中始终保持开口状态，电弧放电激发出的气相浮游碳原子或原子簇不断地加到具有不饱和键的碳原子上从而使碳纳米管不断加长。电流、气压等因素变化可以造成管的弯曲或顶端封闭不饱和键趋于饱和，使得边缘碳原子失活，以致碳纳米管停止生长。此机理可以解释单壁管的生长过程，但不能解释多壁管的生长和结构，因为碳原子簇必须从外层扩散到内层，那么内外层碳纳米管生长速度不可能相同，内层和外层的长度也就不可能相同。Iijima 依据实验获得的开口碳纳米管提出了开口生长机理，他认为碳管在生长过程中始终保持开口，开口处有较高反应活性的悬空键（不饱和键）吸附等离子体中的碳原子，进而碳管得以生长，且内外层管以同样速度生长。该生长机理可以解释碳纳米管的螺旋性。除此之外，有人认为在电弧放电条件下，两电极间浓度很高的等离子体会对两电极空间起到屏蔽效应。阳极由于受到电子轰击和等离子体辐射，其温度很高（比阴极要高），蒸发石墨电极而形成的自由碳原子在温度低的阴极表面沉积。阴极表面较高的电压降产生的电场对碳管的开口生长起稳定作用并诱导碳纳米管生长。普遍认同的观点是碳纳米管的开口生长机制。

2）激光蒸发法　激光蒸发法是基于电弧放电法发展出来的一种制备方法。其原理是在催化环境下，使用高能量密度的激光照射石墨靶，在这个过程中石墨会产生气态碳，进而在撞击的过程中形成碳纳米管，制备装置如图 2-21 所示。相比于电弧放电法，该法更有利于单壁碳纳米管的生长，并且易于进行生长机理的分析。在该方法中，碳纳米管的产率很大程度上取决于催化剂的种类。该法的优点是 SWCNTs 的产率随着激光脉冲时间间隔的缩短而增加，并且单壁碳纳米管的管径也可通过调节激光脉冲的功率控制。缺点是制备的碳纳米管纯度较低，生产效率低，产物容易发生缠结，成本高。

Hatta 等[97]根据激光蒸发石墨的碳蒸气中存在大量的环状碳原子簇，提出了一个关于激光制备 CNTs 的机理模型。CNTs 的生长过程中，碳原子簇先与环状碳原子簇聚合，再定向生长成两端带有悬空键且键角约为 120°的较短单层管。作为原料的环状碳原子簇的构型决定了碳纳米管的结构，如反向反式的碳原子簇环生长形成锯齿形碳纳

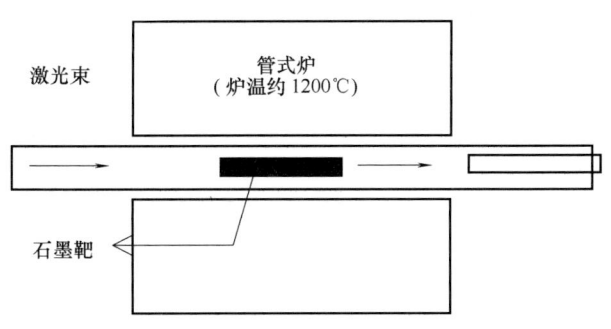

图 2-21 激光蒸发法制备碳纳米管的装置图

米管，顺向反式的碳原子簇环生长形成扶手椅形碳纳米管。为了形成圆柱面结构，单环碳原子数目必须是偶数，碳原子数目为奇数的单环往往形成锥形面结构、多面体微粒或直径较大的管，随后通过碳原子簇的聚集迅速形成多壁碳纳米管，此时 CNTs 的表面具有弱共振效应；在 CNTs 的生长过程中，CNTs 的六元环网络发生畸变形成五元环，从而在 CNTs 的两端形成碳帽。

3）化学气相沉积法（CVD） 化学气相沉积法是指含碳气体在催化剂的表面生成碳纳米管。化学气相沉积法典型的反应装置示意图如图 2-22 所示[98]。一般采用石英管作为

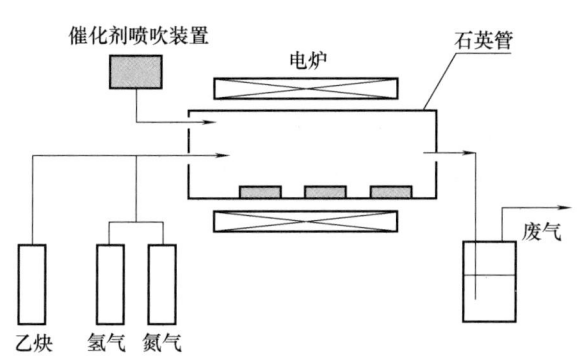

图 2-22 CVD 制备碳纳米管反应装置示意图

反应室，对催化剂进行活化处理后，在一定温度（500~1300℃）下，通入一定比例的碳氢化合物与保护气（通常为氩气）。碳氢化合物在催化剂颗粒上经过分解、扩散和析出，生长碳纳米管。混合气体的流量、碳氢化合物的分压、反应温度及催化剂颗粒的状态等因素对碳纳米管的生长有重要的影响。该法的优点是易于控制、长径比大、产率高、纯度高，而且可以通过调控催化剂颗粒的尺寸来控制碳纳米管的尺寸，生产成本低，适用性强。缺点是化学气相沉积法制备出来的碳纳米管直径不均匀，拉伸强度小于通过电弧放电法制备的碳纳米管。

Baker 等[99]提出碳纳米管顶部生长和底部生长模型，如图 2-23 所示，该模型的提出基于碳纤维的生长过程，同样也适用于碳纳米管的生长。如果催化剂与基底之间作用力较弱，催化剂会被不断生长的碳纳米管托起，使得催化剂颗粒始终处于碳纳米管的顶端，即顶部生长模型。相反，如果催化剂与基底之间有强的作用力，催化剂会始终附着在基底上，碳原子则从底部向上扩散形成碳纳米管，即底部生长模型。不论是顶部生长模型还是底部生长模型，碳原子在催化剂表面的扩散速度始终大于内部的扩散速度，因此形成了中空的管状结构。除了这两种生长机理外，还有碳帽机理（Yarmulk 机理）、气相-液相-固相机理（VLS 机理）等。

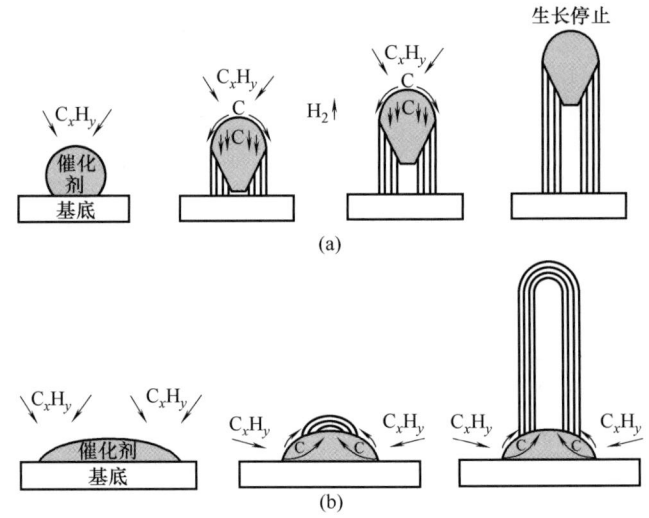

图 2-23　碳纳米管生长机理示意图
(a) 顶部生长模型　(b) 底部生长模型

2.3.3　石　墨　烯

石墨烯是一种由 sp^2 杂化的碳原子构成的单原子层晶体,具有二维周期蜂窝状的晶格网络结构。安德烈·盖姆和康斯坦丁·诺沃肖洛夫用微机械剥离法从石墨中分离出石墨

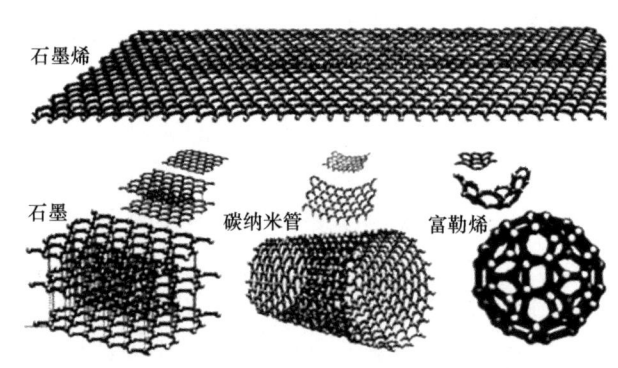

图 2-24　石墨烯构建其他纳米材料

烯,使碳材料家族形成了从零维到三维的完整体系,打破了"热力学涨落不允许二维晶体在有限温度下自由存在"的思维框架。石墨烯分解可以变成零维的富勒烯,卷曲可以形成一维的碳纳米管,叠加可以形成三维的石墨,如图 2-24 所示。

（1）基本性能　石墨烯是一种二维晶体,由碳原子按照六边形进行排布,相互连接,形成一个碳分子,其结构非常稳定;随着所连接的碳原子数量不断增多,这个二维的碳分子平面不断扩大,分子也不断变大。单层石墨烯只有一个碳原子的厚度,即 0.335nm,相当于一根头发 20 万分之一的厚度。

石墨烯具有良好的电学、热学、力学、光学性能和大的比表面积（2630m^2/g）。石墨烯是一种没有能隙的半导体,具有比硅高 100 倍的载流子迁移率［$2×10^5 cm^2$/（V·s）］,在石墨烯的电子传输过程中还会产生相对论粒子效应和量子霍尔效应。石墨烯具有非常好的热传导性能,热导率为铜的十多倍,比碳纳米管和金刚石的导热率还要高。纯的无缺陷的单层石墨烯的导热系数高达 5300W/mK,是目前为止发现的导热系数最高的碳材料。石墨烯具有非常良好的光学特性,在较宽波长范围内吸收率约为 2.3%,看上去几乎是透明的。石墨烯在非极性溶剂中表现出良好的溶解性，具有超疏水性和超亲油性。石墨烯内部碳原子之间的连接很柔韧，在石墨烯上施加外力时，碳原子面会弯曲变形，使得碳原子不必重新排列来适应外力，从而保持结构稳定。

（2）制备方法　石墨烯的制备方法主要有机械剥离法、氧化石墨-还原法、化学气相沉积法、外延生长法、电化学法及其他方法[100,101]。

1）机械剥离法　机械剥离法中最基本的是微机械分离法，即将石墨烯薄片直接从较大的石墨晶体上剥离下来。通过胶带多次粘贴，将石墨薄片从块体石墨上剥离出来，再将粘有石墨薄片的胶带覆盖到硅片上，最后用有机溶剂将胶带去除，得到单层和少层石墨烯（见图 2-25）[102]。

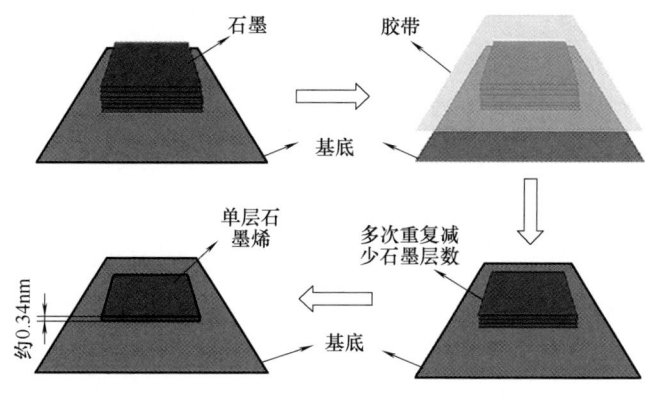

图 2-25　机械剥离法制备流程

机械剥离法的基本原理是使用机械作用力来克服石墨层间的范德华力，从而使石墨烯得到分离，最终得到一小部分的单层石墨烯。该方法操作简单，获得的样品质量较高，但只适用于实验研究，无法工业量产。

2）氧化石墨-还原法　氧化石墨-还原法是指将已经氧化的石墨烯进行去氧还原，再次还原成石墨烯。第一步，氧化石墨，其目的是对表面进行含氧官能团的修饰。第二步，通过超声分析法、低温剥离法等方法将已氧化的石墨烯进行剥离，从而形成稳定的氧化石墨烯的悬浊液。第三步，用化学还原等方法去除氧化石墨烯的含氧官能团，使其再次形成石墨烯。

氧化石墨烯（GO）的制备方法主要有：Hummers 法、Brodie 法、Staudenmaier 法等，Hummers 法是目前制备 GO 最常用的方法。采用 Hummers 法制备 GO 的过程中，氧化反应首先发生在石墨的边缘和缺陷处，生成羟基，紧接着边缘羟基会进一步氧化生成羧基。同时，基面上的碳原子被氧化生成羟基，而相邻的羟基会在强酸环境中立即发生脱水缩合反应生成环氧基，如图 2-26 所示。目前较为普遍的还原氧化石墨烯材料的还原剂有：水合肼（$N_2H_4 \cdot H_2O$）、硼氢化钠（$NaBH_4$）、对苯二酚［$C_6H_4(OH)_2$］、强碱（KOH 或 NaOH）等。常用的剥离氧化石墨的方法有：热解膨胀法、超声波法、静电斥力法、机械力法、电弧放电法等。氧化石墨烯的还原方式主要有使用化学还原剂直接还原氧化石墨烯、固相热还原和催化还原法。

氧化石墨-还原法作为一种低成本、可实现石墨烯批量生产的方法，受到相关科技工作者的高度重视。但是氧化石墨-还原法制备的石墨烯也存在一定缺陷，因为在制备氧化石墨烯的过程中，石墨的 C—C 键断裂，共轭结构遭到破坏，以至于氧化石墨烯为绝缘体。还原过程是对石墨烯网状结构的修复，使之脱氧实现石墨化。该法得到的石墨烯往往具有结构缺陷，不能充分显示石墨烯优异的化学和物理性能。因此该方法今后的重点发展方向是通过对相关机理的深入探索，优化反应条件和选择合适的还原剂或还原方法，最大

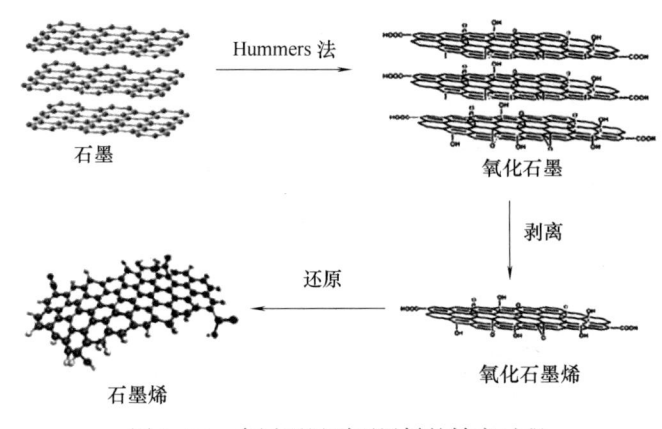

图 2-26 多层石墨到石墨烯的转变过程

程度降低氧化所造成的石墨烯结构缺陷，恢复其共轭结构，从而大幅度提升其性能。

3）化学气相沉积法（CVD） 化学气相沉积法（CVD）是一种普遍使用的制备二维材料的方法。采用 CVD 制备石墨烯是以含碳化合物为碳源，如甲烷、乙烯、乙炔等，通过调节生长参数如温度、压强、气体比例等，过饱和碳在催化衬底上析出，从而形成石墨烯，如图 2-27 所示。该法的优点是单次生长尺寸可以很大，有可能规模化生产，且生长得到的石墨烯性能好、缺陷少。缺点是转移是难题，而且生长出来的一般都是多晶。利用 CVD 制备石墨烯薄膜，其生长衬底材料、碳源、生长工艺参数对石墨烯薄膜的质量影响较为显著。

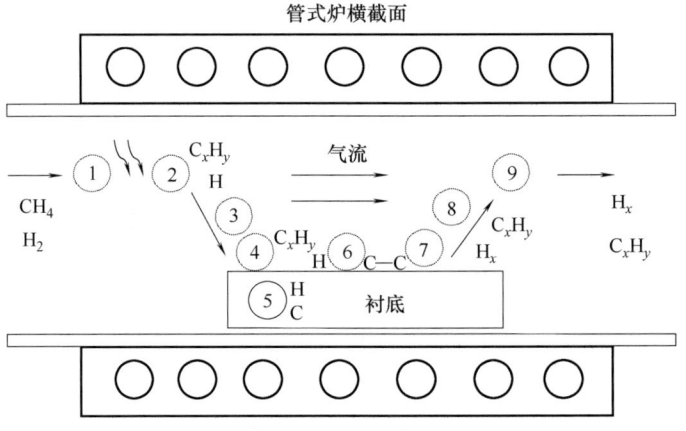

图 2-27 经典 CVD 过程

首先，石墨烯薄膜的质量很大程度上取决于衬底，因而在选取衬底材料时，需要满足的条件包括：石墨烯在此衬底上可大面积生长，且生长层数可控；能在低温条件下生长出优质石墨烯；石墨烯能快速、有效地从衬底上分离。其次，石墨烯薄膜的生长主要源于碳源，合适的碳源可在低温条件下制备出石墨烯。石墨烯薄膜生长的工艺参数对质量也有一定影响，不同的生长时间、温度都会对得到的石墨烯性质产生影响。

化学气相沉积法的生长机理主要有渗碳析碳机制和表面生长机制。渗碳析碳机制是指对于镍等具有较高溶碳量的金属基体，碳前驱体裂解产生的热解碳原子在高温时渗入金属基体内，降温时再从其内部析出成核，进而生长成石墨烯；表面生长机制是指对于铜等具有较低溶碳量的金属基体，高温下气态前驱体裂解生成的碳原子吸附于金属表面，进而成核生长成"石墨烯岛"，随着"石墨烯岛"数量的增加和面积的不断扩大，最终在二维层面上合并形成连续的石墨烯薄膜。CVD 制备过程简单，所得石墨烯质量高，可实现大面积生长，而且较易于转移到各种基体上，该方法被广泛用于制备石墨烯晶体管和透明导电薄膜，目前已逐渐成为制备高质量石墨烯的重要方法。

4）外延生长法 外延生长法是指对晶格进行匹配，在原有的晶格结构上制备另一种晶体的方法。目前外延生长法可分为碳化硅（SiC）外延生长法和金属催化外延生长法。

Berger 等[103]首次提出碳化硅外延生长法，以 SiC 单晶为衬底，先利用氢气在高温下对 SiC 的刻蚀效应对 SiC 衬底表面进行平整化处理，使之形成具有原子级平整度的台阶阵列形貌；然后，在超高真空环境下，将 SiC 衬底表面加热到 1400℃ 以上，使衬底表面的碳硅键发生断裂，Si 原子会先于 C 原子升华而从表面脱附，而表面富集的 C 原子发生重构从而形成六方蜂窝状的石墨烯薄膜。

金属催化外延生长法是指，在超高真空或 H_2 氛围条件下将碳前驱体通入到具有催化活性的过渡金属基底表面，如 Pt、Ir、Ru、Cu 等，通过加热使吸附气体催化脱氢从而制得石墨烯。气体在吸附过程中可以长满整个金属基底，并且其生长过程是一个自限过程，即基底吸附气体后不会重复吸收，因此制备出的石墨烯多为单层，且可以制备出大面积、均匀的石墨烯。金属催化外延生长法的生长机理为：在高真空或 H_2 气氛条件下，碳前驱体热裂解生成热解碳，由于 C 和金属基底的亲和力比 Si、N、H、O 等元素高，因而 Si、N、H、O 等元素在高温下脱离金属表面，而溶解在金属表面的 C 则析出结晶，由于基底金属的晶格与石墨烯的晶格相匹配，结晶 C 发生重构反应生长出石墨烯。

与其他制备方法相比较，外延生长法制备出的石墨烯具有大面积、高质量、均一性高等特点，且与当前的集成电路技术有很好的兼容性。但该方法的制备条件苛刻，如高温、超高真空、使用单晶基体等，限制了其在大规模制备石墨烯中的应用。

表 2-5 为石墨烯的不同制备方法、工艺特点及适用对象。目前全球各类研究机构、大学及企业都在探索新方法，以低成本、环境友好、可重复地大规模生产高质量石墨烯为目的，并申请了许多专利。从专利内容分析，跨国大公司如三星集团、IBM、日立等，偏重于化学沉积法的改进，以生产用于高端电子产品或光电产品制造的高质量大面积石墨烯薄膜。而另一些创新型中小企业则专注于机械剥离法和氧化石墨-还原法的改进，以大规模生产石墨烯，用于导电墨料、超级电容器电极、电池、聚合物、添加剂等。为适应各种应用领域对石墨烯材料需求不断增加的市场形势，相关企业都在不断扩大石墨烯的产能。Angstron Materials 生产的 N006-P 极性石墨烯厚度为 10~20nm，X-Y 方向宽度小于 14μm，适用于导电填料、导电橡胶、阻隔材料、导电粘接材料。美国的 Vorbeck Materials Corp 生产的 Vor-ink 石墨烯导电油墨，其导电性较普通碳基油墨高 10 倍，价格是银基油墨的 1/4，适用于高速印刷和涂布。

表 2-5　　石墨烯的不同制备方法、工艺特点及适用对象

石墨烯制备方法	工艺特点	适用对象
液相剥离法(纳米级薄片,纳米至几微米)	规模生产大、成本低,但产率低、质量中等、纯度差	透明电极、传感器、聚合物填充物
氧化石墨-还原法(纳米粉、纳米-微米)	规模生产大、成本低,但纯度低、缺陷率高	导电油墨、聚合物填充物、电池电极、超级电容器、传感器
化学气相沉积法(CVD)(以 Ni、Cu、Co 等为衬底,可得到石墨烯薄膜)	生产规模中等、质量高,但成本高、加工温度大于 1000℃	触摸屏、智能操作窗口、柔性 LCD 和 OLED,太阳能电池

续表

石墨烯制备方法	工艺特点	适用对象
碳纳米管展平法(纳米带:数微米)	生产规模中等、产率高、质量高、成本尚有降低潜力	场效应管,内部接线,NEMs复合组分
SiC衬底外延生长法(薄膜等效直径>50μm)	质量高,但产率低、成本高、加工温度大于1500℃、衬底价格昂贵	晶体管、存储器、内部接线、半导体
微机械力剥离法(粉片等效直径:5~100μm)	质量高,但生产规模小、成本高、薄膜不平整	科研用

在人类发展史上,碳材料的大量使用极大地推动了科学发展和人类进步。富勒烯、碳纳米管、石墨烯等新型纳米材料被发现后,迅速掀起了研究热潮,并获得了实际应用。因此,21世纪又被称为"碳时代"。表2-6总结了部分碳材料的结构、性质、制备方法与应用。

表2-6　碳材料的结构、性质、制备方法与应用[104]

名称	活性炭	富勒烯(C_{60})	碳纳米管	石墨烯
结构	无定形碳	球形笼	一维管状结构	二维蜂窝晶格结构
性质	孔隙结构发达,比表面积大,选择性吸附能力强,化学稳定性好,机械强度高	溶解度、磁性、非线性光学性质、超导率等	表面原子比(约占原子总数的50%),载体与金属颗粒之间的强相互作用	优异的导电性、导热性和机械性能,独特的量子隧穿效应,双极性电场效应
制备方法	化学活化法、物理活化法、化学物理法、催化活化法、模板法	蒸发石墨法、苯催化燃烧法、爆炸辅助气相沉积法等	石墨法、激光蒸发法、化学气相沉积法、模板法、缩合相电解法等	机械汽提法、氧化石墨-还原法、化学气相沉积法、电化学法等
应用	气体净化、气体分离、溶液脱色净化、水处理、催化剂及载体、医疗领域	催化剂、光学配材、半导体、太阳能电池、润滑剂、化妆品、生物医药等	石油化工产品、燃料电池、导电填料、薄膜晶体管等	气体传感器、超级电容器、太阳能电池等

2.3.4　碳材料在印刷电子中的应用

(1) 超级电容器　超级电容器是一种介于传统电容器与电池之间的新型储能装置。传统电容器具有大的功率密度 (>10000Wh/kg),但是能量密度很小 (<0.1Wh/kg)。可充电二次电池通过电极材料的可逆反应进行储能,表现出较高的能量密度,但其具有充放电速度慢、功率密度低的缺点 (见图2-28)。对于超级电容器而言,由于只在材料近表层发生快速的氧化还原反应或者只在材料表面进行电荷的吸附/脱附,因此兼具较高的能量密度与功率密度。超级电容器在弥补传统二次电池的低功率密度上表现出强大的优势。同时,随着便携式和可穿

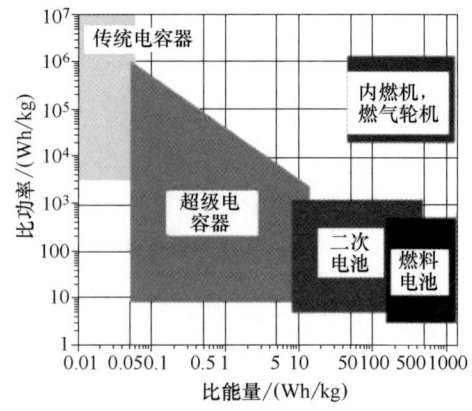

图2-28　传统电容器、超级电容器、二次电池等储能器件的能量密度和功率密度分布对比图[105]

戴电子产品需求的不断增长，开发可存储电能的柔性设备的需求变得越来越迫切。因此，柔性超级电容器已成为各种可用能源器件的有力候选者。

超级电容器根据储能机理可分为双电层超级电容器（EDLCs）和赝电容超级电容器。对于双电层超级电容器来说［见图 2-29（a）、图 2-29（b）］，当电极充电时，处于电极表面的电荷将吸引电解质中带相反电荷的离子，在电极表面形成双电荷层，从而实现能量的存储。放电时，阴阳离子离开电极表面，返回电解液本体。由于双电层超级电容器储能过程发生在电极材料表面，故通常用高比表面积、导电性好的材料作为电极，如多孔碳、碳纳米管、碳气凝胶等碳基材料。这类电极材料的高比表面积易于存储大量电荷，其良好的导电性有利于电荷的传导。多孔碳材料虽然具有优异的双电层电容储能性能，但是有限的比表面积导致其储存电荷的能力非常有限，这限制了超级电容器能量密度的提升。

赝电容超级电容器亦被称作"法拉第超级电容器"，如图 2-29（c）和图 2-29（d）所示，主要通过电极材料表层在电解质中发生快速可逆的氧化还原反应或离子的快速嵌入/嵌出过程进行储能。由于高的理论赝电容、金属价态易调节等优点，金属氧化物和金属氢氧化物如 RuO_2、$Ni(OH)_2$、MnO_2 等，已成为被广泛研究的一类重要赝电容电极材料。考虑到碳材料和金属氧化物在性能上良好的互补性，通过合理的设计优化，将碳材料与金属氧化物/金属氢氧化物进行复合。获得的碳/金属氧化物复合材料不仅具有碳材料良好的导电性、循环稳定性及快速储能性质，同时，碳作为金属氧化物的支撑骨架及导电通道，可以更好地利用金属氧化物的赝电容储能。碳/金属氧化物复合材料因兼具良好的导电性、循环稳定性、机械柔性及高的比电容储能性能，被越来越多地应用到柔性超级电容器中。

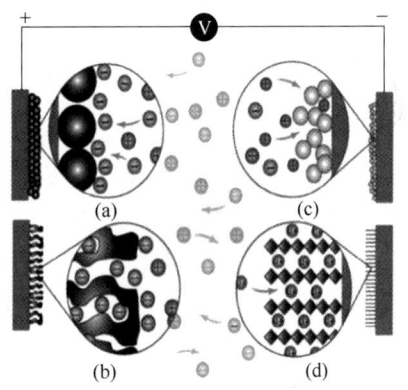

图 2-29 不同类型超级电容器的储能原理示意图：（a）和（b）为双电层超级电容器；（c）和（d）为赝电容超级电容器[106]

（2）锂离子电池　21世纪以来碳材料发展迅速，其在电化学储能器件中也具有重要作用。具体作用可分为2个方面：1）作为活性物质，在电池系统中提供不同的电化学性能；2）作为非活性物质，如包覆层、导电剂、载体等，提高复合材料的电化学性能。传统碳材料的电压平台较低，且其嵌锂过程较慢，限制了锂离子电池的性能。而以石墨烯、碳纳米管、石墨炔等为代表的新型碳材料因自身特殊的纳米结构、优良的电化学性能和导电性能，在能源存储和转换领域中表现出巨大的发展潜力。

正极材料、负极材料、隔膜、电解液是锂离子电池的4个主要组成部件，其中最常见的正极材料为锂金属氧化物，如钴酸锂（$LiCoO_2$），负极材料为石墨或其他碳材料，电解液由有机溶剂、锂盐溶液等组成，如图 2-30 所示[107]。锂离子电池电动势是由电解质浓度差产生的，其本质是浓差电池。电池充电时连接外部电源，在外部电场的驱动之下，锂离子从正极脱嵌而出，经电解质嵌入负极材料。在此过程中，电子从外电路流到负极达到电荷平衡；而当电池处于放电过程时，锂离子电池外接负载电路。由于电池正负极之间有电势差，为保持电荷平衡，锂离子从负极材料中脱嵌而出，经电解质嵌入正极材料。在此

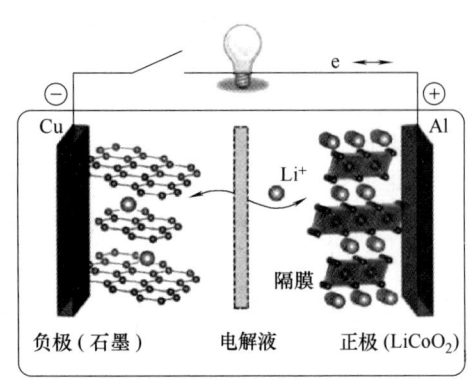

图 2-30 锂离子电池结构原理图

过程中，电子从外负载电路进入正极从而使正极材料达到了电荷平衡。

石墨烯由 sp^2 杂化碳原子连接而成，是二维蜂窝状结构晶体，电子可以自由移动，电子传输性能良好。石墨烯作为电池正极材料时，利用表面含氧官能团等优势提高锂离子电池的倍率性能；作为电池负极材料时，独特的纳米片层结构可以提供存储空间，提高比容量并进一步实现快速充放电；作为导电剂使用可以显著提高锂电池中锂离子的嵌锂速度，改善循环。以石墨烯为添加剂加入到传统导电剂中，可明显提升导电剂的导电、放电性能。李钊等[108]制备了介孔石墨烯/炭黑复合导电剂，研究发现将其用于负极材料中，可以构建有效"点-面"导电网络，提高电极的倍率性能，增加比容量。

碳纳米管作为导电剂材料制备复合电极，表现出高容量和高容量保持率性能。鉴于其高长径比和优异的电化学性能，碳纳米管有望成为新型阳极材料的导电添加剂和载体。碳纳米管应用在锂离子电池正极材料中可以提高电极材料的导电性能。李婷婷等[109]研究了4种不同导电碳材料对锂离子电池电化学性能的影响，结果表明相比传统炭黑导电剂，碳纳米管导电剂 1C 比容量达 165.8mAh/g，循环 50 周后容量保持率为 82.9%。碳纳米管含量为 2.0% 时，导电剂在锂离子电池正极材料中分散均匀、无团聚，循环倍率性能最优，且阻抗较小。

（3）电极　工作电极为电化学传感器的反应场所，其中工作电极浆料的组成决定着印刷电极的性质与优劣。目前商业丝网印刷芯片的工作电极和对电极通常使用导电碳浆制备。树脂与石墨粉末相混合通常被用于制造丝网印刷电极的导电碳浆。碳系导电浆料在电化学传感上的应用特别具有吸引力，因为它们价格相对便宜，并且具有较宽的电位窗口与较低的背景电流。商业导电碳浆由石墨颗粒、聚合物黏合剂和其他添加剂（用于分散、印刷和黏合任务）组成。精确的浆料配方被制造商视为专有信息。浆料组成的差异（如石墨颗粒的类型、尺寸或负载），可以强烈地影响所得印刷电极的电子转移性能与总体分析能力。作为工作电极印刷的材料通常是不同的，以使基于丝网印刷电极（SPE）的传感器获得更好的性能。很少有报道使用未经修饰的 SPE 制作传感器，这是由于石墨和树脂的催化活性弱，由商业碳浆印制的芯片一般用于在工作电极上作进一步改性传感器的基板。

采用碳材料对丝网印刷电极进行改性的方法如图 2-31 所示。Wang 等[110]将纯化后的 MWCNTs 粉末研磨成细颗粒，然后与含有聚氯乙烯、琥珀酸二甲酯和戊二酸二甲酯的异佛尔酮溶液混合，形成均匀的油墨。丝网印刷基材是氧化铝陶瓷板。该油墨对机械磨损具有良好的耐受性，并且在陶瓷基材上具有优异的黏附性。更重要的是，使用 MWCNTs 油墨制备的 SPE 表现出了非常低的电阻。Overgaard 等人[111]同时采用三氟乙酸和氢碘酸作为还原剂，制备了水基还原氧化石墨烯油墨。如图 2-32 所示，采用丝网印刷技术在塑料基底上印刷图案，所获得的薄膜呈半透明状，且具有一定的柔性。其中，由还原氧化石墨烯制成的导电图案表面方阻为 327Ω/sq。

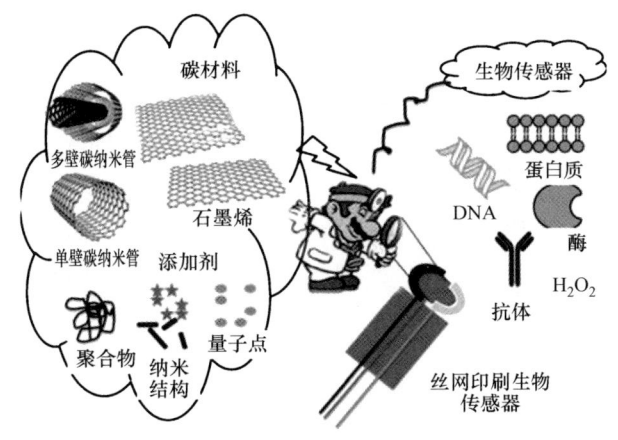

图 2-31 碳材料改性丝网印刷电极的不同方法

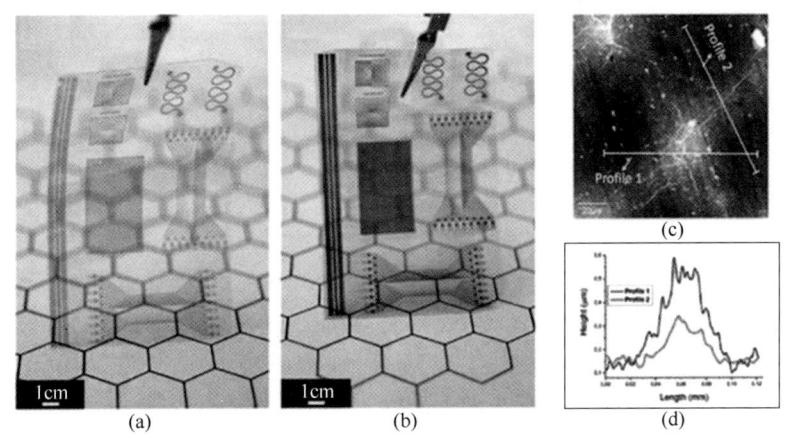

图 2-32 采用丝网印刷技术印刷的图案
(a) GO 印刷电路 (b) rGO 印刷电路 (c) 和 (d) AFM 图像

2.4 新型无机导电材料

2.4.1 液态金属

液态金属通常指的是熔点低于 200℃ 的低熔点合金，其中室温液态金属的熔点更低，在室温下即呈液态。与传统流体相比，液态金属具有优异的导热和导电性能，且液相温度区间宽。室温液态纯金属有汞、铯、钫和镓，其熔点分别是 -38.86℃、28.65℃、27℃ 和 29.76℃。其中汞的挥发性比较大，并且汞和汞合金（汞齐，amalgam）具有一定的毒性，含汞残余物进入生态循环会对人类和环境造成危害，因此应当谨慎使用。铯和钫属于性质活泼的碱金属，铯在空气中极易被氧化，和水发生剧烈反应；而钫则是一种不稳定的放射性元素。

(1) 物理化学性质　最具代表性的室温液态金属墨水是镓及镓基合金。当镓暴露于空气中时，易与氧气反应生成镓氧化物，生成的氧化物会阻止内部纯镓的进一步氧化，从而起到保护作用，这一点与铝类似。与镓相比，铟不易被氧化，因此在由镓和铟所形成的共晶镓铟合金（EGaIn）中，包覆在合金外表面的主要是镓的氧化物。镓氧化物的存在改变了共晶镓铟合金的物理性质，如纯 EGaIn 液滴的表面张力约为 435mN/m，而包覆氧化物薄膜的 EGaIn 液滴的表面张力约为 624mN/m，表面张力的增大使得 EGaIn 可以形成较大的液滴。同时，镓氧化膜也改变了 EGaIn 液滴的机械性能，使得 EGaIn 液滴类似于具有弹性的固体，当表面应力超过 0.5N/m 时，液滴才表现出液体的流动性。

熔点低于室温的镓基合金是使用最多的导电墨水，镓基的液态金属主要包括纯镓、镓铟二元合金（EGaIn）、镓铟锡三元合金（GaInSn，Galinstan）。EGaIn 为 $Ga_{75.5}In_{24.5}$（其中 Ga 和 In 的质量分数分别为 75.5% 和 24.5%），Galinstan 为 $Ga_{62.5}In_{21.5}Sn_{16}$（其中 Ga、In 和 Sn 的质量分数分别为 62.5%、21.5% 和 16%）。表 2-7 是几种典型液态金属和水的物理性质对比。

表 2-7　几种典型液态金属和水的物理性质对比

	Ga	EGaIn	Galinstan	H_2O
熔点（℃）	29.8	15.7	-19	0
密度（g/cm^3）	6.05	6.3	6.4	1
黏度（$Pa \cdot s$）	$2.3×10^{-4}$	$3.2×10^{-4}$	$3.7×10^{-4}$	$1.002×10^{-3}$
表面张力（N/m）	0.72	0.624	0.535	0.072
电导率（10^7S/m）	0.22	0.34	0.38	$5.5×10^{-13}$

与其他导电墨水相比，液态金属墨水材料的配制相对简单，在打印后无须进行后处理即具备导电性，而且电导率相对较高，是一种较为理想的导电墨水。表 2-8 比较了液态金属墨水与其他导电墨水的电导率。

表 2-8　几种典型导电墨水电导率的比较

墨水类型	墨水组分	后处理	电导率
碳系导电墨水	炭（Carbon）		$1.8×10^3$S/m[112]
	碳纳米管（CNT）a)		$(5.03±0.05)×10^3$S/m[113]
导电高分子墨水	PETDOT:PSSb)	150℃/20min	$8.25×10^3$S/m[114]
纳米银墨水	Ag-DDAc)	140℃/20min	$3.45×10^7$S/m[115]
	Ag-PVPd)	260℃/20min	$6.25×10^6$S/m[116]
液态金属墨水	EGaIn		$3.4×10^6$S/m[117]
	$Bi_{35}In_{48.6}Sn_{16}Zn_{0.4}$		$7.3×10^6$S/m[118]

注：a) 质量分数为 80%；b) 质量分数为 1.3%；c) 保护剂为十二烷胺（dodecyllamine，DDA）；d) 保护剂为聚乙烯基吡咯烷酮

氧化程度影响液态金属润湿性和电导率。以合金 $Ga_{90}In_{10}$（Ga 和 In 的质量分数分别为 90% 和 10%）为例，随着液态金属中氧化物含量的增加，其对不同基底（环氧树脂板、玻璃、塑料、硅胶板、纸、布及玻璃纤维等）的润湿性会逐渐改善，但电导率降低[116]。

（2）液态金属图案化　基于优异的性能，镓的液态金属已被广泛用于柔性、可拉伸电子器件。图案化制造赋予液态金属更为灵活与多样的性能，也为各种电子器件制备提供

了基础[113]。液态金属图案化的技术主要有掩模法、压印法、直接图案化技术等。

液态金属的嵌入式结构可以使用 3D 打印掩模版（或模板）将液态金属图案化，然后进行封装。如图 2-33（a）所示，将掩模版与硅胶接触，硅胶与掩模版紧密贴合，并通过表面的粗糙度吸附 EGaIn。将 EGaIn 冷却至冰点以下使其固化，去除掩模版，然后在 EGaIn 仍处于固态时在顶部旋涂另一层有机硅，然后在高温下固化有机硅，完成封装。重复这一过程，可以将多层独立的液态金属嵌入柔性弹性体中。掩模法相对简单、可靠，并且可实现大规模生产，但它只适用于相对较大的特征和有限的几何类型。特别是，沉积后的液态金属表面通常非常粗糙，厚度也不是很均匀。同时，掩模版在不清洗的情况下难以多次使用，因为氧化镓层的增加会导致液态金属堆积或滑移到不需要的位置。但是最近，随着磁性液态金属和液态金属纳米颗粒的发展，从材料方面解决了掩模版和液态金属氧化带来的不利影响，如通过磁铁控制可以减少磁性液态金属的损失，如图 2-33（b）所示，通过喷涂法喷涂液态金属纳米颗粒可以绘制精细的图案。

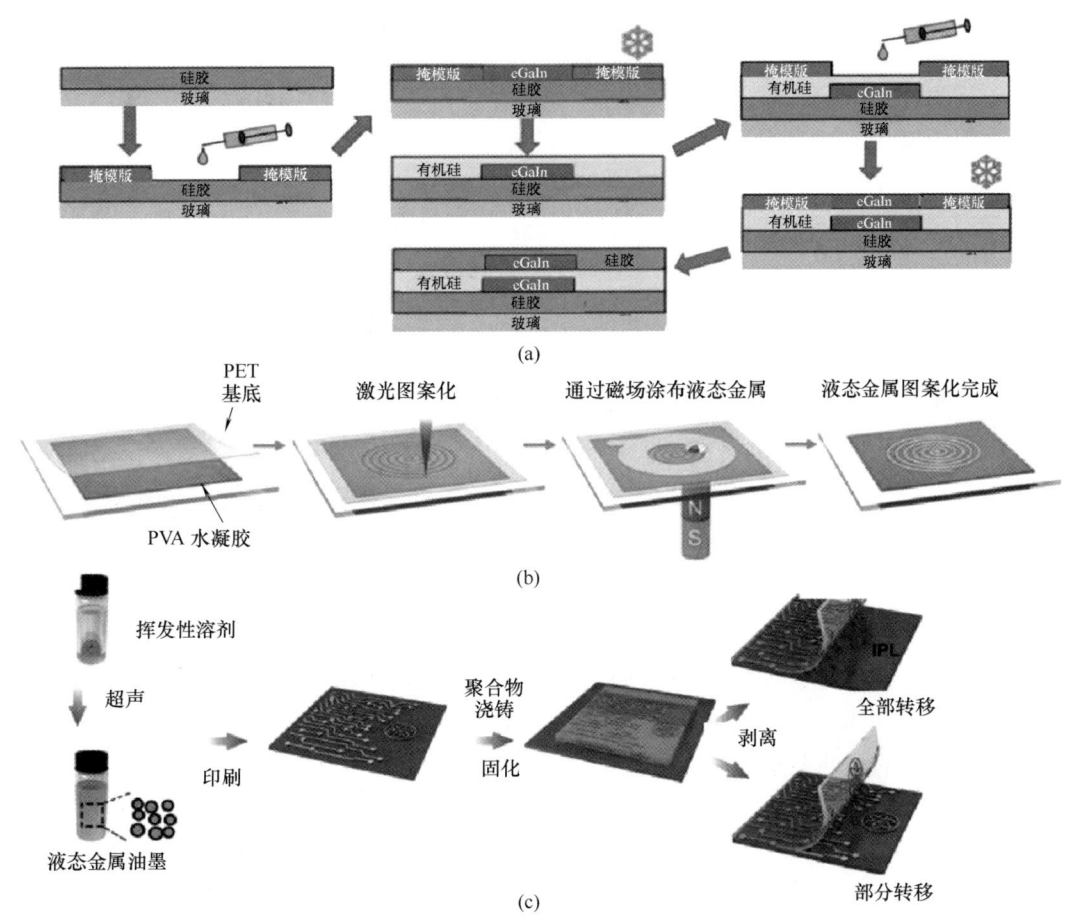

图 2-33 液态金属图案化流程示意图

(a) 使用掩模法制备多层软传感器示意图[118] (b) 通过磁场对掩模版上的液态金属进行图案化绘制[119]
(c) 使用压印法对液态金属进行图案化处理示意图[120]

压印法在概念上是一种使用液态金属制作图案的非常简单的方法。如图 2-33（c）所示，通过 3D 打印模具铸造 PDMS 印章，在印章表面涂上液态金属。然后，将印模压在基板上并转移液态金属。最后，在图案化液体结构的顶部施加一层弹性体密封层。整个图案化过程十分简单，可以手动完成，而且可以应用在批量生产中。这个方法比较大的一个难题是模具和目标表面容易发生不均匀润湿的现象，可能导致液态金属厚度不均匀或区域缺失，极易影响器件的导电性和稳定性。

直接图案化技术通常需要借助自动化的设备来绘制图案。例如，使用可机械烧结的 EGaIn 纳米颗粒的分散体，使液态金属在喷嘴处不会因为氧化造成喷口堵塞，同时也可以使液态金属墨水制备具有复杂布线和接触垫的应变仪阵列。直接图案化技术的主要优点是不需要制备掩模版就可以绘制任意二维结构，但需要相对复杂和稳定的系统支持，且喷嘴容易被镓腐蚀导致损坏。

微接触式打印法具体操作如图 2-34[121] 所示：首先将弹性打印头移到液态金属池的上方并浸入，随后将蘸上液态金属液滴的打印头移到基底上方并压印，由此就完成了一个点的打印，重复这样的过程并使压印点排列成图形，即实现液态金属的打印[122]。

综上所述，液态金属的高表面张力和易氧化性质，导致纯液态金属难以附着在柔性基底上。上述提到的方法都有各自的优点，也都存在明显的不足，因此合理地运用和开发新的液态金属图案化方法是推动柔性电子发展的挑战和机遇所在。

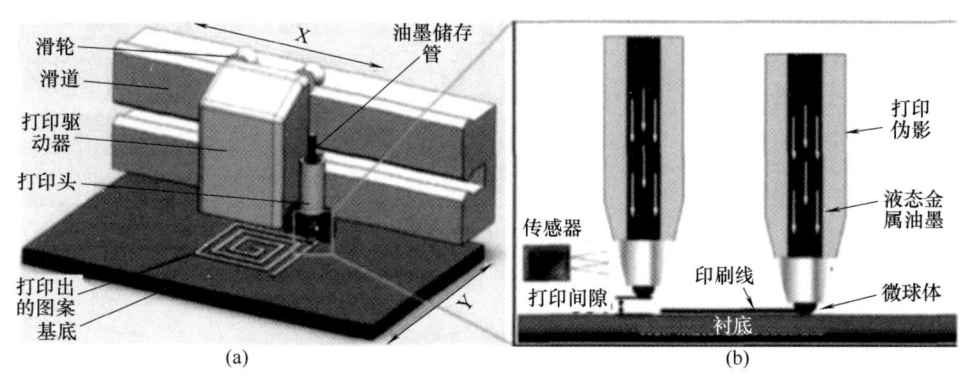

图 2-34　微接触式打印法具体操作示意图

（3）液态金属在印刷电子中的应用　液态金属可以通过上节所说的方法图案化成各种形状，以形成高导电、耐用和可延展的电线或天线等。液态金属能随着封装平面而延展，在形变的过程中也能与皮肤紧密接触，从而制备出柔性传感器。此外，液态金属可以形成自修复和形状可重构的电路。相比之下，导电复合材料的导电性不足，难以产生有效辐射。如图 2-35（a）所示，物理变形能力和形状可操控性为重构天线提供了可能性。此特性可用于无线感应应变传感，其中天线本身就可以作为传感器。虽然在变形过程中频率的变化将会导致信号传输出现问题，但可以通过一些巧妙的设计使天线的重要部分垂直于应变方向来解决这个问题。镓基合金的电导率略低于铜（铜是一种常用的天线材料）。对于某些天线几何形状，如偶极子天线，镓合金和金属铜之间的辐射效率不会降低，并且效率可能超过 90%。然而在某些几何形状中，液态金属的效率较低，如贴片天线的辐射效率仅为 60%，低于铜的辐射效率。虽然这种效率仍然可以接受，但它说明只有在特殊的使用环境中，将镓合金用于天线制备才有意义。如图 2-35（b）和图 2-35（c）所示，目

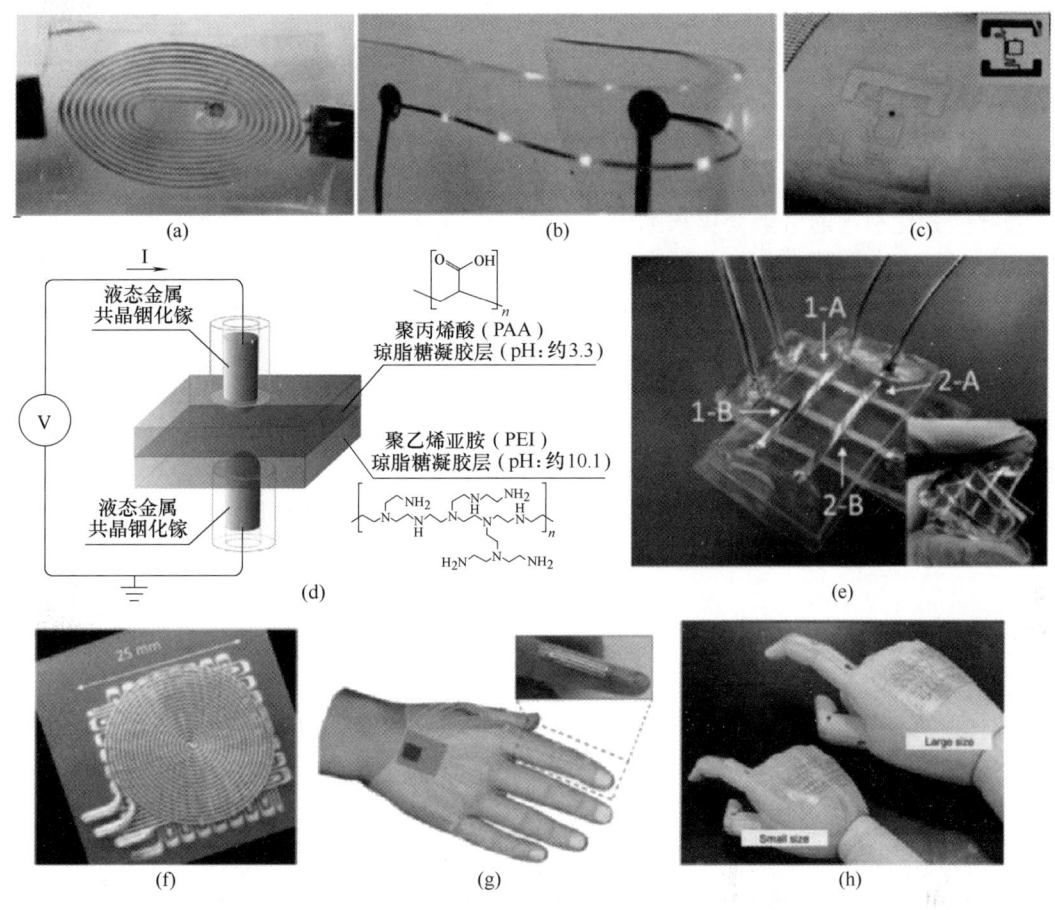

图 2-35 液态金属在印刷电子中的应用示意图

(a) 用于无线电力传输的可变形液态金属线圈天线[123]　(b) 连接 LED 之间的液态金属互联结构[124]
(c) 贴于手上的液态金属射频识别（RFID）芯片[124]　(d) 液态金属忆阻器的结构示意图[125]
(e) 由液态金属横杆结组成的水凝胶组成忆阻器装置[125]　(f) 微孔道中的液态金属传感器[123]
(g) 可穿戴关节角度传感器中的液态金属传感器[126]　(h) 多层压力传感阵列液态金属电子皮肤[127]

前开发出的多种天线可用于电子皮肤或射频识别上，一定程度上也能规避辐射效率的损失。

液态金属可以形成类似忆阻器的设备，如图 2-35（d）所示。忆阻器（存储电阻器）通过处于导电或电阻状态来存储二进制信息（即 1 和 0），通过电化学沉积或其他去除金属上形成的表面氧化物的方法来实现这种类型的切换。在有厚氧化层的情况下，界面电阻大，而在没有氧化层的情况下，界面电阻低。由液态金属材料组成的忆阻器装置是通过两层水凝胶分别接触 EGaIn 电极制造的，如图 2-35（e）所示。由于忆阻器需要不对称性才能正常工作，两层水凝胶通过与金属电极接触产生不同的 pH 来提供不对称性，如图 2-35（d）所示。其中一种凝胶（如聚乙烯亚胺）不论电位多少都产生足够高的 pH 以去除表面的氧化镓，因此该电极界面始终是导电的。另一个电极与较低 pH 的凝胶（如聚丙烯酸）接触，表面的氧化镓可以根据电极的极性沉积或去除，从而使设备在"开"（导电）和"关"（基本不导电）两个状态中切换。虽然该装置响应速度慢（开关时间以秒为单位），但其完全由柔软的液体材料组成，利用了离子原理，并且存在滞后性，这些特性都是人体神经系统中常见的突触信号类型，因此可以运用于人体神经信号的仿真。

液态金属在受力时会改变形状，同时电阻或电容也会有相应的变化，利用这一特点可将其应用于压力或应变传感器，如图2-35（f）所示。这种传感机制是液态金属所独有的，因为在变形过程中，它有效地保持了所需的金属导电性，应变程度也可以通过形变过程中的几何变化引起的电阻变化来测量。通过泊松效应可知金属因应变而伸长，而使截面变小，结果导致电阻增加，但电导率不变。所以可以通过电阻的改变预测应变率的变化。这些原理可以应用于存在液态金属的纤维和微通道中。图2-35（g）和图2-35（h）所示类型的应变传感器已被用于检测人类关节状态，测量曲率以检测关节运动的变形情况。这些传感器可以是柔性的（模量为 0.1~10MPa）和可拉伸的（100%~1000% 的失效应变），部分研究还表明它们在至少数千次变形循环后仍能保持稳定，因此具有极高的耐用性和稳定性。

总之，由于液态金属具有导电性和可变形性的特点，非常适合用于制造可拉伸的柔性电子产品。与 Hg 不同，镓基合金被认为具有低毒性，并且还会形成表面氧化物，使其能够图案化，如可拉伸的导线、电极、天线等结构。液态金属也可用作忆阻器、电容器和二极管中的有源元件。液态金属变形的能力为制备完全由软材料制成的应变、曲率和弯曲传感器提供了独特的途径。液态金属还可以通过多种机制改变其形状以用于可重构电子产品。总体而言，镓基液态金属在许多应用中发挥着越来越重要的作用，并将为未来柔性电子领域发展提供沃土。

2.4.2 MXene

自从发现石墨烯及其优异性能以来，二维（2D）材料已成为材料科学的主要研究对象。MXene 是一类新型的具有类石墨烯结构的二维材料，由过渡金属碳化物、氮化物或碳氮化物构成。一般表示为 $M_{n+1}X_nT_x$（$n=1\sim3$），其中 M 为过渡金属（如 Ti、V、Cr 等），X 为碳、氮或碳氮，Tx 为表面所携带的官能团（如 -OH、-H、-F 等）。

（1）基本性能　MXene 的二维结构使其具有与石墨烯类似的光学、电学、热学和力学性质，由于 M—X 片层结构较为完整，MXene 还保留着 MAX 材料所具有的良好的导电性（2×10^5 S/m），这为 MXene 应用于柔性电极、印刷导电线路奠定了基础。

表面丰富的亲水官能团使 MXene 在水溶液中能够较好地稳定分散，这为 MXene 的溶液化进而制备可印刷油墨提供了可靠保障。张传芳等[128]对 MXene 在水、乙醇、DMF、DMSO、NMP 中的分散稳定性做了系统的研究。研究结果表明，MXene 能够在上述极性溶剂中稳定分散，尤其在水中最为稳定。表面亲水的官能团除了为 MXene 带来良好的水溶液分散稳定性外，还使得 MXene 在水中具有较宽的浓度窗口，不同浓度的 MXene 水分散液表现出不同的流变行为。当 MXene 质量分数小于 10% 时，分散液整体流动性较好；MXene 质量分数为 10%~30% 时，分散液由溶胶状向凝胶状过渡；当 MXene 质量分数高于 40% 时，分散液成为具有一定屈服强度的凝胶体系。因此，可通过调节 MXene 在水中的质量分数与分散状态调控其分散液流变特性，从而满足不同印刷、涂布、直写等方式对油墨的适性要求，实现无添加的 MXene 基功能油墨。

在 MXene 的制备过程中，其片层结构表面引入大量的官能团。这些表面官能团一方面为 MXene 进一步改性提供了"锚点",丰富了其物理性质和化学性质;另一方面,表面官能团的存在改变了 MXene 完美的二维晶体结构,有可能会降低 MXene 材料的性能。因此,MXene 表面官能团的调控及其结构-性能关系一直是 MXene 材料的重点研究方向之一。MXene 表面极性官能团带有的负电荷,使其可以与亲水性、带正电荷或含有羟基、胺基等官能团的底物相互作用,从而具有较好的附着力。MXene 的表面官能团还会影响其光学性质,如用表面含有-F 和-OH 官能团的 MXene 复合材料制备的薄膜具有较好的透光性。MXene 作为一种典型的二维材料,M—X 价键结合能较强,具有较好的力学性能及抗弯强度。MXene 在沿着基准平面方向上的弹性模量达到 523~788GPa,展现了优异的机械性能。

迄今为止,通过选择性化学蚀刻已经获得了 20 多种 MXenes。合成 2D Mxenes 的两种主要方法是自上而下和自下而上机制。自上而下机制对应于将大量晶体剥落成单层 MXene 薄片,而自下而上机制集中于从原子/分子中生长 MXene。由于在 MAX 相晶体结构中,M—X 为共价键和离子键,M—A 为金属键,破坏 M—A 键比破坏 M—X 键所需要的能量小。因此,一般选择使用酸类刻蚀 MAX 中的 A 相从而获取 MXene。从 2011 年至今,各种不同的刻蚀与插层、剥离技术被逐渐开发出来(见图 2-36)[129]。

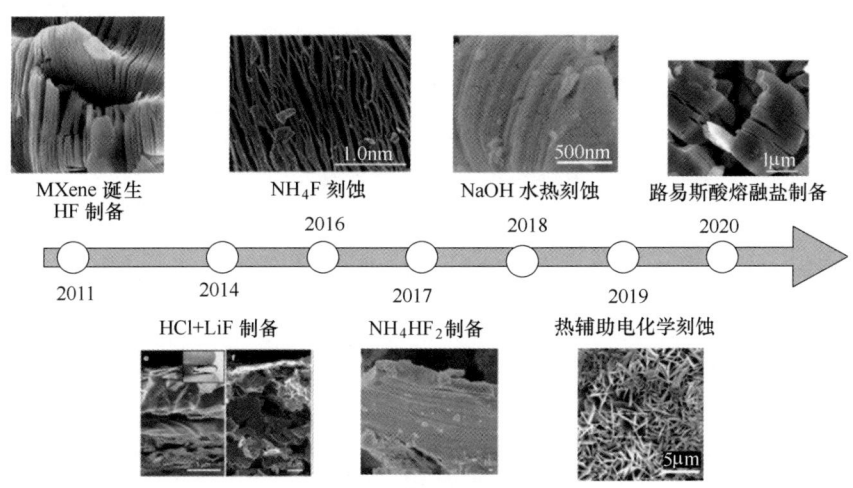

图 2-36 不同 MXene 制备方法及发表时间

MXene 可以通过 MAX 的多种刻蚀法制备得到。刻蚀前,MAX 呈整体块状,结构致密难以改性,刻蚀后可以得到多层手风琴状 MXene,最后将刻蚀后的 MXene 进行插层步骤,得到单层或少层的 MXene,更有利于材料的改性。

(2)制备方法

1)HF 制备 MXene 材料最早是在 2011 年由 Drexel 大学研究人员[130]通过氢氟酸选择性刻蚀三元层状碳化物 Ti_3AlC_2 中的 Al 层制备得到。将 MAX 相的粉末在 HF 水溶液中浸渍并搅拌一段时间,利用 HF 选择性地刻蚀 MAX 相中的 A 层而不破坏 M—X 键,可以获得具有松散堆积结构的中间产物,然后通过在溶液中超声处理中间产物来制备二维 MXene。图 2-37 是 Ti_3AlC_2 被 HF 刻蚀获得 MXene 过程的材料结构示意图。MAX(铝元素)在 HF 中反应制备 MXene 的过程如下:

$$M_{n+1}AlX_n + 3HF = AlF_3 + M_{n+1}X_n + 1.5H_2 \uparrow$$
$$M_{n+1}X_n + 2H_2O = M_{n+1}X_n(OH)_2 + H_2 \uparrow$$
$$或 \ M_{n+1}X_n + 2HF = M_{n+1}X_nF_2 + H_2 \uparrow$$

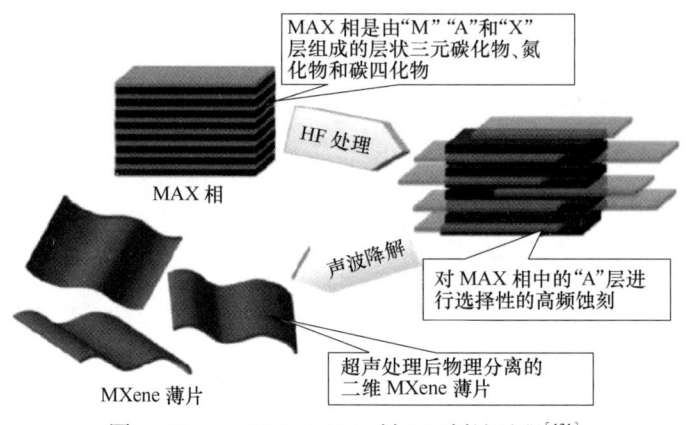

图 2-37 MAX(Ti_3AlC_2) 被 HF 刻蚀过程[131]

2) HCl+LiF 制备 2014 年，Ghidiu 等人[132]对制备方法进行了改进，利用 HCl 和 LiF 为原料对前驱体 MAX 进行刻蚀获得 MXene，制备方法如图 2-38 所示。该方法不直接使用 HF，故反应过程比较温和。利用该方法制备的 Ti_3C_2Tx 高浓度水分散液具有类似黏土的可塑性，利用辊轮挤压制成的薄层电极电导率达 1500S/cm，在作为

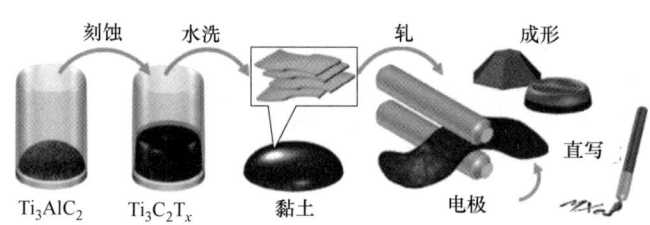

图 2-38 利用 HCl+LiF 制备 MXene 及其辊压薄膜电极示意图

超级电容器电极时（以 H_2SO_4 为电解液），具有 900F/cm^3 的高比容量。

不同制备条件下得到的 MXene 的性能会有所不同。陈耀燕等[133]在不同的刻蚀条件和剥离条件下制备了 Ti_3C_2Tx 及其剥离后的单层或少层 MXene。得出以下结论：在刻蚀过程中，提高 H^+ 或 F^- 浓度均可增大层间距，也会增大刻蚀强度，但不利于得到大片层的 MXene。提高 H^+ 浓度对层间距的增大效果更显著，但表面含氧官能团的含量随 H^+ 或 F^- 浓度的增加而减少，导致电化学性能下降。超声时间越长剥离效果越好，且当超声时间延长至 1h 时，片层尺寸不会发生明显减小，反而会分布得更加均匀，且电化学性能提高。

3) 其他制备方法 随着人们对 MXene 的研究越来越深入，其制备方法也不断增加。现如今，制备 MXene 的方法有碱刻蚀法、电化学法、熔盐腐蚀法、高温分解法、气相刻蚀法等。例如，Pang 等[134]利用热辅助三维导电电极提高了电化学刻蚀制备 MXene 的效率，该方法简便、安全，除了能够快速、有效地制备常见 MXene 材料 Ti_3C_2Tx 外，还成功制备了 V_2CTx 和 Cr_2CTx。中科院能源所黄庆团队[135]利用 MAX 相前驱体 Ti_3AlC_2 与 $ZnCl_2$ 熔盐进行反应，通过 MAX 相中 Al 元素置换反应获得了系列 $M_{n+1}Zn_nX_n$ 相，过量的 $ZnCl_2$ 提供的强路易斯酸环境使 $M_{n+1}Zn_nX_n$ 进一步剥落，实现了表面为 Cl 基团的二维 MXene 材料，并将剥离策略拓展到多种路易斯酸氯化物熔盐（$ZnCl_2$、$FeCl_2$、$CuCl_2$、$AgCl$ 等）和更广

的MAX相家族成员（如A相元素为Al、Zn、Si、Ga等）。

表2-9对几种典型MXene制备方法进行了比较。由表可知，对MXene表面官能团的控制是制备方法的研究热点，而对温和制备条件及更加多样的MXene产物的追求则是其发展方向。

表2-9　　几种典型MXene制备方法比较

制备方法	制备条件	表面官能团	方法优缺点
HF制备[130]	50%浓度HF	-F、-OH、-O、-H	刻蚀过程剧烈，产生大量废气，较强的层间作用力使得MXene为堆垛体结构，需进一步插层、剥离获得单层MXene
HCl+LiF制备[132]	6M HCl+LiF	-F、-Li、-OH、-O	刻蚀过程温和，反应过程中锂离子、氯离子接枝到MXene片层使得层间距变大，易获得单层或少层MXene
碱刻蚀[136]	27.5M NaOH,270℃,氩气氛围保护	-OH、-O	获得无氟MXene,电化学性能优异，反应过程较剧烈
热辅助电化学刻蚀[134]	以稀盐酸为介质,使用热辅助三维导电电极辅助刻蚀	-OH	获得无氟MXene,过程高效可控,可扩展到V_2CT_x、Cr_2CT_x等MXene材料
路易斯酸[135]	过量$ZnCl_2$高温熔盐环境下刻蚀	-Cl、-O	官能团种类可控，制备条件绿色、温和，实现无氟MXene制备
NH_4F[137]	在高压反应釜中180℃水热刻蚀24h	-F、-OH、-O	环境友好，危险性低，刻蚀时间较长
NH_4HF_2[138]	1M NH_4HF_2/60℃,8h	-F、-OH、-O	制备的MXene具有较好的热稳定性，层间距较大，刻蚀时间较长

（3）MXene在印刷电子中的应用　由于具有大的比表面积、丰富的表面官能团，MXene可以和聚合物等材料完美地复合，表现出优异的力学和电学性能。而丰富的表面官能团使得MXene在各种分析物中的电化学活性非常高。MXene作为蛋白质等活性物质的固定基质，不仅可以保护活性物质，还可以促进酶和电极之间的直接电子转移。金属自由电子作为载流子的高导电性以及表面官能团带来的离子传输位点，使其可以实现较低的电化学界面阻抗。因此MXene在锂电子电池、传感器、电磁屏蔽、超级电容器等领域有很大的应用潜力。

1）锂离子电池　可充电锂离子电池（LIB）被广泛用作储能装置。理想的锂离子电池具有高的锂存储容量、良好的循环性能和高倍率性能，所有这些都取决于锂离子电池电极材料的性能。MXene具有十分优异的金属离子储存性能，利用印刷方式制备MXene导电电极为金属离子电池带来了新的机遇与挑战。沈凯等[139]使用高浓度的MXene墨水（约300mg/mL）通过3D打印的方式制备了无枝晶的锂电池电极。高浓度的MXene分散液具有的良好的剪切变稀性能，使其能够在施加应力的情况下顺利挤出，并在挤出后保持形状。3D打印技术为电极内部提供了理想阵列的晶格结构，使锂离子能够更加均匀地分布在电极内部，制备出的锂离子电池拥有1200h的周期稳定性。MXene由于其高电导率和低吸光度，还被用于对钙钛矿电池性能的改进与提升领域。

2）超级电容器　超级电容器是指介于传统电容器和充电电池之间的一种新型储能装

置。与蓄电池和传统物理电容器相比，超级电容器功率密度高、循环寿命长、环境污染少。微型超级电容器（micro super capacitors，MSCs）的性能在很大程度上受电极形状影响，包括线条粗细及分辨率。制备 MXene 基油墨并印刷制造柔性超级电容器的报道近年来逐渐增多，研究重点集中于两个方面：其一，通过 MXene 性能和油墨组分的优化，实现 MXene 基油墨印刷适性与功能性的统一；其二，优化印刷制造工艺，实现更高精度的图案化。

MXene 在柔性超级电容器的应用中展现了良好的性能，但其产率相对较低，在蚀刻工艺中，大量未产出 MXene 的 MAX 相被当作废弃物遗弃。2020 年，Sina 等[140]对 MXene 制备过程中产生的沉积废弃物进行有效利用，将其配制成适用于丝网印刷的油墨。该油墨的主要成分是未蚀刻的前驱体 MAX 相和多层 MXene 组成的混合物，层状颗粒之间的分层纳米片既具有良好的导电性能，还起到高效黏结剂的作用，从而保持了整体的金属导电网络。使用这种方式制备的油墨具有良好的丝网印刷适性，印刷制备的微型超级电容器具有较高的电容（158mF/cm^2）和能量密度（1.64μWh/cm^2）。图 2-39 展示了 MXene 制备过程中产生的沉积物再利用实例。

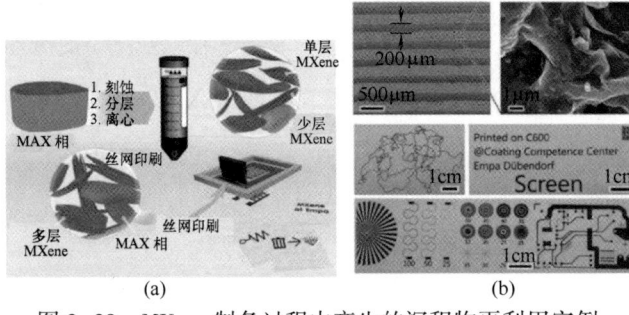

图 2-39　MXene 制备过程中产生的沉积物再利用实例
（a）利用未刻蚀 MAX 前驱体及多层 MXene 沉淀制备丝印油墨
（b）丝网印刷图案

表 2-10 对已报道的 MXene 基柔性超级电容器性能进行了总结。印刷已成为制备柔性超级电容器的重要方式之一，接下来要进一步提高印刷精度，降低 MXene 基功能油墨添加剂的用量。MXene 基功能油墨的流变特性与 MXene 形貌、分散状态及油墨组分的关系是下一步工作的研究重点。

表 2-10　MXene 基柔性超级电容器性能比较

材料	电容密度	能量密度	功率密度	循环寿命	制备方式
Ti_3C_2Tx/H_2O	562F/cm^3	0.32μWh/cm^2	11.4μWh/cm^2	10k 容量保持率为 100%	喷墨打印[128]
MXene 废料/H_2O	158mF/cm^2	1.64μWh/cm^2	778.3μWh/cm^2	17000 次后仍保持 95.8%的初始电容	丝网印刷[140]
Ti_3C_2Tx/SA	720F/cm^3	100.2mWh/cm^3	1.9W/cm^3	4000 次后容量保持率为 94.7%	喷墨打印[141]
$Ti_3C_2Tx/RuO_2/AgNWs$	864.2F/cm^3	13.5mWh/cm^3	48.5W/cm^3	10000 次后容量保持率为 90%	喷墨打印[142]
$Ti_3C_2Tx/CNTs$	—	67Wh/kg	258W/kg	5000 次后容量保持率为 81.3%	抽滤成膜[143]
Ti_3C_2Tx/rGO	445.2F/cm^3	15.7Wh/kg	3738.7W/kg	10000 次后容量保持良好	抽滤成膜[144]

3）电磁屏蔽　MXene 在具有高导电性、高效电磁屏蔽性能的同时还具备良好的机械柔性，这为 MXene 基墨水在柔性电磁屏蔽器件中的应用带来了更多的可能。秦文峰等[145]研制出了 Ti_3C_2Tx/MXene 薄膜，发现材料的导电性决定了其电磁屏蔽性能。这是因为一层

一层叠加的 Ti_3C_2Tx 纳米片层能构建出良好的导电通道，使薄膜材料的电导率得到提高。同时，大体量的自由电子存在于高导电性的 Ti_3C_2Tx 纳米片表面，与进入材料内部的电磁波产生欧姆损耗，进而使电磁波能量降低。此外，大量缺陷（大量活性官能团）会在 Ti_3C_2Tx 纳米片表面形成，即 MAX 的刻蚀过程。在 Ti_3C_2Tx 表面，由于官能团之间的电荷密度差形成偶极矩，其在交变电磁场作用下极化，电磁能由于偶极子的弛豫损耗会转化成热能，可降低入射电磁波能量，提高电磁屏蔽的效率。2020 年，袁文静等[146]将 MXene（Ti_3C_2Tx）通过喷涂的方式覆盖在具有高柔韧性和可拉伸性的电纺聚氨酯（PU）纳米纤维织物上，形成了具有精细皱纹结构设计的 EMI 屏蔽织物，其制备过程如图 2-40 所示。覆盖有 Ti_3C_2Tx 涂层的织物具有良好的 EMI 屏蔽性能，可以满足下一代无线技术或电子设备的多种变形形式，如弯曲、折叠、起皱和拉伸。

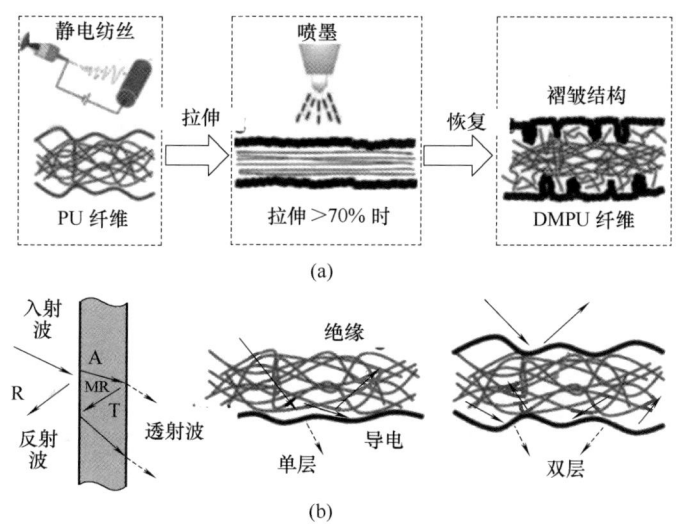

图 2-40 EMI 屏蔽织物的制备及其电磁屏蔽原理
（a）EMI 屏蔽织物的制备过程 （b）该织物电磁屏蔽原理

2.5 半导体材料

半导体材料的性能与禁带宽度和电子迁移率密切相关，随着技术的发展，半导体也不断进行着更新换代。硅和锗是传统微电子的核心半导体材料，在印刷电子领域，硅、锗材料也得到了深入研究。一些可溶性硅、锗化合物可以制备成可印刷的油墨，但是这样的油墨对水、氧敏感，且制备条件苛刻、价格昂贵。金属氧化物因其表面效应、量子限域效应、高理论比容量和能量密度等特点，被广泛应用到气敏传感器、储能技术等领域。过渡金属硫化物具有来源广、种类丰富、价格低廉等优点。与氧元素相比，硫元素有更低的电负性，所以过渡金属硫化物比氧化物的导电性和电化学活性更高。

2.5.1 硅基半导体

谈到半导体材料，人们第一时间想到的应该就是硅基半导体，它作为当前最重要的无机半导体材料，在微电子行业中有着不可取代的地位，在集成电路、太阳能电池、平板显示驱动等领域得到广泛应用。硅半导体易于制备且价格低廉，并且化学稳定性好，载流子浓度较高。近年来有研究把硅做成颗粒制成墨料，采用印刷的方式进行沉积，但尚存在烧结温度较高、不易晶化等问题。美国硅谷的 Kovio 公司宣称开发出首个采用喷墨印刷工艺制作的硅基晶体管 RFID，可将传统 RFID 的成本降至 0.05~0.15 美元。同时 Kovio 公司开发出的硅材料墨料，可以应用喷墨印刷方法在柔性基材上制作晶体管元件。采用硅墨料印刷形成的晶体管元件，材料成本仅是传统晶体管的三分之一，并减少75%的能耗。Innovalight 公司将纳米硅晶体制成墨料，选择性地印刷在硅太阳能电池银电极的底部，形成选择性发射结构（selective emitter）。

2.5.2　过渡金属氧化物（MOS）

由于金属和氧之间的电负性差别较大，可利用氧的浓度差异，使金属氧化物含有的点缺陷浓度不同，此时氧空位或间隙金属离子形成施主能级则提供电子，形成受主能级则提供空穴，呈现为 N 型和 P 型金属氧化物半导体，目前研究较多的 N 型半导体主要有 ZnO、CdO、TiO_2、WO_3 等，P 型半导体有 Cu_2O、NiO、Co_3O_4、Fe_2O_3 等。这些氧化物具有半导体能带的性质，且其金属组分多表现出变价的特性，可形成非化学计量化合物及多样的结构，从而具有独特的物理、化学特性。金属氧化物纳米材料因其表面效应、量子限域效应等，呈现出不同于块体材料的磁、光、电及生物化学等特性，还具有在应用中不易氧化、功耗小、反应灵敏等特点，可应用于纳米电子器件。纳米结构金属氧化物在微电机系统、太阳能转换、储氢、气体传感、催化剂、信息存储与显示及场发射等领域具有广泛而重要的应用。

(1) 制备方法　金属氧化物常用制备技术包括生物模板法、微波辅助合成法、热氧化法、水热法、溶剂合成法、溶胶凝胶法等。

1) 生物模板法　生物模板法是指以天然生物材料作为模板，经过无机离子在模板材料中的扩散和自组装，再通过煅烧过程将模板除去，得到具有独特形貌和结构的目标材料。生物模板法为金属氧化物的制备提供了一条简单、绿色的路线，其赋予金属氧化物特定的结构和组成，进而使其呈现较优的催化性能。生物模板法是依据仿生学原理及生物矿化而新兴的方法，根据生物模板的不同来源大致可以分为三类：生物组织模板、生物分子模板和微生物模板。常用的生物模板有病毒、细菌、多糖、脱氧核糖核酸（DNA）等，如图 2-41 所示。

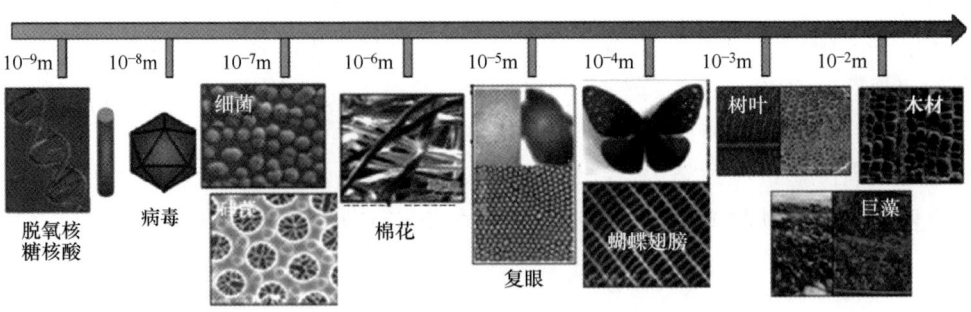

图 2-41　生物模板种类

生物组织模板主要包括生物膜、固体生物组织及液体生物组织。生物膜内有大量不同种类的生物大分子如多糖、胞外 DNA 等，其中由多肽及脱氧核苷酸组成的 DNA 长链中有大量位点可以使金属离子很好地附着在生物膜上形成带有纳米结构的金属氧化物。赵颖等[147]以鸡蛋内膜为模板，将硝酸镍与乙醇混合负载于鸡蛋膜上，加入柠檬酸使溶液发生络合反应，形成凝胶态混合物，然后经干燥煅烧除去生物膜模板，得到的氧化镍分散性良好，半径最小可低于 30nm。植物的枝干是一种良好的固体生物组织模板。Rambo 等[148]以树木为仿生模板、$ZrOCl_2$ 为锆源、$Y(NO_3)_3$ 提供钇源，搅拌后生成溶胶态混合物，通过浸渍热解后得到氧化钇/氧化锆复合材料，这种方式同样也可以用来制备氧化锌、氧化钛。

生物分子是自然界中构成生命的基本物质，有着特殊的纳米级结构单元及良好的自组装性能，可制备具有高精度纳米网络、纳米带、纳米点阵等结构的材料[149]。严晶晶等[150]以酪蛋白为模板，再加入钛酸丁酯不断搅拌，将混匀后的液体静置 10d 后，以乙醇进行洗涤、烘干，得到光催化性良好的氧化钛粉体。

微生物是个体微小、种类繁多的生物群体，包括细菌、真菌、小型原生生物、藻类、病毒等。微生物的细胞壁（除支原体外）含大量的活性生物分子与官能团，这些小分子基团可以通过配位与静电作用直接与金属离子和极性分子结合生成微生物具有的特殊三维结构的纳米金属氧化物。Chen 等[151]以病毒为模板，以戊二醛进行交联，得到掺杂 Ag 离子的氧化钛纳米线，可作为电极材料用在染料敏化太阳能电池中。

2) 微波辅助合成法　微波辅助是一种合成金属纳米氧化物的新型绿色合成方法[152]。微波是指一种波长在 1mm~1m 之间的电磁波，微波加热是利用分子和原子在微波产生的电磁场中发生极化震动而产生热量，这种加热方式被称为微波的热效应[153]。微波加热使物体内外均匀获得能量，没有温度梯度的存在，受热均匀。与传统水热方式相比，微波加热具有加热速度快、加热均匀、穿透能力强等特点。微波是一种良好的加热方式，将微波作为加热方式制备纳米金属氧化物具有巨大的前景。微波辅助制备纳米金属氧化物的方式可分为微波辅助固相合成法和微波辅助液相合成法。微波辅助液相合成法又可细分为微波辅助水热合成法、微波辅助溶胶凝胶合成法、微波辅助沉淀法等。

Araujo 等[154]通过微波辅助水热合成法制备不同尺寸的纳米 CeO_2 材料，当微波加热温度为 80℃、反应时间为 16min 时，制备的球形 CeO_2 纳米颗粒平均直径为 5nm；当微波加热温度为 160℃、反应时间为 16min 时，制备的 CeO_2 平均直径为 10nm、长度为 70nm。杨红萍等[155]采用微波辅助固相合成法合成纳米 ZnO 颗粒，以硫酸镁和草酸为反应物，然后用微波加热 60s 得到前驱物草酸锌，通过煅烧，制备的纳米 ZnO 颗粒粒径为 15.5nm。

3) 热氧化法　热氧化法是指在含氧气氛中将金属加热至一定温度（一般小于其熔点），然后进行气-固反应获得一维氧化物纳米结构的方法。含氧气氛一般指干燥氧气、空气或水蒸气气氛，加热方式包括电阻发热和火焰法直接加热。该方法可在较低温度下制备大面积 CuO、α-Fe_2O_3、Co_3O_4 及 MoO_3。Jiang 等[156]使用箱式炉在 400~700℃ 中，用铜网、铜片、铜线等铜基体成功制备了直径在 30~100nm、长度可达 15μm 的 CuO 纳米线，并且随着温度升高，纳米线直径逐渐减小。

（2）过渡金属氧化物在印刷电子中的应用　过渡金属氧化物在气敏传感器、储能、显示领域有着重要的应用。

1）气敏传感器 金属氧化物半导体因其独特的理化性能在众多的气敏材料中脱颖而出，金属氧化物半导体气体传感器具有反应速度快、结构简单、检测灵敏度高、气体浓度检测范围宽等优点。但具有受背景气体干扰较大、易受环境温度影响等缺点。

由于 N 型半导体晶格内存在氧离子缺位或阳离子填隙，当与还原性气体相互作用时，气体分子失去电子，而半导体材料得到电子，致使半导体中的电子数量增加，从而材料的电阻减小；同样，当半导体材料与氧化性较强的气体分子作用时，气体分子得到电子，半导体材料失去电子，电子数量减少，材料的电阻增大。由于 P 型半导体晶格中阳离子缺位，其传感机制与 N 型半导体正好相反：当材料与氧化性较强的气体接触时，电阻减小；同理，与还原性较强的气体接触时，电阻增加。

目前，绝大多数基于金属氧化物纳米材料的气体传感器的工作温度为 200~400℃，还有极少部分能够实现室温工作，检测气体为 CO、CO_2、H_2、NO_x、NH_3、H_2S 等有毒有害易燃易爆性气体及乙醇、甲醛等挥发性有机化合物（VOC），见表 2-11。Deng 等[157]通过旋涂工艺制备了基于 3.8nm ZnO 的 H_2S 气敏膜，在室温下，对 H_2S 的响应为 68.5；在 90℃时达到 567。周天浩等[158]在陶瓷基底上印刷丙酮气体传感器，制得的传感器具有优秀的机械性能且耐腐蚀，具有很长的寿命，传感器的谐振频率随着丙酮气体体积分数的增加而减小，且近似为线性关系。

表 2-11　　　　　　　　　　纳米金属氧化物检测气体[159]

材料	类型	带隙	检测气体
ZnO	N 型	3.37	H_2,NO_2,HCHO,NH_3,乙醇
SnO_2	N 型	3.6	Cl_2,NO_2,CO,H_2,乙醇
TiO_2	N 型	3.0~3.4	Cl_2,NO_x,乙醇,VOCs
WO_3	N 型	2.4~2.8	H_2,CO,H_2S,NH_3,NO_x,O_3
MoO_3	N 型	>2.7	NO_2,NH_3,二甲苯,乙醇,TMA
In_2O_3	N 型	3.55~3.75	H_2,CO,NO_2,CH_3CHO,乙醇
α-Fe_2O_3	N 型	2.1	H_2,CO,NO_2,H_2S,乙醇
CuO	P 型	1.2	O_3,NO_x,H_2,丙醇,甲苯
NiO	P 型	3.6~4.0	CO,H_2S,NO_2,VOCs
Co_3O_4	P 型	1.48~2.19	CO,H_2,乙醇,VOCs
Cr_2O_3	P 型	3.4	HCHO,CO,苯,NH_3,H_2S
Mn_3O_4	P 型	2.3	NO_2,CH_4,丙酮,乙醇
Cu_2O	P 型	2.17	NH_3,HCHO,乙醇,甲苯

2）薄膜晶体管（TFT） 金属氧化物 TFT 被认为是有源矩阵有机发光二极管（AMOLED）中最有可能取代硅基 TFT 的技术。与其他 TFT 相比，优点如下：载流子迁移率较高，氧化物半导体 TFT 的载流子迁移率一般为 $1~100cm^2/(V \cdot s)$；均匀性好，低温多晶硅 TFT 虽然具有较高的载流子迁移率，但由于低温多晶硅 TFT 存在大量晶界，晶界处的 TFT 与非晶界处的 TFT 性能不一致，TFT 器件性能均匀性较差，使得基于低温多晶硅 TFT 的 OLED 显示屏的均匀性受到影响。金属氧化物可以通过掺杂实现非晶态，从而得到均匀性很好的 TFT 基板；相比于多晶硅，金属氧化物 TFT 制造工艺温度更低，衬底选

择范围更广,成本更低;氧化物半导体对可见光透明。

金属氧化物 TFT 在性能和成本方面实现了很好的统一,在 AMOLED 显示领域更具潜力。尽管如此,金属氧化物 TFT 仍面临工艺的可重复性、材料的成本控制、器件的稳定性、薄膜制备的方法及钝化层的影响等问题。

3) 储能技术　过渡金属氧化物是典型的赝电容器电极材料,电化学性能十分稳定,这使得金属氧化物在电化学能量存储的应用发展方面有着更为广阔的空间。RuO_2 是最先作为电极材料使用的金属氧化物,因为 RuO_2 的电阻极低、电化学稳定性良好且理论比电容值约达 1300F/g,所以它被认为是性能优异的超级电容器电极活性材料。然而贵金属氧化物 RuO_2 不仅价格高昂,而且资源匮乏,难以实现大规模应用。因此,需要将金属氧化物电容器的研究重心转移到寻找电容性能好且原料丰富、价格低廉的其他金属氧化物材料上来,如 Mn、Ni、Co、Fe 等金属元素的氧化物及其复合物。Zhu 等[160]制备了花朵状二氧化锰纳米颗粒并用作超级电容器电极材料。在中性溶液中测试材料电化学性能时发现,循环 10000 次后,材料的容量损失也仅为 2.5%,足见这种材料具有十分优异的电化学稳定性。

在众多的锂离子电池负极材料新体系中,金属氧化物具有理论比容量高、价格低廉、环境相容性好等优点,将氧化物颗粒复合在多孔碳中,既增强了颗粒间的电接触,又能有效地缓冲颗粒的体积膨胀并抑制其粉化,使复合材料的循环稳定性和倍率性能均得到提高。Han 等[161]通过原位水解法制备 SnO_2/介孔碳复合材料(SnO_2@CMK-5),将 SnO_2 纳米颗粒限制在有序介孔碳中,如图 2-42(a)所示。如图 2-42(b)所示,在 200mA/g

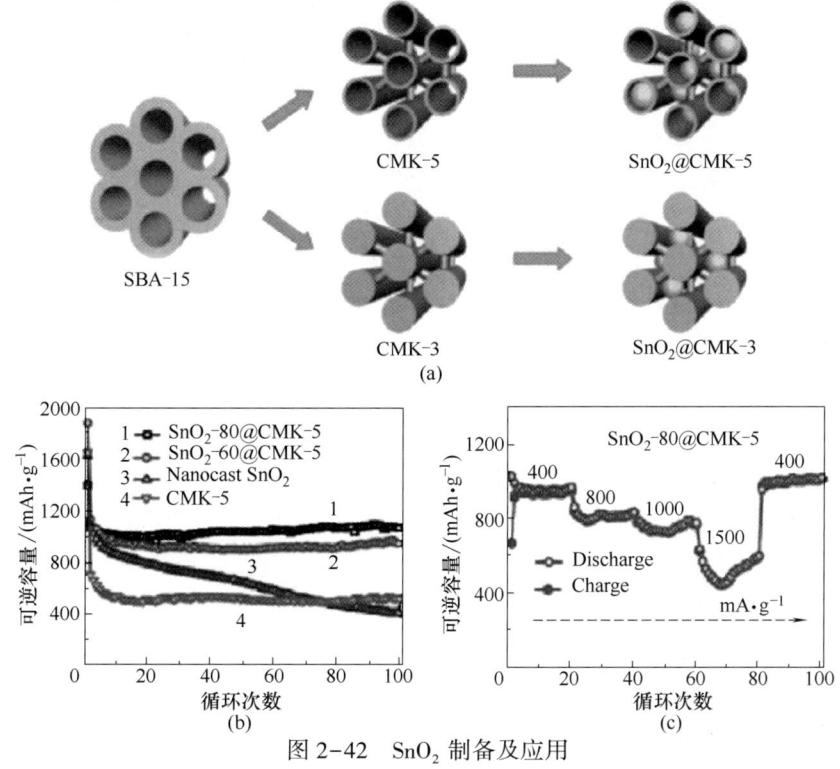

图 2-42　SnO_2 制备及应用

(a) 超细 SnO_2 纳米颗粒固定在介孔碳的孔道中的合成原理示意图
(b) SnO_2/介孔碳复合电极材料的循环稳定性曲线　(c) SnO_2/介孔碳复合电极材料的倍率性能曲线

电流密度下，该复合材料具有978mAh/g的可逆容量，经100次循环后，可逆容量升为1039mAh/g；在1500mA/g的大电流密度下，表现出优异的倍率性能，如图2-42（c）所示。

（3）典型的过渡金属氧化物

1）二氧化钛　二氧化钛（TiO_2）是一种白色的固态金属氧化物，也被称为钛白粉。二氧化钛是良好的半导体和传感材料，主要可以分为三种构型：锐钛矿型、金红石型和板钛矿型，如图2-43所示。其中，锐钛矿型和板钛矿型在低温时比较稳定，而金红石型则在高温时较稳定，从低温升至高温时，锐钛矿型和板钛矿型有向金红石型结构转变的趋势。

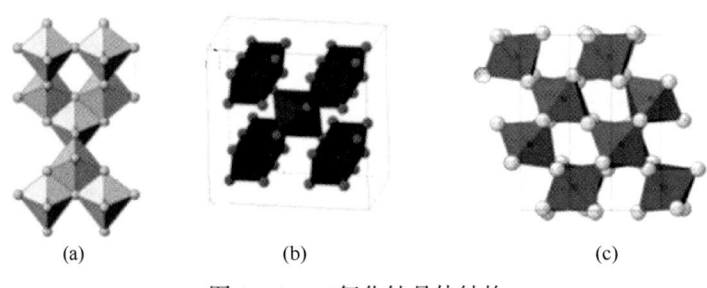

图2-43　二氧化钛晶体结构
（a）锐钛矿型　（b）金红石型　（c）板钛矿型[162]

二氧化钛的工业化生产方法主要有硫酸法和氯化法。

硫酸法是用硫酸酸解含钛矿物，得到硫酸氧钛溶液，经纯化和水解得到偏钛酸沉淀，再进入转窑焙烧产出二氧化钛的方法，主要原料为钒钛矿或高钛渣和浓硫酸。硫酸法是一种非连续生产工艺，工艺流程复杂，需要20道左右的步骤，排放废弃物较多，环境污染问题严重。晶型转变需更多操作步骤，采用的焚烧工艺需要消耗大量能源。田从学[163]开发了短流程硫酸法，采用自生晶种和水热水解的方式进一步缩短传统硫酸法的工艺步骤，降低成本，减少能耗，取消浓缩钛液的步骤，从而降低水解所需的钛液浓度。

氯化法是以钛铁矿、高钛渣、人造金红石或天然金红石等与氯气反应生成四氯化钛，经精馏提纯，再进行气相氧化，速冷后经过气固分离得到二氧化钛的方法。氯化法的优势在于工艺简单、可实现连续生产、综合能耗低、氯气可循环利用、产品性能好且稳定，其生产的二氧化钛白度和粒度分布均优于硫酸法。氯化法主要缺点是对原料要求高、氧化反应过程中所需要的还原温度高、氧化过程工艺技术难度大和设备结构复杂。

二氧化钛作为重要的N型半导体材料，具有良好的热稳定性、宽禁带、恶劣环境耐受性好、高表面活性和催化能力，应用于紫外探测、光催化、太阳能电池、锂离子电池、平板显示器材料、气敏传感器等领域。

纳米TiO_2具有合适的禁带宽度、良好的光电化学稳定性、较高的容量等特点，且制作工艺简单、成本低，是取代硅太阳能电池的材料之一。目前，TiO_2主要应用于染料敏化、量子点、钙钛矿太阳能电池中。其光催化机理是在外界光辐射下，位于价带上的电子获得能量被激发，从价带迁移到导带上，形成空穴-电子对，如图2-44所示。产生的空穴-电子对在电场的作用下跃迁到TiO_2纳米颗粒表面，与空气中的水（H_2O）和氧气（O_2）反应生成羟基（-OH）和氧自由基（$\cdot O_2^-$），具有强氧化还原性，产生光催化效应。

张翱等[164]使用丝网印刷技术制备以纳米晶多孔TiO₂薄膜为光阳极的染料敏化太阳能电池（DSSC），以300目+200目+100目三层叠印得到光阳极，其最高电池效率可以达到6.9%。

2）铜氧化物　铜氧化物包括氧化铜和氧化亚铜。氧化亚铜与氧化铜在颜色、晶体结构、物理性质等方面均存在不同。氧化亚铜是略带红色的P型半导体，为立方结构（空间群，$O_h^4=Pn3m$），不同的激子能级表现出离子键和共价键双重性质，其3d轨道被电子全部占据，块体材料禁带宽度为2.17eV，仅能吸收可见光。氧化铜是暗铁红色，为复杂的单斜黑铜矿结构（空间群，C_2/c），具有

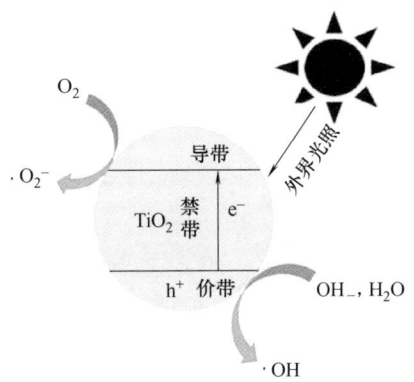

图2-44　二氧化钛的光催化机理[162]

反铁磁性质，块体材料的带隙宽度为1.2eV，是高温超导体和巨磁阻材料。其3d轨道未被占满，是充电-转移类型的直接带隙材料，能够吸收近红外区域的光。氧化铜的电导率高于氧化亚铜，而迁移率却低于氧化亚铜，氧化铜的稳定性优于氧化亚铜。

氧化铜在离子电池、超级电容器、太阳能电池、气体传感器、生物传感器、光电探测器、超疏水表面等方面应用前景广泛。

由于CuO具有安全性、环保性、高太阳能吸收率、低热辐射率、无毒性，稳定性好，载流子浓度高及制备工艺简单，纳米CuO广泛应用于电池领域（锂离子电池）和太阳能光伏发电中。Mai等[165]采用水热合成法制备氧化铜和石墨烯纳米复合材料，石墨烯作为导电通道提高了整个材料的电导率，该材料制备的电池在循环充放电50次之后仍然具有很好的效果。

与二氧化钛、氧化锌、三氧化钨和二氧化锡相比，氧化铜在磁性和超疏水性方面更加令人关注，在锂离子电池方面的应用尚未引起重视，但由于氧化铜低成本、无毒、资源丰富、制备简单、延展性好，有望在锂离子电池的阳极材料方面得到应用。

2.5.3　过渡金属硫化物（TMDs）

二维过渡金属硫化物（2D-TMDs）可表示为MX_2，其中M表示Mo、W、Ti等；X主要是指S、Se等。单层过渡金属硫化物呈现一种X-M-X的三明治结构（见图2-45），层间的范德华力很弱，然而平面内有很坚固的共价键。根据原子的排列，二维过渡金属硫化物的结构可分为三棱柱形（H相）、八面体（T相）和它们的畸变相（T'相），如图2-45所示。块体过渡金属硫化物可以像石墨烯一样，被剥离成单层或多层的纳米片，过渡金属硫化物的单层材料厚度大约为6~7Å。二维过渡金属硫化物如ReS_2、$ReSe_2$，在1T的条件下可以弯曲，并且在平面内有很明显的各向异性，如图2-45所示。常见的金属硫化物有CoS、MoS_2、SnS、Ni_3S_2、Bi_2S_3、

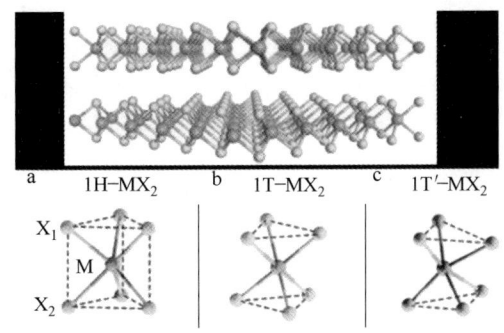

图2-45　层状过渡金属硫化物的典型结构

CuS 等。

许多二维过渡金属硫化物的能带间隙在 1~2eV 范围内，随着层数的减少，能带间隙增加。一些二维过渡金属硫化物如钼和钨构成的硫族化合物，当材料为多层结构时，能带是间接带隙，当材料剥离成单层时，能带结构转变成直接带隙。二维过渡金属硫化物不仅具有纳米颗粒的尺寸效应等性质，还有优异的光、电、磁、催化等性能。

（1）制备方法

1）液相剥离　液相剥离（LPE）是制备 TMDs 纳米材料（包括纳米片和量子点）最常用的方法之一，Coleman 等[166]提出纯物理剥离方法，即液相剥离法，该方法将二维材料粉体浸泡在有机溶剂或添加表面活性剂的水溶液中进行超声处理，依靠有机溶剂或表面活性剂破坏材料相邻层间的内聚能，同时依靠超声波产生的空化气泡破裂时所造成的高能喷射作用破坏材料的结构，使材料表层脱落，然后经离心、过滤、干燥等步骤，制得二维层状材料，步骤如图 2-46 所示。LPE 是一种通用的方法，当剥离装置准备好后，一系列层状材料如石墨烯、黑磷、氮化硼等都可以通过适当改变装置参数得到。LPE 法制备得到的纳米片质量较高，没有基面带来的缺陷，可规模化生产，是商业化生产层状材料最重要的方法之一。这种方法的突出优点是，获得稳定在液相媒介中分散的纳米片，纳米片可以应用到各种环境或沉积到不同衬底，有希望应用在薄膜晶体管和光伏器件的导电电极、能量存储、纳米复合材料中。

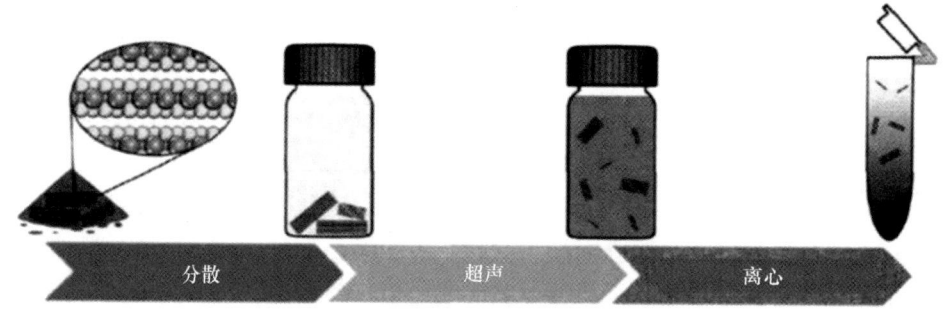

图 2-46　液相剥离 TMD 纳米材料的基本步骤[167]

2）化学气相沉积法　化学气相沉积法是指前驱体以气态的形式参与反应形成产物后沉积在目标基底上的方法，由于前驱体与目标基底的选择不同，具体的实验方法多样化，因此制备的材料形貌、尺寸及质量各有差异。如 Chen 等人[168]以三氧化钼（MoO_3）粉末和硫粉为反应物，利用氧气的蚀刻作用降低 MoS_2 的成核率，在蓝宝石上生长了尺寸达 350μm 的均匀 MoS_2 单层薄膜，具有很好的结晶质量，且基于此 MoS_2 薄膜材料在二氧化硅上制作的背栅场效应晶体管表现出优异的性能，其室温迁移率达 $90cm^2/(V \cdot s)$，电流开关比为 10^7。

（2）过渡金属硫化物在印刷电子中的应用　TMDs 材料是带隙范围从近红外到可见光的二维半导体，由于其物理和化学方面的独特性能而备受关注，被广泛应用于众多领域，如电子与光电子器件、传感器件、能量存储和催化析氢等领域。

TMDs 材料具有较高的比表面积、丰富的活性位点及缺陷、化学稳定性高、各种阳离子的插入势垒低、离子的扩散路径较短等优势。而 TMDs 材料导电能力一般，很大程度上限制了基于TMDs材料制备的储能器件性能,因此TMDs材料更多地通过复合高导电性材料来增强其导电性,以此作为储能器件电极材料使用。Wang等[169]制备由Ni泡沫支撑的3D网络CNTs-Ni_3S_2-CNTs。内部CNTs提供更多的电沉积位点,而外部高电导率CNTs提供通路进行电子传输,提高电容量。将CNTs-Ni_3S_2-CNTs作为正极,活性炭作为负极,组装成非对称超级电容器。其功率密度达到2416W/kg,能量密度达到75.2Wh/kg,在10000次循环后电容保持率高达90.6%。

基于化学性质稳定和较大的比表面积特性,TMDs半导体材料是制作生物传感器、气敏传感器和化学检测器件的理想材料,其内在机制主要是依靠电荷转移过程,即当被检测分子或气体吸附于材料上时,被检测物与材料发生电荷转移,使材料的电阻发生变化,从而产生变化的电信号。基于TMDs材料的传感器件具有灵敏度高、线性范围宽、响应速度快、稳定性好等优势。Wang等[170]将化学剥离的单层SnS_2纳米片转移到带有Au叉指电极的氧化铝基板上,构建了NH_3传感器。在室温条件下,该传感器实现对50~800ppm浓度范围的NH_3的检测,并有良好的响应恢复性。在检测浓度为500ppm的NH_3时,该气体传感器具有较快的响应速度。

(3)典型的二维过渡金属硫化物

1)二硫化钼 二硫化钼是典型的层状结构,层与层之间以较弱的范德华力结合,容易滑离。每个钼原子被6个硫原子所包围,呈三角棱柱状,MoS_2具有层状结构,不仅表现出优异的理化性能,还同时兼具类石墨烯的很多优点。很多研究学者制备出二维、三维结构的MoS_2,发现其具有较大的比表面积、良好的电子流动性、高电子态密度等特点,表现出优异的光电性能。

二硫化钼在印刷电子上的应用始于2012年,逐步从单个的二硫化钼柔性晶体管器件发展到大面积的柔性集成器件,从单一的晶体管发展到传感器、异质结构、短沟道器件、逻辑集成及能量转换器件等。

MoS_2因具有独特的电解水制氢催化活性,被科学界普遍认为是一种极具潜力的贵金属催化剂替代品。李培真等[171]利用液相超声剥离法及离心处理制得纳米薄层MoS_2/PVP分散液,PVP的掺入有效提升了MoS_2的剥离程度,使得最终分散液中的MoS_2浓度为0.41mg/mL,相较于纯MoS_2分散液有显著提升。利用喷墨印刷技术将MoS_2/PVP催化剂固载于导电基底上制得催化析氢电极。该电极在10mA/cm^2处的过电位为77mV,Tafel斜率为65mV/dec。

在锂离子电池、钠离子电池和超级电容器中进行交叉对比,由二维层状MoS_2(2D)制备的正极复合材料电池无论是在能量密度方面还是在循环寿命方面都比另外几种正极材料电池更加优秀。Adhikari等[172]利用水热法制备MoS_2纳米微球。在不同的扫描速度下,MoS_2的比电容在68~346F/g之间,具有良好的循环稳定性。水热反应时间为24h的MoS_2样品具有较高的功率密度(约为1200W/kg)和能量密度(约为$1.8×10^4$J/kg)。在24h反应时间内制备的MoS_2样品具有最佳的电催化性能,三维结构MoS_2微球作为超级电容器电极材料具有良好的电化学性能。

由于二硫化钼独特的电子特性、二维层状结构、较大的比表面积等原因,其很容易吸附上气体分子,从而影响其导电性质。Tongay等[173]首先用微机械剥离的方法,从块体二硫化钼上剥离出单层二硫化钼,随后将其转移到90nm厚的二氧化硅衬底上,在450℃的石英管中真空退火 40min，发现该样品的荧光强度对气体环境十分敏感。

2）二硫化钨　WS_2 属于典型的过渡金属硫化物，为深灰色带有金属光泽的细结晶粉末，晶体结构为六方晶系层状结构，密度为 $7.4\sim7.5g/cm^3$。其在室温下的稳定性依靠共价键联系在一起，组成网状平面结构，平面再进行重叠，成为"三明治"式的 S-W-S 层状结构。层与层之间以较弱的范德华力相结合，层间的键力很弱，原子键容易受力切断，容易滑动。WS_2 在水、醇、油脂中不溶解，不产生化学反应，不受辐射影响，能抵抗硝酸和硫酸的侵蚀，对金属表面有很好的吸附性能，不与金属表面起化学反应。

作为过渡族金属硫化物，WS_2 因其特殊的层状结构和各向异性，主要应用于固体润滑剂、催化剂、电子探针、电池电极材料和超导材料等诸多领域。

纳米 WS_2 质轻，比表面积大，在光化学催化方面有着重要的应用。研究表明，在适当的光照条件下，许多有机物在光催化剂作用下会降解为无毒的 CO_2、H_2O 等一些简单的无机物。其能带带隙约为 3.2eV，带隙较宽，通常只能被波长较短的紫外光激发，对太阳光的利用率相对较低（约为3%）。WS_2 是一种间接半导体，带隙远小于 TiO_2，在可见光照射下可以吸收光子，产生电子-空穴对，空穴与水反应，生成高反应活性和强氧化性的羟基自由基，进而可以将有机染料或有机物降解为有机小分子和无机离子。

WS_2 纳米管具有独特的微观结构，表现出许多奇特的物理化学性质，可将其用于原子力显微镜（AFM）及扫描隧道显微镜；将其沉积于 Si 探针表面，可用于探针扫描及各种物质的扫描观察。WS_2 具有恒定的光电效应，优异的光敏性和对水、空气的不敏感性，使得 WS_2 应用范围更为广泛，基于 WS_2 制备的复合探针有望在光学和电子光学中得到应用。

锂离子电池因具有高的体积比能量和质量比能量而受到重视，WS_2 的理论比容量（433mAh/g）要高于商业石墨（372mAh/g），是锂离子电池中石墨负极的潜在替代品。

在 WS_2 中插入碱金属（K、Na）后，电荷发生转移，材料的电学性质发生改变，费米能级被提高，自由电子的浓度显著增加，半导体材料 WS_2 转变为金属导体，在 $3.7\sim6.3K$ 温度范围内成为超导体。此外，反磁材料二硫化钨在碱金属（K、Na）插入后具有顺磁性质，将有更为广泛的应用。

2.5.4　过渡金属氢氧化物

过渡金属氢氧化物是电极材料中的一大类，其种类繁多，所以有必要对它进行适当的定义和分类。如图 2-47 所示，根据过渡金属氢氧化物中金属阳离子的种类，过渡金属氢氧化物可分为单金属氢氧化物、双金属氢氧化物和多金属氢氧化物。常见的单金属氢氧化物有 $Ni(OH)_2$、$Co(OH)_2$、$Zn(OH)_2$、$Cu(OH)_2$ 等。双金属氢氧化物根据是否形成层状结构可分为普通的双金属氢氧化物和层状双金属氢氧化物（LDH）。普通的双金属氢氧化物有锌钴氢氧化物（ZnCo-OH）、镍钴氢氧化物（NiCo-OH）。某些特殊的双金属氢氧化物，在一定的制备条件下可形成层状结构，典型的材料如 NiAl LDH、CoAl LDH、NiCo LDH、NiMn LDH 等。常见的三金属氢氧化物大多表现为层状结构，如 NiCoAl LDH、NiCoMn LDH。因此，可根据是否为层状结构而分为层状双金属氢氧化物（LDH）和非层状双金属氢氧化物（或混合双金属氢氧化物）。

（1）制备方法　电沉积法是近年发展出来的一种新的制备方法，通过电解前驱体溶

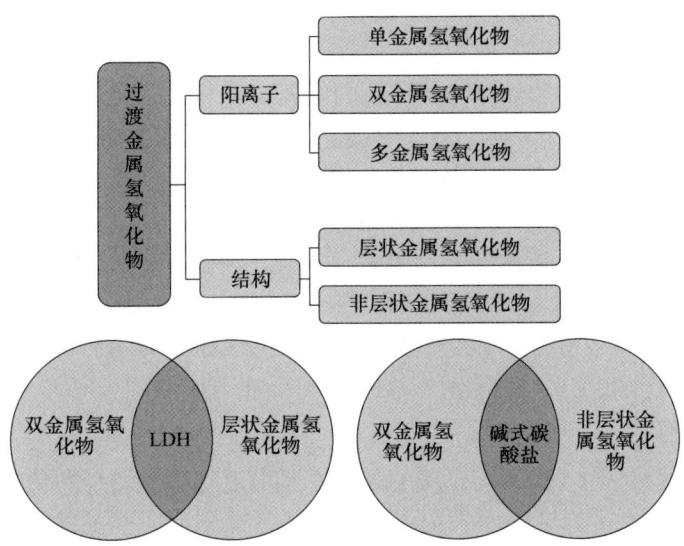

图 2-47 过渡金属氢氧化物的分类

液实现溶液中金属阳离子和阴离子的分解重组,从而在金属基底上生成有固定形貌和晶相的纳米材料。这种方法制备纳米材料的速度快,只需要几秒到几百秒即可完成制备过程,目前被广泛用于超级电容器、电催化剂的制备。现有的电沉积方法分为恒电流电沉积法和恒电位电沉积法。比如 Yuan 等[174]通过恒电流电沉积法在泡沫镍表面制备得到了 β-Co(OH)$_2$ 纳米片,前驱体材料只需要泡沫镍和 0.1M Co(NO$_3$)$_2$ 溶液,在电沉积过程中,NO$_3^-$ 和 H$_2$O 会生成 NO$_2^-$ 和 OH$^-$,OH$^-$ 与 Co^{2+} 结合从而生成 β-Co(OH)$_2$。Qi 等[175]在覆盖有 Ni/Cu 金属的导电基底上通过恒电流密度电沉积生长 NiCo-LDH 纳米片阵列,得到的样品均匀分布在导电基底上。电沉积制备纳米材料的优点是操作简单、生成速度快,缺点是制备得到的样品量少,无法大规模批量制备,且制备过程可控性差,目前仍需对制备工艺进行修饰和改善。

溶液中存在不同的阳离子(2种及以上),它们均匀地分散在溶液中共同存在,共沉淀法通过加入一种或多种物质,改变条件,打破原来的和平状态,使溶液中发生沉淀反应。通过这种反应得到的沉淀物一般都是均一稳定的,而加入的这种促使反应发生的物质就是沉淀剂。共沉淀法是合成 LDH 的普遍方法,被大家广泛采用。利用共沉淀法合成 LDH,基本步骤是将 2 种或 3 种一定量目标金属离子晶体盐均匀分散在溶液中,通过加入沉淀剂(NaOH 或碱性盐 Na$_2$CO$_3$ 等),改变均相溶液中的 pH,使溶液中的金属离子发生沉淀反应而得到需要的 LDH,如果需要,在沉淀过程中还可以通过加热升高体系的温度。共沉淀法操作简单,运用广泛,但是存在得到的 LDH 样品结晶性差和有杂质等问题。Silva 等[176]通过共沉淀法合成了一系列 LDH(ZnCr-LDH、ZnTi-LDH 等),并将得到的 LDH 应用在光催化产 O$_2$ 中,取得了令人振奋的成果。Wang 等[177]利用简单的共沉淀法成功制备了 CoAl-LDH 纳米片。

(2)过渡金属氢氧化物在印刷电子中的应用 赝电容的电容量既包括电荷在电极/电解液界面的双电层储能过程,也包括电荷在活性物质表面发生法拉第氧化还原反应的储能过程,因此,赝电容器的比容量一般比双电层电容器更高。在超级电容器电极材料的研究中,主要有碳材料、金属氧化物/氢氧化物和导电聚合物3类电极材料。由于其来源方便、价格低廉,有较高的比表面积、良好的导电性及稳定的化学性质等优点,碳材料是应用最早及产业化技术最成熟的电极材料。与传统的碳基材料相比,氢氧化物具有更高的能量密度和电化学稳定性。

(3)典型的金属氢氧化物 $Co(OH)_2$ 具有层状的水镁石结构,较大的层间距,很好的电化学循环稳定性,理论比容量高达3460F/g,非常有望成为下一代超级电容器的电极材料,近年来已经引起了越来越多研究者的关注。目前发现 $Co(OH)_2$ 有两种晶体结构,α-和β-。$β-Co(OH)_2$ 为六方晶系型,即OH-ABAB…排列,均为八面体配位,八面体共边连接成 $[M(OH)_2]_n$ 层型分子,每个 OH^- 在同一层中与3个Co原子配位成键,并与3个 OH^- 接触。而 $α-Co(OH)_2$ 是水滑石层状结构,其中层与层之间夹杂着一些无机离子(如 NO_3^-、CO_3^{2-}、Cl^-)。

氢氧化钴是制造镍氢、镍镉、锂离子等高能充电电池的关键材料之一,作为添加剂能显著提高电极的导电性和充电效率、提高充放电循环寿命、提高活性物质的利用率等。氢氧化钴除了直接用于电池中做添加剂外,也是制备锂离子电池正极材料钴酸锂 $LiCoO_2$ 的优良前驱体。

$Ni(OH)_2$ 具有优良的氧化还原活性,理论比容量高达2082F/g,并且价格低廉,非常有望成为超级电容器用电极材料 RuO_2 的替代品,因此在科技和应用领域吸引了越来越多研究者的关注。与 $Co(OH)_2$ 一样,$Ni(OH)_2$ 也有两种晶体结构,α-和β-。理论上,$α-Ni(OH)_2$ 比 $β-Ni(OH)_2$ 拥有更大的层间距,因此具有更好的电化学活性。

氢氧化镍是镍氢电池中正极的活性材料,制备方法很多。从化学角度来讲,氢氧化镍的制备很简单:在碱性溶液的条件下,镍离子与氢氧根离子结合生产氢氧化镍沉淀。但一般方法生成的氢氧化镍易形成胶体沉淀,给后续洗涤、脱水造成很大困难,这样的颗粒无论在形貌上还是结构上都不能满足高容量二次电池特别是Mn/Ni电池对正极材料的需求,为了满足这个需求,需要制备堆积密度高、电化学活性高的氢氧化镍。

复习思考题

1. 无机导电材料主要包括哪些材料?在印刷电子中的应用有哪些?
2. 纳米无机导电材料相对普通材料在印刷方面有什么优势?
3. 金属纳米材料的"自下而上法"和"自上而下法"是什么,分别包括哪些制备方法?制备方法中的哪些因素会影响金属纳米材料的性质?
4. 碳纳米管和石墨烯的制备方法有哪些,这些制备方法都有什么优缺点?
5. 简要说明MXene的潜在应用领域。

参 考 文 献

[1] PERELAER J, SMITH P J, MAGER D, et al. Printed Electronics: The Challenges Involved in Printing Devices, Interconnects, and Contacts Based on Inorganic Materials [J]. Journal of Materials Chemistry, 2010, 20.

[2] 王小菊, 王琪, 于艺铭, 等. 纳米银导电油墨的制备及性能研究 [J]. 贵金属, 2019, 40 (2): 5.

[3] LEE B, KIM Y, YANG S, et al. A low-cure-temperature copper nano ink for highly conductive printed electrodes [J]. China Printing & Packaging Study, 2009, 9 (2-supp-S): e157-e160.

[4] 郭少青, 董弋, 孙万兴, 等. 纳米银的制备及在导电浆料中的应用 [J]. 功能材料, 2020, 51 (11): 10.

[5] 董维国, 陈岁元, 张继良, 等. 微细银粉的制备与应用 [J]. 材料与冶金学报, 2002, 001 (003): 171-175, 205.

[6] 司民真, 武荣国, 李世荣. 纳米银的制备及有关光学性质简介 [J]. 楚雄师范学院学报, 1999, (03): 4-8.

[7] 翟丹丹. 纳米银胶与导电喷墨的制备及在柔性电路的应用 [D]. 北京: 北京化工大学, 2012.

[8] 黄小萃, 林红, 陈宇岳. 芦荟纳米银的制备及其对真丝织物的抗菌整理 [J]. 丝绸, 2009, (10): 4.

[9] XU J, YIN J S, MA E. Nanocrystalline Ag formed by low-temperature high-energy mechanical attrition [J]. Nanostructured Materials, 1997, 8 (1): 91-100.

[10] 鲍久圣, 阴妍, 刘同冈, 等. 蒸发冷凝法制备纳米粉体的研究进展 [J]. 机械工程材料, 2008, (2): 4.

[11] 杨磊. 液相还原法制备纳米银胶体 [D]. 天津: 天津大学, 2008.

[12] 张卫华, 王红理, 刘晖. 蒸发冷凝法制备铜纳米粉 [J]. 青海大学学报 (自然科学版), 2007, 25 (2): 3.

[13] 何发泉, 李勇军. 银粉的用途和制备 [J]. 中国粉体技术, 2001, 7 (3): 3.

[14] WU Y L, LI Y N, LIU P, et al. Studies of gold nanoparticles as precursors to printed conductive features for thin-film transistors [J]. Chemistry of Materials, 2006, 18 (19): 4627-4632.

[15] 钱逸泰. 结晶化学导论 [M]. 合肥: 中国科学技术大学出版社, 2005.

[16] KIM S H, HONG K, XIE W, et al. Electrolyte-Gated Transistors for Organic and Printed Electronics [J]. Advanced Materials, 2013, 25 (13): 1822-1846.

[17] 田晓霞, 张武森, 赵云飞, 等. 化学还原法制备不同形貌的纳米银粉 [J]. 信息记录材料, 2010, (04): 23-26.

[18] CHEN S, LIU K, LUO Y, et al. In situ preparation and sintering of silver nanoparticles for low-cost and highly reliable conductive adhesive [J]. International Journal of Adhesion & Adhesives, 2013, 45: 138-143.

[19] PHAM L Q, SOHN J H, KIM C W, et al. Copper nanoparticles incorporated with conducting polymer: Effects of copper concentration and surfactants on the stability and conductivity [J]. Journal of Colloid and Interface Science, 2012, 365 (1): 103-109.

[20] IDA K, TOMONARI M, SUGIYAMA Y, et al. Behavior of Cu nanoparticles ink under reductive calcination for fabrication of Cu conductive film [J]. Thin Solid Films, 2012, 520 (7): 2789-2793.

[21] SUN Y, XIA Y. Shape-Controlled Synthesis of Gold and Silver Nanoparticles [J]. Science, 2010, 298 (10): 2176-2179.

[22] YANG J, PAN J. Hydrothermal synthesis of silver nanoparticles by sodiumalginate and their applications in surface-enhanced Raman scattering and catalysis [J]. Acta Materialia, 2012, 60(12): 4753-4758.

[23] 刘艳娥, 尹荔松, 范海陆. 水热法制备球形纳米银粒子及其表征 [J]. 材料导报, 2010, 24 (16): 132-134, 144.

[24] 曾杰, 夏晓虎, 张强, 等. 以单晶银纳米方块为液相外延生长晶种的纳米晶形貌可控合成方法

[J]. 中国科学（化学），2012，42（11）：8.

[25] SILVERT. P, HERRERA-URBINA R, DUVAUCHELLE N, et al. Preparation of colloidal silver dispersions by the polyol process. Part 1-Synthesis and characterization [J]. Journal of Materials Chemistry, 1996, 6 (4): 573-577.

[26] SILVERT P Y, HERRERA-URBINA R, TEKAIA-ELHSISSEN K. Preparation of colloidal silver dispersions by the polyolprocess [J]. Journal of Materials Chemistry, 1997, 7 (2): 293-299.

[27] 汤皎平. 水合肼还原法制备银纳米粒子 [J]. 科学技术与工程，2005，16（5）：1187-1188，1192.

[28] PARK S, SEO D, LEE J. Preparation of Pb-free silver pastecontaining nanoparticles [J]. Colloids and Surfaces A: Physicochemica land Engineering Aspects, 2008, 313-314: 197-201.

[29] KOSMALA A, WRIGHT R, ZHANG Q, et al. Synthesis of silver nano particles andfabrication of aqueous Ag inks for inkjet printing [J]. Materials Chemistry and Physics, 2011, 129 (3): 1075-1080.

[30] 饶竹君. 水基纳米银导电墨水的制备及在柔性基材上的应用研究 [D]. 上海：东华大学，2016.

[31] 王小叶，刘建国，曹宇，等. 化学还原法制备纳米银颗粒及纳米银导电浆料的性能 [J]. 贵金属. 2011，32（2）：14-18.

[32] 顾大明，高农，程谨宁. 次磷酸盐液相还原法快速制备纳米银粉 [J]. 精细化工，2002，19（11）：634-635，674.

[33] 陈大鹏. 纳米银的可控制备及其应用研究 [D]. 武汉：华中科技大学，2010.

[34] 张万忠. 纳米银的可控制备与形成机制研究 [D]. 武汉：华中科技大学，2007.

[35] 严雪峰. 纳米银活性炭纤维的制备及性能研究 [D]. 无锡：江南大学，2017.

[36] 王林. 微电子工业用银浆导电填料的制备研究 [D]. 成都：电子科技大学，2015.

[37] YANG Z Q, QIAN H J, CHEN H X, et al. One-pot hydrothermal synthesisof silver nanowires via citrate reduction [J]. Journal of Colloid and Interface Science, 2010, 352 (2): 285-291.

[38] DONG X, JI X, WU H, et al. Shape Control of Silver Nanoparticles by Stepwise Citrate Reduction [J]. Journal of Physical Chemistry C, 2009, 113 (16): 6573-6576.

[39] ELSUPIKHE R F, AHAMAD M B, SHAMELI K, et al. Photochemical Reduction as a Green Method for the Synthesis and Size Control of Silver Nanoparticles in K-Carrageenan [J]. IEEE Transactions on Nanotechnology, 2016, 15 (2): 209-213.

[40] PAL A, PAL T. Silver nanoparticle aggregate formation by a photochemical method and its application to SERS analysis [J]. Journal of Raman Spectroscopy, 1999, 30 (3): 199-204.

[41] 王春来，关静，田丰. 海藻酸钠光化学还原法制备纳米银 [J]. 材料导报，2015，29（8）：36-39.

[42] 张伟，谈发堂，乔学亮，等. 光化学还原法制备纳米银溶胶 [J]. 材料导报，2012，26：32-35.

[43] 钟福新，蒋治良，李芳，等. 纳米银胶的光化学制备及其共振散射光谱研究 [J]. 光谱学与光谱分析，2000，20（5）：724-726.

[44] 刘顺彭，梁真飞，王欢，等. 树叶状纳米银的电化学制备及表面拉曼增强效应 [J]. 人工晶体学报，2014，43（7）：1751-1755.

[45] XU G N, QIAO X L, QIU X L, et al. Green synthesis of highly pure nano-silver sols-electrolysis [J]. Rare Metal Mat Eng, 2013 (42): 249-253.

[46] ZHU J J, LIAO X H, ZHAO X N, et al. Preparation of silver nanorodsby electrochemical methods [J]. Materials Letters, 2001, 49 (2): 91-95.

[47] RABINAL M K, KALASAD M N, PRAVEENKUMAR K, et al. Electrochemical synthesisand optical properties of organically capped silver nanoparticles [J]. Journal of Alloysand Compounds, 2013, 562: 43-47.

[48] 卢季红. 微波法制备纳米银及其表征 [J]. 贵州大学学报（自然科学版），2016，33（05）：10-13.

[49] 乔自鹏, 王奇志, 杨道茂, 等. 真菌介导纳米银生物合成的研究进展 [J]. 生物技术通报, 2021, 37 (3): 185-197.

[50] 黄晓丹, 李先学. 微生物还原法制备纳米银颗粒 [J]. 福建师大福清分校学报, 2015 (2): 84-90.

[51] 艾重阳, 赵茜茜, 吴宛芹, 等. 生物合成的银纳米粒子医学应用潜力 [J]. 生命科学, 2020, 32 (6): 11.

[52] WANG W, HUANG J, LI Q, et al. Nature factory of silver nanowires: Plant-mediated synthesis using broth of Cassia fistula leaf [J]. Chemical Engineering Journal, 2010.

[53] 黄加乐, 高艺羨, 林丽芹, 等. 栀子干粉及其水提液还原制备单晶银纳米线 [C]. 中国化学会第28届学术年会论文集, 2012.

[54] 林源, 林丽芹, 林文爽, 等. 中草药还原法制备银纳米颗粒及其抗菌性能 [J]. 精细化工, 2011, 28 (8): 6.

[55] 黄加乐. 银纳米材料和金纳米材料的植物生物质还原制备及应用初探 [D]. 厦门: 厦门大学, 2009.

[56] 钱俊, 苏亚兰, 周奕华, 等. 纳米铜导电油墨的制备及其应用 [J]. 包装学报, 2014, 6 (4): 5.

[57] 邓吨英, 肖斐. 纳米铜油墨和铜导电薄膜的制备方法: 201210393141.5 [P]. 2012-10-16.

[58] 李慧芝, 张培志, 许崇娟. 一种3D打印无机粉末成型材料的制备方法: 201410092397.1 [P]. 2014-03-13.

[59] 李晖云. 一种用于3D打印的低反射率球形铜粉的制备方法: 201611232349.3 [P]. 2016-12-28.

[60] MOONEN P F, YAKIMETS I, HUSKENS J. Fabrication of transistors on flexible substrates: from mass-printing to high-resolution alternative lithography strategies [J]. Advanced Materials, 2012, 24 (41): 5526-5541.

[61] ABDULLA M, KUSUMOTO Y, MURUGANANDHAM M. Simple new synthesis of copper nanoparticles in water/acetonitrile mixed solvent and their characterization [J]. Materials letters, 2009, 63 (23): 2007-2009.

[62] YU C, MEI L L, HUA C Z. Large-Scale Synthesis of High-Quality Ultralong Copper Nanowires [J]. Langmuir, 2005, 21: 3746-3748.

[63] VASEEM M, LEE K M, KIM D Y, et al. Parametric study of cost-effective synthesis of crystalline copper nanoparticles and their crystallographic characterization [J]. Materials Chemistry & Physics, 2011, 125 (3): 334-341.

[64] KOROLEVA M Y, KOVALENKO D A, SHKINEV V M, et al. Synthesis of copper nanoparticles stabilized by polyoxyethylenesorbitan monooleate [J]. Russian Journal of Inorganic Chemistry, 2011, 56 (1): 6-10.

[65] WANG Y, CHEN P, LIU M. Synthesis of well-defined copper nanocubes by a one-pot solution process [J]. Nanotechnology, 2006, 17 (24): 6000.

[66] YANG J G, ZHOU Y L, OKAMOTO T, et al. Preparation of Oleic Acid-capped Copper Nanoparticles [J]. Chemistry Letters, 2006, 35 (10): 1190-1191.

[67] KIM D, HEON S, PARK B K. Synthesis and size controlled of mono-disperse copper nanoparticles by polyol method [J]. Journal of Colloid and Science, 2007, 311: 417-424.

[68] MOTT D, GALKOWSKI J, WANG L, et al. Synthesis of size-controlled and shaped copper nanoparticles [J]. Langmuir, 2007, 23 (10): 5740-5745.

[69] SUN L, ZHAO Y, GUO W, et al. Microemulsion-based synthesis of copper nanodisk superlattices [J]. Applied Physics A, 2011, 103 (4): 983-988.

[70] 陶菲菲, 徐正. 枝状晶体铜的电化学制备 [J]. 材料工程, 2008 (10): 4.

[71] 刘晓磊, 何建平, 周建华, 等. 模板法电化学沉积超长铜纳米线制备及其性能 [J]. 稀有金属材料与工程, 2007.

[72] LI J, WANG L, LIU L, et al. Synthesis of tetrahexahedral Au nanocrystals with exposed high-index surfaces [J]. Chemical communications, 2010, 46 (28): 5109-5111.

[73] ZHANG J, LANGILLE M R, PERSONICK M L, et al. Concave cubic gold nanocrystals with high-index facets [J]. Journal of the American Chemical Society, 2010, 132 (40): 14012-14014.

[74] WILCOXON J P, PROVENCIO P P. Heterogeneous growth of metal clusters from solutions of seed nanoparticles [J]. Joumal of the American Chemical Society, 2004, 126 (20): 6402-6408.

[75] ZHAN G, HUANG J, LIN L, et al. Synthesis of gold nanoparticles by Cacumen Platyaladi leaf extract and its simulated solution: toward the plant-mediated biosynthetic mechanism [J]. Journal of Nanoparticle Research, 2011, 13: 4957-4968.

[76] ANDERSSON H, MANUILSKIY A, UNANDER T, et al. Inkjet printed silver nanoparticle humidity sensor with memory effect on paper [J]. IEEE Sensors Journal, 2012, 12 (6): 1901-1905.

[77] CAI G, DARMAWAN P, CUI M, et al. Highly Stable Transparent Conductive Silver Grid/PEDOT:PSS Electrodes for Integrated Bifunctional Flexible Electrochromic Supercapacitors [J]. Advanced Energy Materials, 2016, 6 (4): 1501882.

[78] WANG J, CHEN H, ZHAO Y, et al. Programmed ultrafast scan welding of Cu nanowires network with pulsed ultraviolet laser beam for transparent conductive electrodes and flexible circuits [J]. ACS Applied Materials & Interfaces, 2020, 12 (31): 3521-3522.

[79] ALLEN M L, JAAKKOLA K, NUMMILA K, et al. Applicability of metallic nanoparticle inks in RFID applications [J]. IEEE Transactions on Components and Packaging Technologies, 2009, 32 (2): 325-332.

[80] 谢广宇, 吕晗, 陈雪, 等. 富勒烯 C_{60} 的发现、结构、性质与应用 [J]. 炭素, 2021 (3): 34-42.

[81] HEATH J R, O'BRIEN S C, ZHANG Q L, et al. Lanthanum complexes of spheroidal carbon shells [J]. Journal of the American Chemical Society, 1985, 107 (25): 7779-7780.

[82] GENG J, MIYAZAWA K I, HU Z, et al. Fullerene-related nanocarbons and their applications [J]. Journal of Nanotechno logy, 2012 (Pt. 2): 359-360.

[83] DUA V, SURWADE S P, AMMU S, et al. All-organic vapor sensor using inkjet-printed reduced graphene oxide [J]. Angewandte Chemie International Edition, 2010, 49 (12): 2154-2157.

[84] WANG S, ANG P K, WANG Z, et al. High mobility, printable, and solution-processed graphene electronics [J]. Nano letters, 2010, 10 (1): 92-98.

[85] KROTO H W, HEATH J R, OBRIEN S C, et al. C_{60}: Buckminsterfullerene [J]. Nature, 1985, 318 (6042): 162-163.

[86] HOWARD J B, MCKINNON J T, JOHNSON M E, et al. Production of C_{60} and C_{70} fullerenes in benzene-oxygen flames [J]. The Journal of Physical Chemistry, 1992, 96 (16): 6657-6662.

[87] 王浩, 宗楠, 陈中正, 等. 富勒烯制备与提纯方法研究进展 [J]. 材料导报, 2021, 35 (S01): 7.

[88] POPE C J, MARR J A, HOWARD J B. Chemistry of fullerenes C_{60} and C_{70} formation in flames [J]. Journal of Physical Chemistry, 1993, 97 (42): 11001-11013.

[89] BAUM T, LöFFLER S, LöFFLER P, et al. Fullerene ions and their relation to PAH and soot in low-pressure hydrocarbon flames [J]. Berichte der Bunsengesellschaft für physikalische Chemie, 1992, 96

[90] ANCTIL A, BABBITT C W, RAFFAELLE R P, et al. Material and Energy Intensity of Fullerene Production [J]. Environmental Science & Technology, 2011, 45 (6): 2353-2359.

[91] PARK H S. VASCHENKO S P, KARTAEV E V, et al. Plasma-Chemical Treatment of Process Gases with Low-Concentration Fluorine-Containing Components [J]. Plasma Chemistry and Plasma Processing, 2017, 37: 273-286.

[92] KIM K S, KIM T H. Nanofabrication by thermal plasma jets: From nanoparticles to low-dimensional nanomaterials [J]. Journal of Applied Physics, 2019, 125 (7): 070901.

[93] YOSHIE, KEN-ICHI, KASUYA, et al. Novel method for C_{60} synthesis: A thermal plasma at atmospheric pressure [J]. Applied Physics Letters, 1992, 61 (23): 2782-2783.

[94] ABBAS A, KATTUMENU R, TIAN L, et al. Molecular Linker-Mediated Self-Assembly of Gold Nanoparticles: Understanding and Controlling the Dynamics [J]. Langmuir the Acs Journal of Surfaces & Colloids, 2013, 29 (1): 56-64.

[95] TORRISI F, HASAN T, WU W, et al. Ink-Jet Printed Graphene Electronics [J]. ACS nano, 2012, 6 (4): 2992-3006.

[96] HUANG L, HUANG Y, LIANG D, et al. Graphene-Based Conducting Inks for Direct Inkjet Printing of Flexible Conductive Patterns and Their Applications in Electric Circuits and Chemical Sensors [J]. 纳米研究（英文版），2011, 004 (007): 675-684.

[97] HATTA N, MURATA K. Very long graphitic nano-tubules synthesized by plasma-decomposition of benzene [J]. Chemical physics letters, 1994, 217 (4): 393-402.

[98] 王金刚, 彭汝芳, 俞海军, 等. 电弧法合成富勒烯研究 [J]. 西南科技大学学报, 2008 (03): 1-4.

[99] BAKER R. Catalytic Growth of Carbon Filaments [J]. Carbon, 1989, 27 (3): 315-323.

[100] LI W, LI F, LI H, et al. Flexible Circuits and Soft Actuators by Printing Assembly of Graphene [J]. Acs Applied Materials & Interfaces, 2016, 8 (19): 12369-12376.

[101] LI L, GUO Y, ZHANG X, et al. Inkjet-printed highly conductive transparent patterns with water based Ag-doped graphene [J]. Journal of Materials Chemistry A, 2014, 2 (44): 19095-19101.

[102] 吴楠楠. 石墨烯化学气相沉积法制备及应用 [D]. 南京: 南京大学, 2021.

[103] BERGER C, SONG Z, LI T, et al. Ultrathin epitaxial graphite: 2D electron gas properties and a route toward graphene-based nanoelectronics [J]. The journal of physical chemistry, B. Condensed matter, materials, surfaces, interfaces & biophysical, 2004, 108 (52): 19912-19916.

[104] NOVOSELOV K S, GEIM A K, MOROZOV S V, et al. Electric field effect in atomically thin carbon films [J]. Science (New York, NY), 2004, 306 (5696): 666-669.

[105] WINTER M, BRODD R J. What are batteries, fuel cells, and supercapacitors? [J]. Chemical Reviews, 2004, 104 (10): 4245-4269.

[106] SIMON P, GOGOTSI Y, DUNN B. Where Do Batteries End and Supercapacitors Begin? [J]. Science, 2014, 343 (6176): 1210-1211.

[107] 刘思达, 孔维纳, 郝连庆. 新型碳材料在锂离子电池中的应用研究进展 [J]. 新材料产业, 2022, 328 (03): 26-30.

[108] 李钊, 孙现众, 李晨, 等. 介孔石墨烯/炭黑复合导电剂在锂离子电容器负极中的应用 [J]. 储能科学与技术, 2017, 6 (6): 1264-1272.

[109] 李婷婷, 陈炜, 冯德圣, 等. 碳纳米管导电剂在三元锂离子电池中的研究 [J]. 电源技术, 2018, 42 (6): 809-811.

[110] WANG J, MUSAMEH M. Carbon nanotube screen-printed electrochemical sensors [J]. Analyst, 2004, 129 (1): 1-2.

[111] OVERGAARD M H, KUHNEL M, Hvidsten R, et al. Highly conductive semitransparent graphene circuits screen-printed from waterbased graphene oxide ink [J]. Adv Mater Technol, 2017, 2: 1700011.

[112] LIXINMO, DONGZHILIU, LI W, et al. Effects of dodecylamine and dodecanethiol on the conductive properties of nano-Ag films [J]. Applied Surface Science, 2011, 257 (13): 5746-5753.

[113] LEE H H, CHOU K S, HUANG K C. Inkjet printing of nanosized silver colloids [J]. Nanotechnology, 2005, 16 (10): 2436.

[114] DICKEY M D, CHIECHI R C, LARSEN R J, et al. Eutectic gallium-indium (EGaIn): a liquid metal alloy for the formation of stable structures in microchannels at room temperature [J]. Advanced functional materials, 2008, 18 (7): 1097-1104.

[115] 王磊, 刘静. 液态金属印刷电子墨水研究进展 [J]. 影像科学与光化学, 2014, 32 (4): 11.

[116] GAO Y, LI H, JING L. Direct Writing of Flexible Electronics through Room Temperature Liquid Metal Ink [J]. Plos One, 2012, 7 (9): 45485.

[117] ZHENG Y, HE Z Z, YANG J, et al. Personal electronics printing via tapping mode composite liquid metal ink delivery and adhesion mechanism [J]. Rep, 2014, 4 (1): 4588.

[118] MUTH J T, VOGT D M, TRUBY R L, et al. Embedded 3D printing of strain sensors within highly stretchable elastomers [J]. Adv Mater, 2014, 26 (36): 6307-6312.

[119] XU C, MA B, YUAN S, et al. High-Resolution Patterning of Liquid Metal on Hydrogel for Flexible, Stretchable, and Self-Healing Electronics [J]. Advanced Electronic Materials, 2019, 6 (1): 1900721.

[120] TANG L, CHENG S, ZHANG L, et al. Printable Metal-Polymer Conductors for Highly Stretchable Bio-Devices [J]. iScience, 2018, 4: 302-311.

[121] YALCINTAS E P, OZUTEMIZ K B, CETINKAYA T, et al. Soft electronics manufacturing using microcontact printing [J]. Advanced Functional Materials, 2019, 29 (51): 1906551.

[122] TABATABAI A, FASSLER A, USIAK C, et al. Liquid-phase gallium-indium alloy electronics with microcontact printing [J]. Langmuir, 2013, 29 (20): 6194-6200.

[123] QUSBA A, RAMRAKHYANI A K, SO J, et al. On the Design of Microfluidic Implant Coil for Flexible Telemetry System [J]. IEEE Sensors Journal, 2014, 14 (4): 1074-1080.

[124] JEONG S H, HAGMAN A, HJORT K, et al. Liquid alloy printing of microfluidic stretchable electronics [J]. Lab on a Chip, 2012, 12 (22): 4657-4664.

[125] KOO H J, So J H, DICKEY M D, et al. Towards All-Soft Matter Circuits: Prototypes of Quasi-Liquid Devices with Memristor Characteristics [J]. Advanced Materials, 2011, 23 (31): 3559-3564.

[126] KRAMER R K, MAJIDI C, SAHAI R, et al. Soft curvature sensors for joint angle proprioception [C]. 2011 IEEE/RSJ International Conference on Intelligent Robots and Systems, 25-30 Sept. 2011. 1919-1926.

[127] LEE G H, LEE Y R, KIM H, et al. Rapid meniscus-guided printing of stable semi-solid-state liquid metal microgranular-particle for soft electronics [J]. Nature Communications, 2022, 13 (1): 2643.

[128] ZHANG C J, MCKEON L, KREMER M, et al. Additive-Free MXene Inks and Direct Printing of Micro-supercapacitors [J]. Nature Communications, 2019, 10 (1): 1795.

[129] 孟祥有, 赵静, 潘雅琴, 等. MXene 在柔性与印刷电子领域中的研究进展 [J]. 数字印刷, 2021.

[130] NAGUIB M, KURTOGLU M, PRESSER V, et al. Two-dimensional nanocrystals produced by exfoliation of Ti_3AlC_2 [J]. Advanced materials, 2011, 23 (37): 4248-4253.

[131] NAGUIB M, MOCHALIN V N, BARSOUM M W, et al. 25th anniversary article: MXenes: a new family of two-dimensional materials [J]. Advanced Materials, 2014, 26 (7): 992-1005.

[132] GHIDIU M, LUKATSKAYA M R, ZHAO M Q, et al. Conductive two-dimensional titanium carbide 'clay' with high volumetric capacitance [J]. Nature, 2014, 516 (7529): 78-81.

[133] 陈耀燕, 赵昕, 王哲, 等. 制备条件对 MXene 形貌、结构与电化学性能的影响 [J]. 高等学校化学学报, 2019, 40 (06): 1249-1257.

[134] PANG S Y, WONG Y T, YUAN S, et al. Universal Strategy for HF-free Facile and Rapid Synthesis of Two-Dimensional MXenes as Multifunctional Energy Materials [J]. Journal of the American Chemical Society, 2019, 141 (24): 9610-9616.

[135] LI Y, SHAO H, LIN Z, et al. A General Lewis Acidic Etching Route for Preparing MXenes with Enhanced Electrochemical Performance in Non-aqueous Electrolyte [J]. Nature Materials, 2020, 19 (8): 894-899.

[136] LI T, YAO L, LIU Q, et al. Fluorine-free Synthesis of High-purity Ti_3C_2Tx (T=OH, O) via Alkali Treatment [J]. Angewandte Chemie International Edition in English, 2018, 57 (21): 6115-6119.

[137] WANG L, ZHANG H, WANG B, et al. Synthesis and Electrochemical Performance of Ti_3C_2Tx with Hydrothermal Process [J]. Electronic Materials Letters, 2016, 12 (5): 702-710.

[138] FENG A, YU Y, JIANG F, et al. Fabrication and Thermal Stability of NH_4HF_2-etched Ti_3C_2 MXene [J]. Ceramics International, 2017, 43 (8): 6322-6328.

[139] SHEN K, LI B, YANG S. 3D Printing Dendrite-free Lithium Anodes Based on the Nucleated Mxene Arrays [J]. Energy Storage Materials, 2020, 24: 670-675.

[140] ABDOLHOSSEINZADEHS, SCHNEIDERR, VERMA A, et al. Turning Trash into Treasure: Additive Free MXene Sediment Inks for Screen-printed MicroSupercapacitors [J]. Advanced Materials, 2020, 32 (17): 2000716.

[141] WU C W, UNNIKRISHNAN B, CHEN I W, et al. Excellent Oxidation Resistive MXene Aqueous Ink for Micro-supercapacitor Application [J]. Energy Storage Materials, 2020, 25: 563-571.

[142] LI H, LI X, LIANG J, et al. Hydrous RuO_2 Decorated MXene Coordinating with Silver Nanowire Inks Enabling Fully Printed Micro-Supercapacitors with Extraordinary Volumetric Performance [J]. Advanced Energy Materials, 2019, 9 (15): 1970050.

[143] YANG L, ZHENG W, ZHANG P, et al. Freestanding Nitrogen-Doped $D-Ti_3C_2$/Reduced Graphene Oxide Hybrid Films for High Performance Supercapacitors [J]. Electrochimica Acta, 2019, 300: 349-356.

[144] YU P, CAO G, YI S, et al. Binder-free 2D Titanium Carbide (MXene)/Carbon Nanotube Composites for High-Performance Lithium-ion Capacitors [J]. Nanoscale, 2018, 10 (13): 5906-5913.

[145] 秦文峰, 符佳伟, 李亚云, 等. 层状 Ti_3C_2Tx/水性聚氨酯复合双层薄膜的制备及电磁屏蔽性能 [J]. 宇航材料工艺, 2021, 51 (03): 49-53.

[146] YUAN W, YANG J, YIN F, et al. Flexible and Stretchable MXene/Polyurethane Fabrics with Delicate Wrinkle Structure Design for Effective Electromagnetic Interference Shielding at a Dynamic Stretching Process [J]. Composites Communications, 2020, 19: 90-98.

[147] 赵颖, 高筠. 生物模板法制备纳米氧化镍 [J]. 河北联合大学学报 (自然科学版), 2014, 36 (1): 76-79.

[148] RAMBO C, CAO J, SIEBER H. Preparation and properties of highly porous, biomorphic YSZ ceram-

ics [J]. Materials Chemistry and Physics, 2004, 87 (2-3): 345-352.

[149] 廉畅, 李长波, 赵国峥, 等. 生物模板法制备纳米金属氧化物的现状及展望 [J]. 应用化工, 2018, 47 (1): 150-154.

[150] 严晶晶. 以蛋白质为模板制备二氧化钛纳米材料及机理探讨 [D]. 天津: 南开大学, 2010.

[151] CHEN P Y, DANG X, KLUG M T, et al. Versatile three-dimensional virus-based template for dye-sensitized solar cells with improved electron transport and light harvesting [J]. ACS nano, 2013, 7 (8): 6563-6574.

[152] DEVI H S, AHMAD F, SHAH M A, et al. Microwave synthesis of nanoparticles and their antifungal activities [J]. Spectrochimica Acta Part A Molecular and Biomolecular Spectroscopy, 2019, 213: 337-341.

[153] SHARMA, APURBBA, KUMAR, et al. Microwave-material interaction phenomena: Heating mechanisms, challenges and opportunities in material processing [J]. Composites part a applied science & manufacturing, 2016, 81: 78-97.

[154] ARAUJO V D, AVANSI W, CARVALHO H, et al. CeO_2 nanoparticles synthesized by a microwave-assisted hydrothermal method: evolution from nanospheres to nanorods [J]. CrystEngComm, 2012, 14 (3): 1150-1154.

[155] 杨红萍, 李焕彩. 微波固相法合成纳米 ZnO 及其光催化性能研究 [J]. 现代化工, 2011, (S1): 3.

[156] JIANG X, HERRICKS T, XIA Y. CuO nanowires can be synthesized by heating copper substrates in air [J]. Nano letters, 2002, 2 (12): 1333-1338.

[157] DENG J, FU Q, LUO W, et al. Enhanced H_2S gas sensing properties of undoped ZnO nanocrystalline films from QDs by low-temperature processing [J]. Sensors and Actuators B (Chemical), 2016, 224: 153-158.

[158] 周天浩, 谭秋林, 郭涛, 等. 基于 CuO/CNT 气敏膜的无线丙酮气体传感器 [J]. 微纳电子技术, 2019, (4): 285-289.

[159] JI H, ZENG W, LI Y. Gas sensing mechanisms of metal oxide semiconductors: a focus review [J]. Nanoscale, 2019, 11 (47): 22664-22684.

[160] ZHU G, DENG L, WANG J, et al. Hydrothermal preparation and the capacitance of hierarchical MnO nanoflower [J]. Colloids & surfaces a physicochemical & engineering aspects, 2013, 434 (Complete): 42-48.

[161] HAN F, LI W C, LI M R, et al. Fabrication of superior-performance SnO_2@C composites for lithium-ion anodes using tubular mesoporous carbon with thin carbon walls and high pore volume [J]. Journal of Materials Chemistry, 2012, 22 (19): 9645-9651.

[162] 桂正涛, 王文利, 李建康, 等. 二氧化钛的制备、改性及其应用研究 [J]. 现代盐化工, 2021, 48 (5): 12-14, 19.

[163] 田从学. 硫酸法钛白短流程工艺水热合成高纯二氧化钛 [J]. 钢铁钒钛, 2021, 42 (03): 25-30.

[164] 张翱, 张春梅, 吴魏霞, 等. 丝网印刷制备染料敏化太阳能电池 [J]. 光谱学与光谱分析, 2021, 41 (7): 4.

[165] MAI Y, WANG X, XIANG J, et al. CuO/graphene composite as anode materials for lithium-ion batteries [J]. Electrochimica Acta, 2011, 56 (5): 2306-2311.

[166] COLEMAN J N, LOTYA M, O'NEILL A, et al. Two-dimensional nanosheets produced by liquid exfoliation of layered materials [J]. Science, 2011, 331 (6017): 568-571.

[167] SMITH R J, KING P J, LOTYA M, et al. Large-scale exfoliation of inorganic layered compounds in

[168] CHEN W, ZHAO J, ZHANG J, et al. Oxygen-assisted chemical vapor deposition growth of large single-crystal and high-quality monolayer MoS_2 [J]. Journal of the American Chemical Society, 2015, 137 (50): 15632-15635.

[169] WANG Y F, ZHAO S X, YU L, et al. Design of multiple electrode structures based on nano Ni_3S_2 and carbon nanotubes for high performance supercapacitors [J]. Journal of Materials Chemistry A, 2019, 7 (13): 7406-7414.

[170] WANG H, XU K, ZENG D. Room temperature sensing performance of graphene-like SnS_2 towards ammonia [C]. IEEE SENSORS, IEEE, 2015: 1-4.

[171] 李培真, 陈龙. 二硫化钼催化析氢电极的构筑及其性能研究 [J]. 电子科技, 2020, 33 (6): 5.

[172] ADHIKARI H, RANAWEERA C, GUPTA R, et al. Facile Hydrothermal Synthesis of Molybdenum Disulfide (MoS_2) as Advanced Electrodes for Super Capacitors Applications [J]. Mrs Advances, 2016: 1-9.

[173] TONGAY S, ZHOU J, ATACA C, et al. Broad-range modulation of light emission in two-dimensional semiconductors by molecular physisorption gating [J]. Nano letters, 2013, 13 (6): 2831-2836.

[174] YUAN R, JIANG M, GAO S, et al. 3D mesoporous α-Co(OH)$_2$ nanosheets electrodeposited on nickel foam: A new generation of macroscopic cobalt-based hybrid for peroxymonosulfate activation [J]. Chemical Engineering Journal, 2020, 380: 122447.

[175] QI J, CHEN Y, LI Q, et al. Hierarchical NiCo layered double hydroxide on reduced graphene oxide-coated commercial conductive textile for flexible high-performance asymmetric supercapacitors [J]. Journal of power sources, 2020, 445 (Jan.1): 227342.

[176] SILVA C G, BOUIZI Y, FORNES V, et al. Layered double hydroxides as highly efficient photocatalysts for visible light oxygen generation from water [J]. Journal of the American Chemical Society, 2009, 131 (38): 13833-13839.

[177] LEI, WANG, DONG, et al. Layered assembly of graphene oxide and Co-Al layered double hydroxide nanosheets as electrode materials for supercapacitors [J]. Chemical communications (Cambridge, England), 2011, 47 (12): 3556-3558.

第3章 可印刷有机与复合导电材料

3.1 引　　言

有机化合物被普遍认为是绝缘体。直到20世纪70年代，美国物理学家A.J.Heeger、美国化学家A.G.MacDiarmid和日本化学家Hideki Shirakawa[1]共同研究发现聚乙炔分子在掺杂其他原子（如碘原子）时可以产生导电性质，有机导电材料的研究才正式拉开了序幕。经过几十年来科学家们对有机导电材料的深入研究，无论在分子结构的设计、导电机理的研究，还是实际应用等方面，都已取得了重大进展。有机导电材料的一大显著特征是具有高度可调控的电导率。例如，部分本征态高分子导电材料的电导率接近绝缘体，但经过一定的掺杂调控，电导率可以提升至数千S/cm的水平，接近金属导体。另外，部分有机导电材料在室温下具有可溶液化特点，可以在大面积柔性基材上进行低成本的印刷和涂布加工，形成图案化或可制备自支撑材料，因此在柔性半导体器件、印刷电子领域具有独特的应用前景。

在本章中，根据分子量不同，将有机导电材料分为有机导电聚合物和有机小分子半导体两大类。其中有机导电聚合物是指结构型导电聚合物，即具有分子本征共轭体系的导电聚合物，如聚噻吩、聚苯胺、聚吡咯、聚咔唑等。有机小分子半导体主要是指芳香碳氢化合物，包括并五苯、蒽、红荧烯等。相比于有机导电聚合物，有机小分子半导体受到的关注度较低，这主要是其在大规模制备、机械性能等方面相对弱势而导致的。然而，小分子材料往往可以适用更多的加工方式如气相沉积、真空溅射等，可以拓宽有机电子器件的设计策略和构筑手段。另外，有机小分子材料往往具有更明确的分子结构和微观堆积方式，可以更精准地实现性能预测和调控，因此，有机小分子半导体的研究和发展同样具有重要意义。

此外，本章还介绍了有机导电复合材料，包括两类。一类是以导电材料为介质，其他非导电聚合物为基体制备的填充复合型导电高分子材料。例如，在橡胶工业中，将橡胶与炭黑混炼后，复合材料的电导率可以达到10^{-2}S/cm。另一类是将一种有机导电材料与其他一种或多种导电材料进行复合制备的复合导电材料，例如为了提高某种导电聚合物的电导率，可以将其与碳纳米管复合等。

有机导电复合材料具有优异的电学特性与可加工性，分子设计性强，使其在有机发光二极管、有机太阳能电池及有机薄膜晶体管等领域，都得到了广泛的研究与应用。为满足印刷工艺要求，需先将有机小分子或聚合物材料制成具有印刷适性的墨水或浆料，再通过印刷技术制备各种电子器件。本章将讨论具有可印刷潜质的有机导电聚合物材料、有机小分子半导体材料及复合导电材料。

3.2 有机导电聚合物材料

有机导电聚合物也可称为导电高分子，其一般定义为：由碳、氢和氮、硫、氧等杂原子组成的具有本征导电性能的有机高分子材料。目前已知的导电聚合物材料的电导率可以涵盖整个半导体范围（$10^{-9} \sim 10^3$ S/cm），部分材料的电导率甚至可以与金属导体相当。1977 年日本筑波大学的 Shirakawa（白川英树）和宾夕法尼亚大学的 MacDiarmid、Heegner 教授发现：聚乙炔薄膜经 AsF_5 或 I_2 掺杂后呈现出明显的金属特性，电导率可达 10^3 S/cm，比掺杂前提高了十几个数量级，这被认为是最早发现的导电聚合物材料。此三位科学家因发现导电聚合物而获得了 2000 年的诺贝尔化学奖。之后，人们发现凡是具有单双键交替的共轭结构的高分子材料，都具有导电的潜质，通过适当的调控（如化学掺杂、二次掺杂、电化学掺杂等），即可得到不同电导率范围的导电高分子材料。常见的导电高分子材料有：聚乙炔、聚苯胺类、聚噻吩类、聚吡咯类、聚咔唑类等。图 3-1 展示了部分导电高分子的化学式。

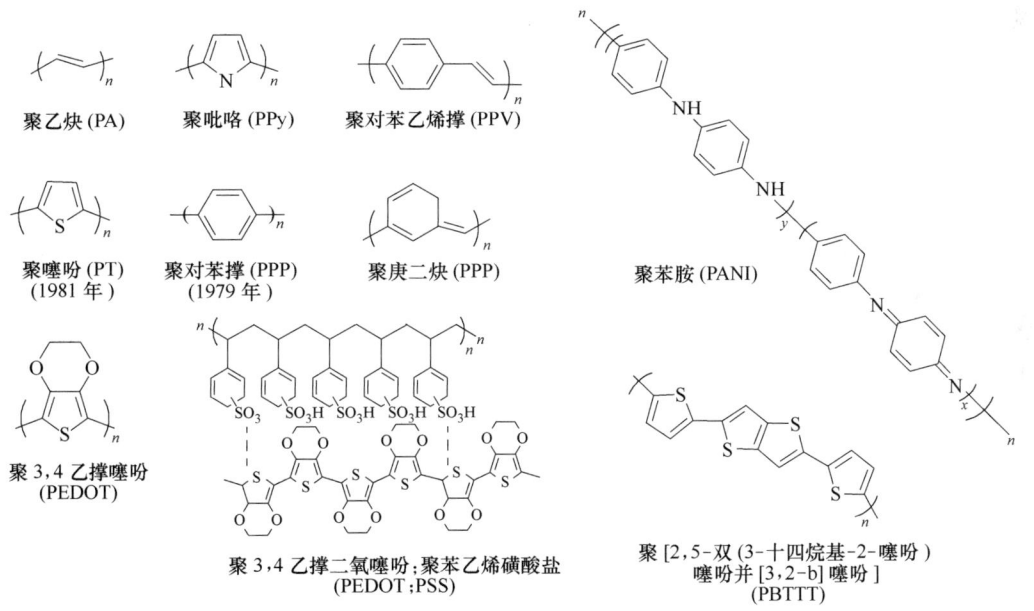

图 3-1 部分导电聚合物的化学结构示意图

材料在电场作用下能产生电流，是由于介质中存在能自由迁移的带电质点，这种带电质点称为载流子。载流子在电场作用下定向迁移即构成电流。常见载流子包括自由电子、空穴、正负离子及其他类型的荷电微粒。通常，导电材料的电导率正比于其载流子密度和载流子迁移率。虽然部分导电高分子材料已经可以具有与金属导体相当的电导率，但导电高分子材料的结构和导电方式与金属存在较大不同。在金属材料中，负责传递电荷的载流子是自由电子，而在导电高分子材料中，自由电子和空穴均参与导电，具有明显的半导体特性。特殊情况下，高分子材料中的正负离子也可以参与导电。

与金属相比，导电高分子材料质量轻、易成型、成本低、电导率范围宽且可调、结构多变,其独特的电学、光学及磁学性质,使得导电高分子可以克服静电积累、电磁波干扰等危害,在电极材料、电磁屏蔽材料、防腐材料、传感器材料、隐身材料、电致变色材料等领域具有广泛的应用。聚3,4-乙撑二氧噻吩(PEDOT)是研究最为广泛的导电聚合物之一。德国拜尔公司将3,4-乙撑二氧噻吩单体与水溶性聚合物聚苯乙烯磺酸(PSS)进行掺杂聚合,制得稳定的PEDOT:PSS导电高分子聚合物,PSS的存在使得这种材料具有良好的水溶性,因此具备了溶液加工性能,进而常被用于印刷电子领域。我国江西科技师范大学徐景坤等、中国科学院朱道本等、瑞典林雪平大学Crispin课题组、韩国高丽大学Joo等均对PEDOT体系有着较为深入的研究探索。

本小节将根据高分子材料的载流子不同,介绍导电聚合物的分类;讨论导电聚合物的导电机理、合成手段与常见应用。

3.2.1 具有不同载流子的导电聚合物

(1) 电子导电聚合物　电子导电聚合物的载流子是聚合物中的自由电子或空穴,载流子在电场作用下,能够在聚合物内做定向迁移形成电流。因此,聚合物内部存在足够多的具有定向迁移能力的自由电子或空穴,是聚合物具备导电能力的关键。

在有机化合物中,电子以4种形式存在:内层电子、σ电子、n电子、π电子。其中,只有π电子在孤立存在时具有一定的离域性。当有机化合物具有共轭结构时,π电子体系增大,电子的离域性增强,可移动范围扩大。当共轭结构足够大时,化合物即可提供自由电子。共轭体系越大,离域性也越大。因此,有机聚合物成为导体的必要条件,是应有能使其内部某些电子或空穴有跨键离域移动能力的大共轭结构。事实上,所有已知的电子导电型聚合物的共同结构特征,就是分子内具有大的共轭π电子体系。已知的电子导电聚合物,除了早期发现的聚乙炔外,大多为芳香单环、多环,以及杂环的共聚或均聚物。部分常见的电子导电聚合物的分子结构见表3-1。

表3-1　　部分电子导电聚合物的分子结构

名称	缩写	分子结构	电导率(S/cm)
聚乙炔	PA		10^3
聚吡咯	PPy		10^3
聚噻吩	PT		10^3
聚对苯撑	PPP		10^3
聚苯乙炔	PPV		10^3
聚苯胺	PANI		10^2

具有上述结构的聚合物，其电导率大多只处于半导体甚至绝缘体范围，还不能成为具有实用意义的导电材料，这可以从其分子轨道和能带理论的分析中得到合理的解释。

以聚乙炔为例，在其链状结构中，每 1 个结构单元（-CH-）中的碳原子外层有 4 个价电子，其中有 3 个电子构成 3 个 sp^2 杂化轨道，分别与 1 个氢原子和 2 个相邻的碳原子形成 σ 键。余下的 p 电子轨道在空间分布上与 3 个 σ 轨道构成的平面相垂直。在聚乙炔分子中相邻碳原子之间的 p 电子，在平面外相互重叠构成 π 键。图 3-2 中碳原子右上角的符号·表示未参与形成 σ 键的 p 电子。上述聚乙炔结构可以看成由众多享有一个未成对电子的 CH 自由基组成的长链，当所有碳原子处于同一平面内时，其未成对电子云在空间取向为相互平行，并互相重叠构成共轭 π 键。根据固态物理理论，这种结构应是一个理想的一维金属结构，π 电子应能在一维方向上自由移动，这是聚合物导电的理论基础。

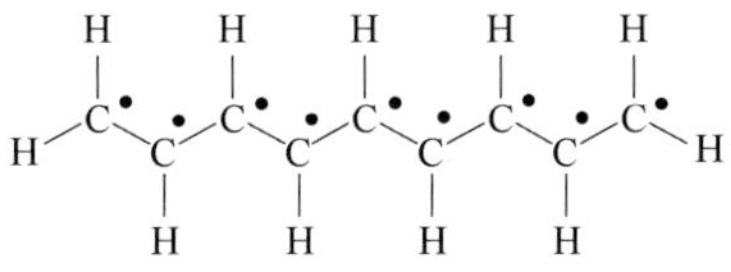

图 3-2 聚乙炔自由基形式

电子的相对迁移是导电的基础。但是，考虑到每个 CH 自由基结构单元 p 电子轨道中只有一个电子，而根据分子轨道理论，一个分子轨道中只有填充两个自旋方向相反的电子才能处于稳定态。因此，每个 p 电子占据一个轨道构成的上述线性共轭 π 电子体系，应是一个半充满能带，是非稳定态。它趋向于组成双原子对使电子成对占据其中一个分子轨道，而另一个成为空轨道。由于空轨道和占有轨道的能级不同，使原有 p 电子形成的能带分裂成两个亚带，一个为全充满能带，另一个为空带。两个能带在能量上存在着一个差值，即能隙（或称禁带），而导电状态下 p 电子离域运动，必须越过这个能级差。这一能级差的大小，决定了共轭型聚合物的导电能力。正是这一能级差的存在，决定了共轭型聚合物不是一个良导体，而是半导体。

纯净的导电聚合物或无缺陷的共轭结构高分子是不导电的。完全不含杂质的聚乙炔，其电导率很小。但共轭聚合物的能隙很小，电子亲和力较大，容易与适当的电子受体或电子给体发生电荷转移，经掺杂后导电性转好。如在聚乙炔中添加碘或五氟化砷等电子受体，聚乙炔的 π 电子向受体转移，电导率可增至 10^4 S/cm，达到金属导体水平。聚乙炔的电子亲和力很大，也可以接受作为电子给体的碱金属提供的电子而使电导率上升。这种因添加电子受体或电子给体来提高导电性能的方法，称为"掺杂"。"掺杂"一词在无机半导体和有机导电聚合物领域中的含义有所区别。无机半导体中的"掺杂"通常是指将晶格中的某些原子替换，或在晶格中加入额外的原子，或将晶格中的某个原子移除等手段。另外，无机半导体的掺杂量极低（万分之几），而有机导电聚合物的掺杂量很大，可高达 60% 甚至以上；在无机半导体中没有脱掺杂过程，而有机导电聚合物的掺杂/脱掺杂过程是可逆的。关于无机半导体的掺杂，本书不做详述。

在有机导电聚合物领域，掺杂就是在共轭结构聚合物上发生的电荷转移或氧化还原反应。共轭结构聚合物中的 π 电子有较高的离域程度，既表现出足够的电子亲和力，又表现出较低的电子离解能，视反应条件，聚合物链本身可能被氧化（失去或部分失去电子），也可能被还原（得到或部分得到电子），相应地发生"P 型掺杂"或"N 型掺杂"。以能带理论考察，掺杂都是为了在聚合物的空轨道中加入电子，或从占有轨道中拉出电子，进而改变现有 π 电子能带的能级，造成能量居中的半充满能带，减小能带间的能量差，使自由电子或空穴迁移时的阻力降低。

掺杂的方法包括化学掺杂和物理掺杂两大类。

化学掺杂包括气相掺杂、液相掺杂、电化学掺杂、质子酸掺杂等。气相掺杂与液相掺杂是掺杂剂直接与聚合物接触，完成氧化-还原过程。电化学掺杂是将聚合物涂覆在电极表面，或使单体在电极表面直接聚合成薄膜，改变电极的电位，表面的聚合物膜与电极之间发生电荷传递，聚合物失去或得到电子，变成氧化或还原状态，而电解液中的对离子扩散到聚合物膜中，保持聚合物膜的电中性。质子酸掺杂是向绝缘的共轭聚合物链上引入一个质子，使得聚合物链上电荷分布状态发生改变，质子本来携带的正电荷转移和分散到分子链上，相当于聚合物链失去一个电子而发生氧化掺杂。这种掺杂现象在聚乙炔中首先被观察到，聚苯胺表现得更突出。由于聚苯胺特殊的化学结构，在一定条件下，它的成盐反应就是掺杂反应。

除化学方法外，物理方法也可以实现导电聚合物的掺杂，如导电聚合物离子注入式掺杂，当注入 K^+ 时，聚合物则被 N 型掺杂。又如对导电聚合物进行"光激发"，当聚合物吸收一定波长的光后表现出某些导体或半导体性能，如导电、产生热电动势、发光等。

共轭聚合物经掺杂后，其电导率均有很大程度的提高，经掺杂导电聚合物材料的电导率见表 3-2。

表 3-2 经掺杂导电聚合物材料的电导率

导电聚合物	掺杂剂	电导率(S/cm)	导电聚合物	掺杂剂	电导率(S/cm)
顺式聚乙炔	无	1.7×10^{-9}	聚苯基乙炔	AsF_3	2.8×10^3
反式聚乙炔	无	4.4×10^{-9}	聚苯硫醚	AsF_3	2×10^2
顺式聚乙炔	AsF_3	3.5×10^3	聚吡咯	C	10^3
反式聚乙炔	Na	8.0×10	聚噻吩	C	10^2
聚对亚苯	AsF_3	5×10^2	聚吡啶	C	10

（2）离子导电聚合物　离子导电是在外加电场驱动力作用下，通过负载电荷的微粒——离子的定向移动来实现导电的过程。具有可以在外力驱动下相对移动的离子的物体称为离子导电体，以正、负离子为载流子的导电聚合物被称为离子导电聚合物，后者也是一类重要的导电材料。具有能定向移动的离子和对离子的溶解能力，是该类聚合物导电的前提条件，即含有体积相对较大的离子并允许其进行"扩散运动"，并且聚合物对离子具有一定的"溶解作用"。离子导电聚合物主要有含醚基的聚环氧乙烷和环氧丙烷、含酯基的聚丁二酸乙二醇酯和癸二酸乙二醇酯、含有胺基的聚乙二醇亚胺等。离子导电与电子导电不同。首先，离子的体积比电子大得多，不能在固体的晶格间自由移动，所以常见的大多数离子导电介质是液态的，原因是离子在液态介质中比较容易以扩散的方式定向移动；其次，离子可以带正电荷，也可以带负电荷，而在电场作用下正负电荷的移动方向是相反的，加上各种离子的体积、化学性质各不相同，因而表现出的物理化学性能也就千差万别。离子导电聚合物的导电能力与玻璃化转变温度及溶解能力等有着一定的关系；且其分子的亲水性与柔性较好，在一定温度下有类似液体的特性，允许相对体积较大的正负离子在聚合物中迁移。例如，当以聚苯乙烯磺酸（PSS）或者聚苯乙烯磺酸钠（PSSNa）为对离子时，PEDOT 在水凝胶、水分散液或高湿度情况下具有显著的离子导电能力，其导电

离子为对离子聚合物 PSSH 中的氢离子或 PSSNa 中的钠离子。

（3）氧化还原型导电聚合物　除了电子和离子型导电聚合物比较常见外，还存在一种氧化还原型导电聚合物。以氧化还原反应为电子转化机理的氧化还原型导电聚合物，从载流子类别来看其属于电子导电，发生定向迁移的是电子或空穴；从导电特征来看不具备常规电子导体的欧姆特征，即产生的电流与施加的电压并不成线性关系；从结构上看，这类聚合物的侧链上常带有可以进行可逆氧化还原反应的活性基团，有时聚合物骨架本身也具有可逆氧化还原能力。对于氧化还原型导电聚合物，当聚合物的两端通过正负电极施加某一数值的直流电压后，在电极电势的作用下，聚合物内的电活性基团发生可逆的氧化还原反应，在反应过程中伴随着电子定向转移过程的发生。如果电极之间施加的电压促使电子转移的方向一致，聚合物中将有电流通过，即产生导电现象。也就是说其导电能力是由可逆氧化还原反应中电子在分子间的转移产生的。该类导电聚合物的高分子骨架上必须带有可以进行可逆氧化还原反应的活性中心，如聚邻苯基二胺、聚乙烯基二茂铁等。

3.2.2　导电机理

导电聚合物具备导电特性一般需要满足两个条件，第一个是需要导电聚合物能产生足够多的载流子（离子、电子或空穴），第二个条件是导电聚合物内部可以形成导电通道。导电高分子中的载流子有电子和离子，不同的高分子导电机理也不同。在许多情况下，这两种导电形式同时存在。纯粹的结构型导电高分子只有聚氮化硫类，其他导电聚合物几乎均在采用氧化还原、离子化或电化学等手段掺杂之后，才有较高的导电性。

多数高分子材料都存在离子电导，有些带有强极性基团的高分子由于本征解离，可以产生导电离子。而多数共轭聚合物则含有很强的电子电导。离子电导和电子电导有各自的特点，但大多数高分子材料的导电性很小，直接测定载流子的种类较为困难，一般用间接的方法区分，比如用电导率的压力依赖性来区分。离子传导时，分子聚集越密，载流子的转移通道越窄，电导率的压力系数为负值；电子传导时，电子轨道的重叠加大，电导率加大，压力系数为正值。大多数聚合物中离子电导和电子电导同时存在，视外界环境的不同，温度、压力、电场等外界条件中某一种处于支配地位。下面，本小节将分别简述导电聚合物中电子、离子及氧化还原型导电聚合物的导电机理。

（1）电子导电聚合物　自由电子或空穴作为电子导电聚合物的载流子，在施加电场的情况下，会在聚合物内部做定向的移动产生电流，从而使聚合物导电。所以这类聚合物导电的关键之处是聚合物内部需要有能够迁移的自由电子或空穴。电子导电聚合物的结构是一种共轭体系（π电子共轭结构），这种结构中π电子会表现得非常活跃，尤其是在掺杂之后，在掺杂剂的作用下，会形成电荷转移络合物，这种情况下就会使得π电子从分子轨道中跳跃出来，形成自由电子，而自身形成的导电能带为载流子的跳跃和移动提供了一个良好的通道，在外加电场的推动下形成传导电流，为聚合物导电提供条件。通常，聚合物分子中共轭结构的长度、掺杂剂和温度是决定电子导电聚合物导电性能高低的主要因素。

从能级角度分析，当在特定的导电聚合物两端施加定向电场时，材料的两端原本平衡的费米能级将发生变化，处于电场负极一端的费米能级将高于处于电场正极的一端。因此，根据能量最低原理，处于高能态的自由电子将向低能态跃迁，从而形成了定向电流。从宏观上，为了便于分析和理解，人们将与自由电子迁移方向相反的空穴视为 P 型导电材料的载流子,而将自由电子视为 N 型导电材料的载流子。特定电场下,材料内部形成电流的大小取决于单位时间内迁移的电荷量,进而取决于载流子密度和载流子迁移率。载流子密度与材料的掺杂程度有关,就导电聚合物而言,更高的掺杂程度(高氧化程度的 P 型材料或高还原程度的 N 型材料)意味着更高的载流子密度。而导电聚合物分子的排列规整度等则对载流子迁移路径的通畅程度有着较大影响,进而影响材料的载流子迁移率。

(2)离子导电聚合物　相对于电子导电,离子导电的机理更为复杂,这是由于可迁移的离子种类繁多、每个离子可携带的电荷数目不尽相同、不同离子之间的体积差别较大。通常情况下,由于离子导体中可运动的离子数量相对于电子导体中的载流子数量少,且由于离子体积较大而造成迁移速度比电子慢很多,因此材料的离子电导率都不高,在室温下不超过 1S/cm。不同的离子导体如离子液体、有机盐溶液、聚合物电解质等的离子导电机理不尽相同,目前没有统一的理论,但它们的共同之处是其离子电导率均与自由移动的离子数、离子所带电荷、离子迁移率成正比。其中离子数受到浓度及材料的解离度影响。离子所带电荷越大,虽然理论上会提高离子电导率,但实际上由于离子之间的相互作用会显著变大,进而会造成离子迁移率大大下降,反而不利于离子电导率的提高,因此通常使用一价离子如氢离子等。而离子的迁移率则与材料的诸多物理性质如湿度、黏度、温度、离子浓度、溶剂特性等有关。

关于聚合物电解质导电有不同的理论模型,这里主要介绍以下两种机理:非晶区扩散传导导电和自由体积导电。

1)非晶区扩散传导导电　1982 年 Wright 等在研究聚环氧乙烷(PEO)/碱金属盐体系室温电导率时发现,在晶态时聚合物电解质的电导率很低,而在无定形状态时电导率较高。这表明,PEO/碱金属盐体系的电导主要由非晶部分贡献。该理论经进一步研究表明,在聚合物电解质中,由于聚合物本体和支持电解质的组成不同,以及温度变化、聚合物电解质中存在不同的晶态等因素影响,聚合物电解质中物质的传输主要发生在无定形相区。

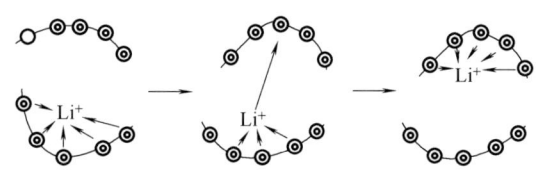

图 3-3　离子在无定形区域传输的示意图

在无定形相区离子同高分子链上的极性基团络合,在电场作用下,随着高弹区中分子链段的热运动,阳离子与极性基团不断发生络合-解络合过程,从而实现阳离子的迁移,过程如图 3-3 所示。

2)自由体积导电　Armand 在研究 PEO/碱金属盐体系的基础上认为,当离子的传输主要在无定形状态中受聚合物链段运动控制时,大多数非晶络合物体系的电导率(R)与热力学温度(T)的关系均符合自由体积理论导出的 VTF(Vogel-Tamman-Fulcher)方程:

$$R = AT^{-\frac{1}{2}} \exp[-B(T-T_g)] \tag{3.1}$$

式中,R 为聚合物电解质的电导率;T 为测试温度;T_g 为聚合物玻璃化温度;A 为指前因子;B 为活化能。

当聚合物电解质体系的温度低于 T_g 时,体系中晶态占主要部分,物质的运动受到限制,运动速度较慢;而当温度高于 T_g 时,体系中的晶态开始向无定形态转变,无定形态的比例增加,导致体系的自由体积增大,物质的运动加快,电导率提高。用自由体积导电理论解释为：在聚合物电解质中，存在由聚合物链段组成的螺旋形的溶剂化隧道结构，在较低温度情况下，离子在聚合物电解质中的传输通过离子在螺旋形的溶剂化隧道中跃迁来实现；而在较高温度情况下，聚合物电解质中出现缺陷或空穴，离子通过缺陷或空穴进行传输，过程如图 3-4 所示。因此，该理论成功地解释了聚合物中离子导电的机理和导电能力与温度的关系。

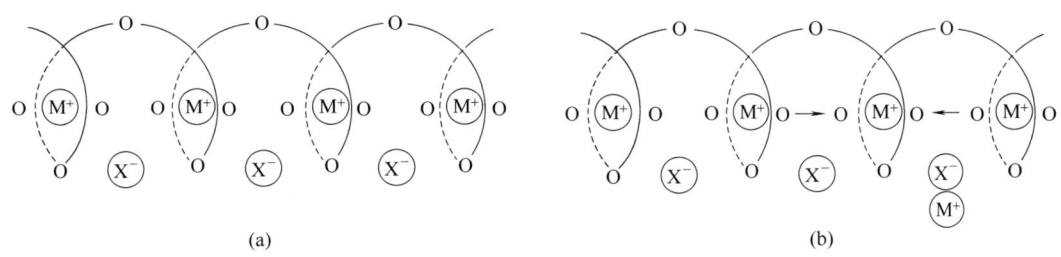

图 3-4 离子通过缺陷或空穴进行传输的模型图
a）低温时的化学计量结构 b）高温时的有缺陷结构

总之，作为离子导电型高分子材料，应含有一些给电子能力很强的原子或基团，能与阳离子形成配位键，对离子化合物有较强的溶剂化能力；而且，高分子链足够柔顺，玻璃化温度较低。

莫尊理等[2]采用 $FeCl_3 \cdot 6H_2O$ 和对甲苯磺酸钠分别作为氧化剂和掺杂剂，通过超声振荡下的原位聚合反应成功制备了石墨烯/聚吡咯纳米复合材料，然后分析研究了它的导电性和导电机理。他们研究发现钠离子的浓度升高后会与羰基发生化学反应并结合，结构中的自由离子被激活，可以在材料结构中自由迁移，从而完成导电。这表明离子的浓度决定了材料的导电性能。同时，他们还研究了温度对离子活性的影响，得出了提高材料外界温度可以进一步增加离子活性的结论。胡武洪[3]等发现了离子导电聚合物中分子键长短可以影响材料的导电性能，聚合度的增加可以累积中心键的电荷，从而直接增加中心键的共轭程度。方滨[4]对聚氨酯的导电行为做出了研究和解释。研究人员利用 FT-Raman、FT-IR 和复数阻抗谱对聚氨酯固体电解质中的离子进行研究后发现，导电离子以自由离子、离子对和聚集体的形式存在于体系中，离子状态随盐浓度不同而发生变化；对离子的存在状态与电导率之间的关系进行了研究，发现体系的电导率随自由离子的比率上升而变大；温度对其的影响也和方滨等人的研究一致，增加外界温度会对材料基体产生影响，进一步激活离子对和离子团，使之导电。

（3）氧化还原型导电聚合物 此类导电聚合物在分子链的侧链上带有可以进行可逆氧化还原反应的活性基团，聚合物骨架本身也可能具有发生可逆氧化还原反应的能力。其导电机理如图 3-5 所示：当电极电位达到聚合物中活性基团的还原电位（或氧化电位）时，靠近电极的活性基团首先被还原（或氧化），从电极上得到（或失去）一个电子，生成的还原态（或氧化态）基团，可以通过同样的还原反应（或氧

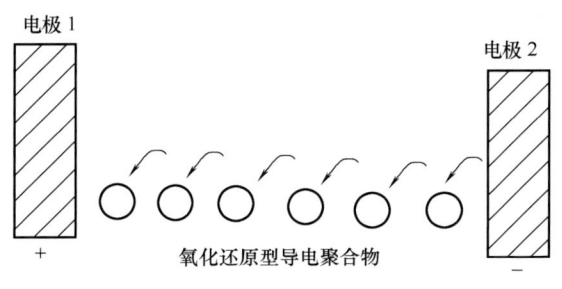

图 3-5 氧化还原型导电聚合物的导电机理

化反应）将得到的电子再传送给相邻的基团，其自身则等待下一次反应。如此重复，直到将电子传送到另一侧电极，完成电子的定向移动。氧化还原导电聚合物大多属于杂原子聚合物，如联吡啶、蒽醌及其衍生物等。

3.2.3　合成方法

导电高分子的合成方法可以分为10类：化学聚合（chemical polymerization）、电聚合（electro polymerization）、光化学聚合（photochemical polymerization）、易位聚合（metathesis polymerization）、乳液聚合（emulsion polymerization）、包接聚合（inclusion polymerization）、固态聚合（solid-state polymerization）、等离子体聚合（plasma polymerization）、热解（pyrolysis）和可溶性前体合成（soluble precursor polymer preparation）。其中主要方法是化学聚合法，其次是电聚合法，可溶性前体合成法主要用于合成聚对苯乙烯。

（1）化学聚合法　化学聚合法是在有机介质或水溶液中用氧化剂使单体氧化聚合。在化学聚合法中，单体分子在氧化剂的作用下发生氧化偶联聚合反应，生成高分子化合物。首先生成二聚物，二聚物再生成三聚物，并逐渐长大，反应过程中有活性的阳离子自由基产生。常用的氧化剂有过硫酸盐、重铬酸盐、双氧水、高氯酸盐等，水溶液一般是含有硫酸、盐酸、氟硼酸或高氯酸的酸性溶液。单体的浓度、氧化剂的性质、氧化剂与单体的比例、聚合温度、聚合气氛、掺杂剂的性质及掺杂程度等诸多因素将影响导电高分子的物理和化学性质。化学聚合制备方法简单，所得产物大多数是导电高聚物粉末，适宜工业化生产。例如，导电高分子材料聚吡咯可以通过在水溶液中添加氧化剂三氯化铁将吡咯单体聚合成为聚吡咯，在此过程中，三氯化铁既充当催化剂引发吡咯单体的聚合，同时作为掺杂剂对聚吡咯进行掺杂。

（2）电聚合法　电聚合法是在电场作用下，电解含有单体的溶液而在电极表面获得导电高分子。在电聚合法中，单体分子在阳极的氧化作用下发生氧化偶联聚合反应，生成高分子化合物。该方法采用外加电位作为聚合反应的驱动力，在电极表面进行聚合反应并直接生成导电高分子膜，可在掺杂过程中定量控制掺杂剂的量，所得产物可以直接进行电化学研究。在电聚合反应中生成的共轭高分子化合物，已在反应过程中被质子酸掺杂或阳极氧化掺杂，因而具有导电性，这也是电聚合反应能够连续不断进行的原因。

电聚合导电高分子反应条件易于控制，产品纯度高，机械性能和导电性良好。目前，用于电聚合导电高分子的主要方法有循环伏安法、恒电位法、恒电流法、脉冲极化法及各种手段的复合。循环伏安法制得的导电高分子质地均匀、电活性高、氧化还原可逆性优良，具有膜生长易控制、膜与基体材料结构牢固、可获得自支撑膜等优点。聚合过程不需要引入氧化剂，因而电聚合法具有清洁环保的特点。

（3）可溶性前体合成法　聚对苯乙烯可溶性前体合成的反应流程如图3-6所示。

其中卤素X可以是Br或CL，四氰噻吩可以用二甲基硫醚或二乙基硫醚代替。前体聚合物（I）可以溶于水，用渗析法除去此前反应中生成的NaX，浇铸成膜或旋涂成膜后，在150~350℃下真空加热处理，即转化为最终产物聚对苯乙烯。

3.2.4　存在的问题和挑战

（1）导电聚合物在实际应用中存在困难

1）导电聚合物的性价比有待进一步提高。虽然有机材料元素（如碳、氮、氧、硫等）在地球储量极其丰富，但性能较好的导电高分子的合成路线相对复杂，因此其产品的成本与无机材料相比依然很高；在某些性能，如循环稳定性、热电性能、光电转化效率等方面与无机材料依然有较大差距。

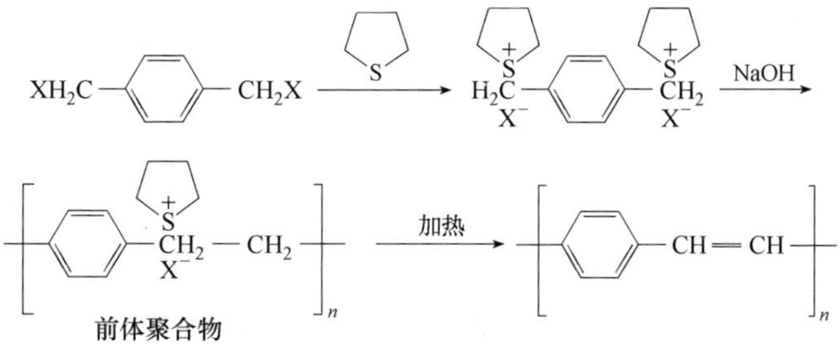

图 3-6 聚对苯乙烯可溶性前体合成过程

2) 由光、电、磁、水、热等引起的脱掺杂现象，导致导电高聚物不稳定。为此，探索稳定掺杂方法或不经掺杂仍具有金属导电性是导电聚合物的研究重点。

3) 改善导电聚合物的加工性能以及兼顾电学和力学性能，是拓宽导电聚合物应用范围的关键。

4) 导电性能与金属存在差距。20 世纪 30 年代初，聚乙炔的电导率在 10^3S/cm 数量级；1986 年高度取向聚乙炔使电导系数提高了一个数量级，达到 10^4S/cm 数量级；1988 年拉伸后的聚乙炔电导率达到了 10^5S/cm 数量级，接近铜和银在室温下的电导率。然而，掺杂聚乙炔的稳定性极差，因此难以实现实际应用。其他导电高分子（如聚噻吩类），电导率仍然与高导电的金属导体存在差距，且存在制备成本高、稳定性差、环境耐候性差等问题。

(2) 导电聚合物的基础研究仍需加强　相比于金属导体和无机半导体相对简单的分子结构和高度有序的分子堆砌方式，聚合物分子结构多变、分子量分布宽；高分子链的堆砌方式千变万化，载流子传输路径中的阻碍异常复杂；且导电聚合物中往往空穴与电子都参与导电，很多情况下离子也参与导电，这三类载流子在传输过程中互有影响。因此很多在无机导电材料领域的普适性机理并不能适用于导电聚合物。高性能新材料的研发很大程度上还有较大的随机性，这并不利于材料的快速发展。目前，掺杂仍然不能真正实现"合成金属"的梦想，导电聚合物的室温电导率与金属仍有 1~2 个数量级的差异；另外，导电聚合物的掺杂概念虽然不同于无机半导体，但它仍属于半导体的范畴，如能隙在 1.4~4.0eV 范围内，电导率-温度依赖性仍呈现半导体特性，以及掺杂后在费米能级形成杂质能级等。因此，探索类似金属的低能隙导电聚合物以及新理论的创建和发展仍需加强。

(3) 器件尺寸的小型化和材料纳米化　导电聚合物材料由于其大的分子尺度，难以像无机小分子材料一般制备在分子水平上均一的材料，采用"自上而下"策略制备纳米级材料时，极易出现材料缺陷水平不一的现象，从而难以获得稳定的产品。采用"自下而上"策略，在分子水平上"自构筑"的分子设计和合成，自组装为分子导线、分子线圈和分子器件的方法和技术则有望解决这一问题。另外，单分子、超分子结构表征和性能测试方法的研究，以及分子导线、分子线圈和分子器件实用化研究等都是导电聚合物领域极具挑战性的前沿课题。

(4) 导电聚合物在生命科学领域的意义仍需深入研究　在分子水平上，导电高分子自构筑、自组装分子器件的研究还存在着不少问题，在最前沿的导电高分子生命科学研究上，最新研究发现 DNA 也具有导电性，可将导电高分子与 DNA 相结合，利用导电高分子来制造人造肌肉和人造神经，以促进 DNA 生长和修饰 DNA。虽然可预测这将是导电高分子研究在应用上最重要的发展趋势，但人的所有感知，包括皮肤、肌肉、视觉、嗅觉等与电信号的关系目前还不明了，需深入探讨。

3.3　有机小分子导电材料

目前，关于有机导电材料的研究主要集中在导电聚合物方面，而关于有机小分子的研究则相对较少，这主要是由于其在大规模制备、机械性能、综合性能稳定性等方面较高分子材料并无优势。然而，对于有机小分子导电材料的研究和开发同样有着重要意义。首先，有机导电材料的电导率仍然较无机金属导体有一定差距，且在稳定性上仍需进一步提高，因此对不同材料的广泛研究将有利于发掘新的高导电有机材料；其次，小分子材料更易适用于多种加工方式，可以丰富有机电子器件的设计策略和构筑手段；最后，小分子的分子结构和分子堆砌方式相对于高分子材料更加简洁，因此可以适用于更多的对于无机导电材料的机理解释，从而能够更加精确地预测和调控材料性能。因此，在发展有机导电材料时，小分子材料同样需要进行系统和深入的研究。

与导电聚合物不同，有机小分子半导体材料的分子中通常不具有呈链状交替的结构片断，只由一个比较大的共轭体系构成。常见的有机小分子半导体材料有并五苯、三苯基胺、富勒烯、酞菁、芘衍生物、花菁等[5]，如图 3-7 所示。

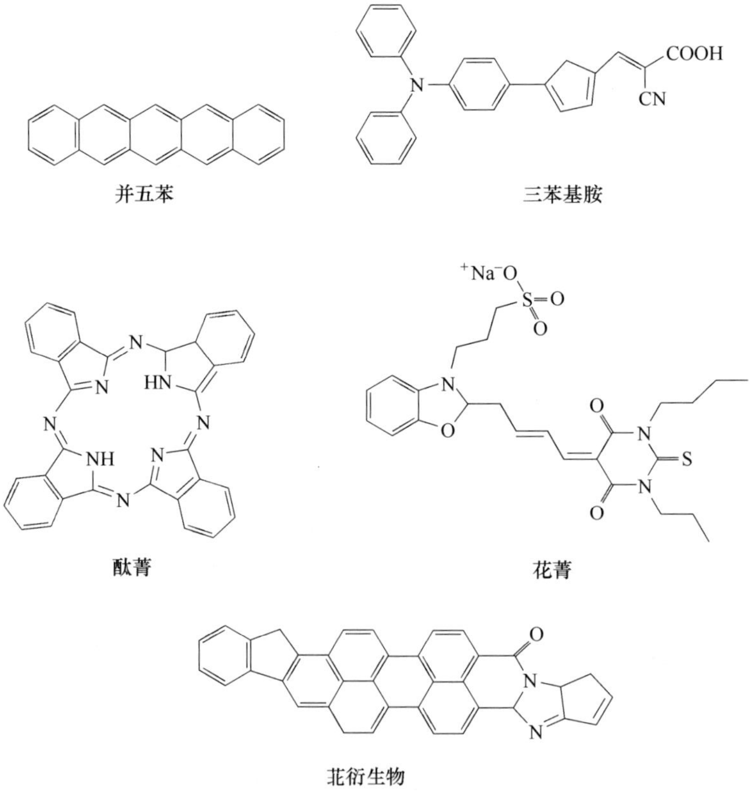

并五苯　　　　　　　三苯基胺

酞菁　　　　　　　花菁

芘衍生物

图 3-7　几种常见的有机小分子半导体材料

3.3.1 并五苯与杂环并五苯小分子材料

(1) 并五苯 并五苯是由五个苯环并联而成的平面结构，分子结构如图 3-8 所示。分子式 $C_{22}H_{14}$，分子量 278，熔点 >300℃。本身具有一个对称中心、三个对称面和三个二重对称轴。并五苯分子组成的有机分子晶体通常是三斜晶系，呈鱼骨状，是制作有机薄膜晶体管的理想材料。

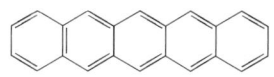

图 3-8 并五苯分子结构

并五苯单晶场效应晶体管显示出很高的迁移率。早期薄膜电导率约为 10^{-9}S/cm，迁移率为 10^{-3}cm^2/V·s 量级。不同并五苯薄膜的迁移率见表 3-3。

表 3-3 不同并五苯薄膜的迁移率

时间	作者	方法	迁移率(cm^2/V·s)
1996	Dimitrakopoulos	分子束外延生长薄膜	最高达 0.038
1997	Gundlach	并五苯多晶薄膜	0.3~1.5
2003	Butko	并五苯单晶	0.3
2004	Jurohescu	高纯无缺陷的并五苯单晶	35~58

虽然并五苯是一种理想的晶体管材料，但它易受水蒸气、氧气和其他外界条件的影响，器件稳定性较差。有报道称[6]，在晶体管器件上黏附由聚丙烯酯基黏合剂和铝膜组成的层状物，可保护晶体管器件，提高晶体管的稳定性。经过 45 天保存，没经过处理的晶体管迁移率由起初的 0.13cm^2/V·s 降低至 1.0cm^2/V·s；而经过保护处理的晶体管器件的迁移率为 0.2cm^2/V·s，甚至相较起初值还有所上升。

(2) 杂环并五苯 并五苯作为有机小分子半导体中的明星分子，其良好的稠环线性体系保证了载流子在分子内的顺利传输。然而，并五苯的最高占据分子轨道（HOMO）能级较高，使其对氧气和光照具有高度敏感性、在有机溶剂中溶解性差，限制了其实际应用。基于含杂原子的稠环线性并五环化合物如并五噻吩、苯并吡嗪类、苯并吩嗪类化合物，具有优异的半导体性能，表现出良好的场效应器件性能及较好的空气稳定性。

硫、氮两种杂原子的引入，降低了 HOMO 能级，使其对空气更加稳定，硫和氮上的孤对电子保证了整个分子体系的共轭完整性。场效应器件性能测试表明，这类小分子是有希望得到良好场效应器件性能的半导体材料。

利用 N,N-二苯基-1,4-苯二胺为原料，可以合成一类含杂原子的类并五苯化合物，并得到其单晶结构，其合成路线如图 3-9 所示。

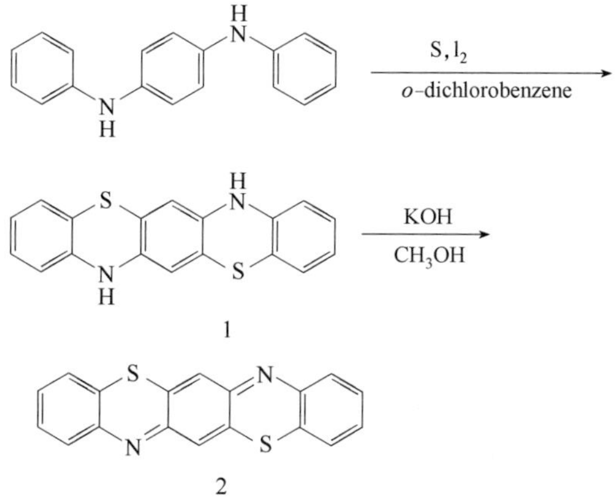

图 3-10 所示为化合物 2 的晶体结构和分子堆积图。化合物 2 分子具有很好的平面性。与并五苯的人字形堆积不同。化合物 2 晶胞内的两分子平面近乎垂直，在

图 3-9 化合物 1 和化合物 2 的合成路线

薄膜态下形成 J-聚集体，分子间的相互作用更强烈。一维方向分子间具有很强的 π—π 和 S—N 相互作用，其中分子间 C—C 和 S—N 作用距离分别为 3.507~3.725Å 和 3.695Å。二维方向作用力很弱，分子间无氢键作用，无 S—S 相互作用，无 CH—π 相互作用。这些都影响载流子传输，难以测出器件性能。

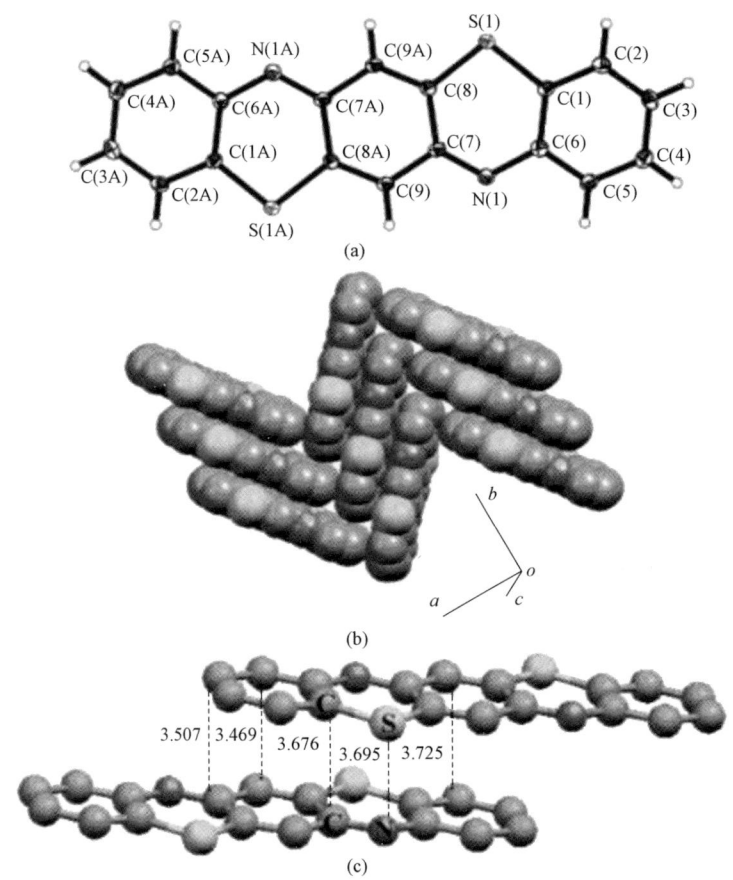

图 3-10 化合物 2 的晶体结构和分子堆积图

3.3.2 芳胺类蓝光小分子材料

芳胺类染料是重要的蓝光材料，它具有一定的电子传输和（或）空穴传输能力[7]，图 3-11 所示是一种芳胺类小分子材料的结构式。在有机小分子化合物电致发光材料中，1,3,5-三（二芳基氨基）苯类化合物[8]是一类研究得较多的化合物。此类化合物很容易被氧化，是一种潜在的空穴传输材料，然而它们的玻璃转变温度通常较低，不能形成稳定的薄膜。为此，有人合成了一系列新的 1,3,5-三（二芳基氨基）苯类化合物，研究了它们作为空穴传输材料及电发光材料的性能，发现其具有高的 HOMO 能量及玻璃化转变温度，都是优良的空穴传输材料，其中有两个化合物还具有蓝色和绿色区域的电发光性能。

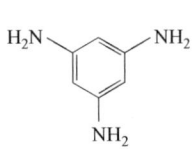

图 3-11 1,3,5-三氨基苯

3.3.3 蒽类（二芳香基）衍生物

蒽单晶被称为有机电致发光材料鼻祖，但是，没有经过修饰的蒽是平面分子结构，分子间易聚集形成晶体，使蒽在电致发光领域的应用价值大打折扣。科学家一直在蒽单体结构基础上进行修饰，比如在其9、10位取代修饰（见图3-12）。这些化学结构修饰可以减少蒽分子之间的聚集，使蒽衍生物成膜更具稳定性，还能使载流子的传输效率提高。

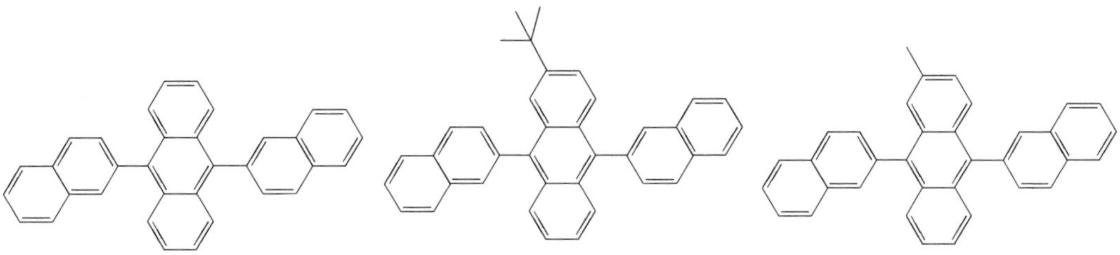

图 3-12　部分蒽衍生物

3.3.4 咔唑类蓝光小分子材料

有机光电材料中，咔唑及其衍生物是一类重要的含氮杂环化合物（见图3-13），其原料易得，价格低廉，结构上又有着特殊的刚性稠环，存在着特有的生物活性和光电性能。在有机合成方面，咔唑易于修饰，从而便于调控其化学性能，合成多种咔唑类衍生物，制备出满足应用需求的功能材料。在电子结构方面，咔唑分子拥有较大的共轭体系，并且分子内的电子转移能力也很强。咔唑分子及其衍生物还拥有很好的热稳定性和光电性质，显示出其在有机发光材料和器件制作方面的优势。咔唑及其衍生物在有机电致发光材料、光折变材料、太阳能电池材料等方面都表现出了优异的功能性[7]。

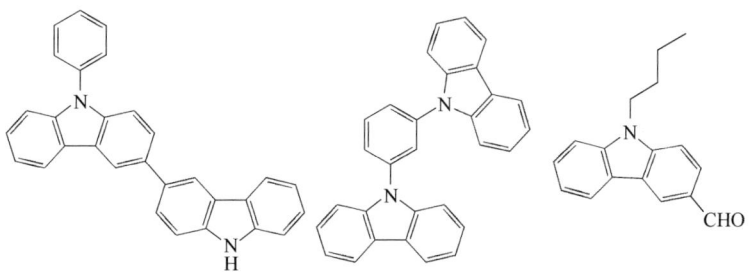

图 3-13　部分咔唑类衍生物

3.3.5 有机小分子的导电机理

有机导电材料的应用都涉及其电子的转移过程，即载流子的生成及传输过程；但是在应用中该电子过程是发生在很复杂的有机体系中，除了与分子的电子结构直接相关外，分子间的相互作用、电子-电子耦合、电子-声子耦合等也对其有极大的影响。与导电聚合物材料类似，有机小分子的导电在一定程度上依赖于具有离域性的共轭电子。但由于小分子的分子链短，空穴和电子无法长距离沿分子链传输，因此，分子间的电荷转移速度非常重要。

（1）有机分子的光物理过程　有机导电材料的电子传输取决于分子内的电子态，电子跃迁的能力决定了材料的光谱性质。例如，当一个含有 π 键的有机分子处于基态时，在分子轨道内的两个电子自旋方向相反，这种电子状态称为单线态基态。但是，当它吸收一个光子后，一个电子由最高占据轨道激发到最低空轨道，如果在激发过程中电子自旋的方向保持不变，所形成的激发态叫作单线态；如果在激发过程中电子的自旋方向发生了改变，这个新的激发态称为三线态。如图 3-14 所示。

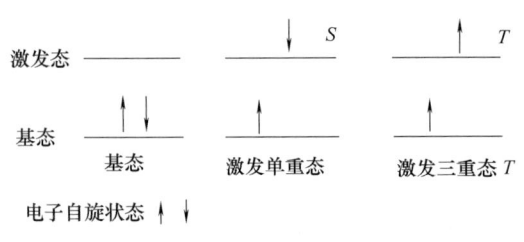

图 3-14　具有 π 电子的分子具有的电子态示意图

1）吉布朗斯基（Jiblonski）能级图　有机分子中电子跃迁过程可以用 Jiblonski 图表示（见图 3-15）。其中 S_0 表示基态，S_1 表示第一激发单线态，S_2 表示第二激发单线态，T_1 表示最低激发三线态。

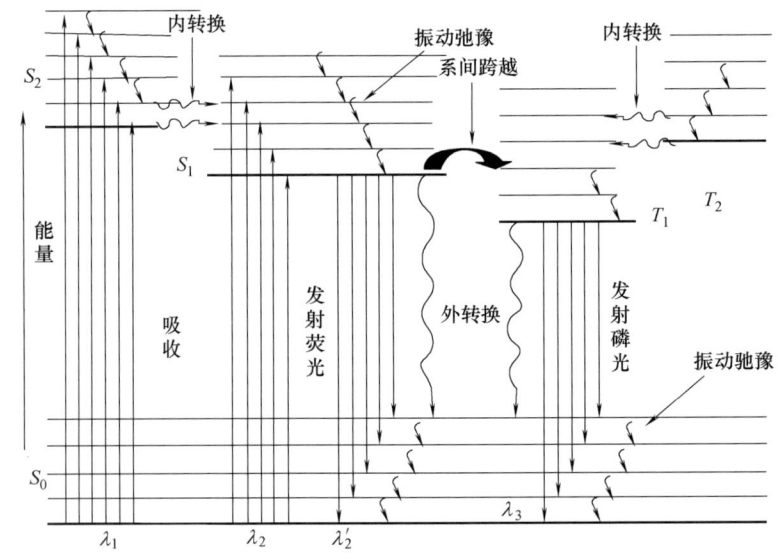

图 3-15　分子跃迁 Jiblonski 图

吸收光谱：当处于基态的电子吸收光子后，由基态跃迁到 S_1 或者更高的激发态，这个跃迁是电子自旋允许的过程，对应于分子电子吸收光谱，这个迅速发生的过程一般在 10^{-15} s 内。

2）荧光发射光谱　由激发单线态经过辐射跃迁回到基态所发出的光称为荧光。这个过程中电子的自旋方向保持不变，回到基态后，成对电子有不同的电子自旋方向。此过程也是在量子学上被允许的，所以发生得很快，一般的荧光寿命在 $10^{-8} \sim 10^{-9}$ s 量级，取决于吸收的振子强度。荧光光谱包括两种：激发光谱和发射光谱。激发光谱对应于 S_0 向 S_1 的跃迁，与分子的吸收光谱相对应。发射光谱是由 S_1 向 S_0 的光谱，即与激发过程相反的过程。

3) 磷光光谱　由激发三线态 T_1 经过辐射跃迁回到基态 S_0 所发出的光称为磷光光谱。同样，T_1 向 S_0 也可以经过非辐射跃迁回到基态。因为 T_1 向 S_0 是自旋禁阻的电子跃迁，所以跃迁的概率比较小，且磷光寿命都比较长，在 $10^{-3} \sim 1s$ 范围内。所以说，磷光在室温下是很弱的，很难被看到，如果要进行磷光的测定，需要借助一些特殊的技术。

（2）激发态电子能量的转移　激发态电子在其寿命期间，可以发生能量转移。激发态能量沿聚合物链的转移叫能量迁移。发生在给体（Donor）-受体（Acceptor）分子间或聚合物链之间的则称为能量转移。激发态电子的能量转移主要有两种理论：福斯特（Forster）机理和戴克斯特（Dexter）机理。

1）福斯特（Forster）机理　这种转移过程又叫长程能量转移，发生能量转移的给体分子 D 和受体分子 A 之间相距一定的距离 R。

能量转移过程：D+hv→D*　　　给体分子吸收光子跃迁至激发态
　　　　　　　D*+A→D+A*　给体激发态的能量转移到受体分子

这种能量转移速度和效率的表达式是福斯特利用经典力学理论推导得到的，与发生能量转移分子间的距离的六次方成反比。

2）戴克斯特（Dexter）机理　戴克斯特机理是 1953 年 Dexter 提出的，又称交换机理，这种能量交换类似于双分子化学反应，发生能量转移的两组分间的电子云在空间有所交叠，只有在电子云交叠的区域才可能发生电子交换，所以他的理论与福斯特理论相比，是一种近程能量转移。

3.4　有机导电复合材料

尽管有机导电材料经过长时间的发展，电导率已大幅提升，但单纯的有机导电材料在机械性能方面常常存在严重不足。例如，导电聚合物如聚吡咯等为粉末状，缺乏实际应用价值，虽然可以溶解在适当溶剂中，经过旋转涂布等方式制备成膜，但这种膜材料往往呈脆性，且缺乏自支撑能力。因此，在制备器件时，往往需要将有机导电材料与其他机械性能好的材料进行复合，制备机械性能满足实际需求的复合材料。另外，在不导电的高分子材料中混入导电物质如碳系材料、金属粉等，通过分散复合、层积复合、表面复合等方法构成复合材料，是一种低成本制备柔性聚合物基导电材料的常用策略。有机导电复合材料大致可分为两类：一类是以导电聚合物（如 PEDOT 等）或更加廉价的传统导电材料如金属粉体、炭黑、碳纳米材料等作为导电介质，其他高分子（如橡胶、纤维素等）作为提供机械性能的基体材料制备的填充复合型导电高分子；另一类是两种或两种以上导电材料进行复合制备的复合材料，如为了提高某种导电聚合物的电导率，可以将其与碳纳米管复合等。

有机导电复合材料包括常见的导电橡胶、导电塑料、导电涂料、导电胶黏剂、导电性塑料薄膜等。以提高机械性能为主要目的的高分子基材主要有聚乙烯、聚丙烯、聚氯乙烯、聚苯乙烯、丙烯腈-丁二烯-苯乙烯（ABS）、环氧树脂、丙烯酸酯树脂、酚醛树脂、不饱和聚酯、聚氨酯、聚酰亚胺、有机硅树脂等。此外，丁基橡胶、丁苯橡胶、丁腈橡胶和天然橡胶也常用作导电橡胶的基材。

这些导电复合材料中高分子基材的作用是将导电颗粒牢固地黏结在一起，使导电聚合物具有稳定的导电性，同时赋予材料可加工性和机械强度、柔韧度等。导电填料在复合型导电聚合物材料中提供载流子，因此，它的形态、性质和用量直接决定材料的导电性。常用的导电填料除导电聚合物以外，还有金粉、银粉、铜粉、镍粉、钯粉、钼粉、铝粉、钴粉、镀银二氧化硅粉、镀银玻璃微珠、炭黑、石墨、碳化钨、碳化镍等。本小节将简要讨论这类材料的导电机理，并从不同导电介质的角度介绍常见的有机导电复合材料。

3.4.1 导电机理及影响因素

填充复合型导电高分子的导电机理较为复杂，目前已有宏观的渗流理论、微观的量子力学隧道效应理论、场致发射理论等多种理论。

(1) 渗流理论　渗流理论又称导电通道学说，认为体系中导电颗粒相互连接成链，电子通过链移动产生导电。渗流理论主要解释电阻率-填料浓度的关系，不涉及导电的本质，只是从宏观角度解释复合物的导电现象，可以解释导电填料临界浓度的电阻率突变现象。为了更准确地描述复合材料的导电渗流现象，McLachlan[9,10]结合了Maxwell无限稀释模型及有效介质理论，考虑了导电颗粒的形态、分布等因素对导电性的作用，提出有效介质普适方程，表达式如下：

$$\frac{(1-\varphi)\left(\sigma_l^{\frac{1}{w}}-\sigma_m^{\frac{1}{w}}\right)}{\sigma_l^{\frac{1}{w}}+A\sigma_m^{\frac{1}{w}}}+\frac{\varphi\left(\sigma_h^{\frac{1}{w}}-\sigma_m^{\frac{1}{w}}\right)}{\sigma_h^{\frac{1}{w}}+A\sigma_m^{\frac{1}{w}}}=0 \quad (3.2)$$

式中，$A=(1-\varphi_c)/\varphi_c$，$\varphi$为导电颗粒的体积浓度，$\varphi_c$为渗流阈值，$\sigma_l$、$\sigma_h$、$\sigma_m$分别为复合体系中基体材料、填充颗粒和复合材料的电导率，w为复合材料的形貌参数，表征了材料形成导电网络的难易程度，与颗粒尺寸有关。

刘远瑞等[11]通过研究填充型丙烯酸树脂导电银浆中银粉的浓度与电阻率变化的关系，证明了渗流理论的正确性。Gurland、Turner及Aharoni[12]等分别建立了经验公式来解释电阻率-填料浓度的关系，但公式只适用于一部分复合物。Bueche F、Miy asaka K、汤浩等从不同的角度建立了计算电阻率的模型来模拟电阻率-填料浓度曲线，但这些模拟均无普遍适用性。复合型导电高分子材料研究中比较流行的几种渗流模型有：统计渗流模型、界面热力学模型、有效介质模型及双渗流模型等，目前各种渗流模型都只能描述部分体系的规律，理论研究与实际结果仍有较大偏差。任何一个好的模型必须能解释填充型复合材料的各种性能，如电导率与导电相材料的掺量依赖性、电导率与频率的依赖性、温敏特性、V-I特性、压阻特性等。许多模型并未考虑到基体聚合物及填料颗粒的影响，因此这一领域的研究还需进一步完善。

(2) 隧道效应理论　隧道效应理论是应用量子力学来研究材料的电阻率与导电颗粒间隙的关系，它与导电填料的浓度及材料环境的温度有直接的关系[13]。该理论认为复合体系在导电填料用量较低时，导电颗粒间距较大，混合物微观结构中尚未形成导电网络通道，此时仍具有导电现象。这是因为此时高分子材料的导电性是由热振动电子在导电颗粒之间的迁移造成的，导电电流是导电颗粒之间间隙宽度的指数函数。隧道效应现象几乎仅仅发生在距离很接近的导电颗粒之间，间隙过大的导电颗粒之间没有电流传导行为。隧道效应理论能合理地解释聚合物基体与导电填料呈海岛结构复合体系的导电行为。量子力学隧道效应理论能与许多导电复合体系的实验数据相符。但隧道效应理论所涉及的各物理量都与导电颗粒的间隙宽度及其分布状况有关,因此隧道效应理论只能在导电填料的某一浓度范围内对复合材料的导电行为进行分析和讨论。

隧道效应是量子力学过程,即电子穿过极薄绝缘层。Sheng、Gittleman、Sichel 等人研究了填充炭黑的复合材料的隧道效应。最基本的隧道电流方程为:

$$j_{(e)} = j_0 \exp[-\pi x \omega (|e|/e_0 - 1)^2/2], |e| < e_0 \tag{3.3}$$

式中,$j_{(e)}$ 是间隙电场为 e、间隙当量电导率为 j_0 时的隧道电流,ω 为间隙宽度,$x = (2mV_0/h^2)^{1/2}$,(m 为一个电子质量,h 为普朗克常数,V_0 为势垒),$e_0 = 4V_0/e\omega$(e 为电子电量)。由此方程可见,隧道电流是间隙宽度的指数函数。隧道电流与温度间也有密切的关系:

$$\sigma = \sigma_0 \exp(-T_1/CT + T_0) \tag{3.4}$$

如果间隙中热振动产生的电场为 e_T,且 $e_A < e_T$,则实际隧道电流为:

$$\Delta j = j(e_A + e_T) - \rho(e_A - e_T) \tag{3.5}$$

由此导出:

$$\sigma = \int_0^\infty \rho(e_T) \sum(e_T) \mathrm{d}e_T \tag{3.6}$$

最后导出,当电压较低时,

$$\sigma = \sigma_0 \exp[-T_1/(T_1 + T_0)]$$
$$T = u^2 e_0/k, T_0 = 2u^2 e_0/\pi x \omega k \tag{3.7}$$

T_1 为一个电子通过这个间隙所需要的能量。当 $T \leq T_0$ 时,σ 不取决于 T_0,当电压较高时,则有:

$$j_T = \int_{-e_A}^\infty j(e_A + e_T) \rho(e_T) \mathrm{d}e_T \approx j_0 \exp\{-\alpha(T)[(e_A/e_0) - 1]^2\} \tag{3.8}$$

这里

$$\alpha(T) = T_1/T + T_0 \tag{3.9}$$

(3) 场致发射理论　Van Beek 等[14]也认为粒子填充导电复合材料的导电行为是由隧道效应造成的,但认为这是导电颗粒内部电场发射的特殊情况,提出了场致发射理论并建立了方程。场致发射理论认为:当导电颗粒的内部电场很强时,电子将有很大的概率跃迁过聚合物层所形成的势垒到达相邻的导电颗粒上,产生场致发射电流而导电。场致发射理论受温度及导电填料浓度的影响较小,因此相对渗流理论具有更广的应用范围,且可以合理地解释许多复合材料的非欧姆特性。图 3-16 展示了高分子复合导电材料的等效电路图。

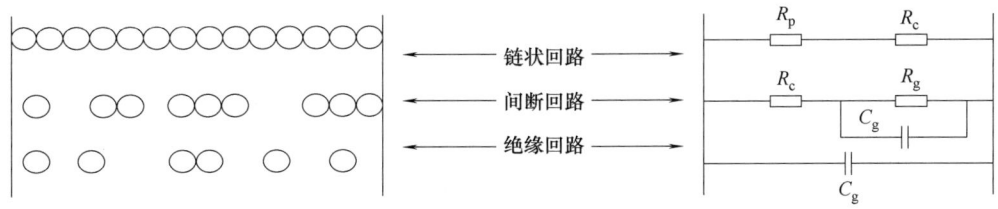

图 3-16　高分子复合导电材料等效电路图

尽管导电高分子复合材料发展较快,但至今没有一个较为完善的、普遍适用的导电机制来解释复合体系导电通路的形成及其导电行为。描述导电复合物的导电性有 3 个不同的过程，宏观上的导电性用渗流理论来描述，微观水平上相邻导电颗粒间的导电性用隧道效应理论与场致发射理论解释。另外，热膨胀可改变材料的密度及微观隧道宽度。因此填充复合型导电高分子材料的导电机理是渗流理论、隧道效应理论和场致发射理论这3种导电机制相互竞争的结果。在不同情况下出现以其中一种机理为主导的导电现象。当导电填料含量和外加电压都低时，导电颗粒间距离较大，形成链状导电通道的概率较小，隧道效应理论占主导作用；当导电填料含量低而外加电压高时，场致发射理论起主要作用；当导电填料含量高时，导电颗粒间距离较小，形成链状导电通道的概率大，渗流理论的作用变得显著。

（4）导电性能的影响因素

1）基体聚合物的影响　从聚合物结构上讲，聚合物侧基的性质、体积和数量，主链的规整度、柔顺性、聚合度、结晶性等对体系导电性均有不同程度的影响。填充复合型导电高分子材料的导电性随基体聚合物表面张力的减小而升高；基体聚合物聚合度越高，价带和导带间的能隙越小，导电性越高；聚合物结晶度越高，导电性越高。交联使体系导电性下降。基体聚合物的热稳定性对复合材料的导电性能也有影响，一旦基体高分子链发生松弛现象，就会破坏复合材料内部的导电途径，导致导电性能明显下降。

2）导电填料的影响　采用不同种类导电填料的复合材料导电性能各不相同，同一类型的导电填料也因生产厂家、生产方式和加工工艺的不同而存在差别。填料颗粒的形状对复合材料电导率有较大的影响，三维结构的氧化锌晶作填料能形成非常有效的导电通道，因此能高效率地赋予复合材料导电性；树枝状填料一般情况下先端结构比球状及片状颗粒发达，配位原子数相应较多，在复合材料中形成网络结构时相对密集、完整，所以电导率相应较高。各种填料并用时，其电导率比单独使用球状或片状填料时高。对于金属粉填充复合型导电高分子材料，它的电导率受粒径大小、状态及形状的影响：采用胶态金属作填料时，体系电导率较高；若改用片状金属薄片作填料，其电导率会显著提高，金属薄片越薄其导电性越好；纤维状填料的导电性能随纤维长径比的增大而升高；当需要特别高的电导率时，最好选用导电性良好的银粉和金粉作导电填料。对于炭系材料，选用结构性好、比表面积大、表面活性基团含量少的炭黑品种能赋予复合型导电高分子材料良好的导电性能。

一般来说，当聚合物中加入填料量一定时，电导率随粒径减小而升高。在导电填料加入较少的情况下，导电颗粒间无法形成无限网链，材料导电性比较差。只有加入的填料量高于临界值时，材料的导电性才能显著提高，但在导电填料加入过多的情况下，因为起粘连作用的聚合物量太少，所以导电颗粒不能紧密接触，导电性也不稳定。

3）制备方法及制备工艺的影响　通常，采用溶液共混法比采用熔融共混法制得的复合材料导电性高。填充复合型导电高分子材料的导电性在很大程度上取决于填料在聚合物中的分散状态和导电结构的形成情况。要使各组分充分混合，复合体系必须进行混炼，而混炼又会破坏填料的组织和结构（如炭黑的链状结构、氧化锌晶须的三维结构等）从而影响导电性能，所以要控制混炼工艺条件。为保持导电组织结构的完整性，挤出时受应力要尽可能小、剪切速度要尽可能低。选择合理的混炼工艺参数是关键，例如在制备金属纤维填充复合型导电高分子材料时，为避免金属纤维折断，注射时应降低螺杆转速和背压，提高机筒和模具温度。为提高均匀分散效果，有时还需添加适当的加工助剂。加工前材料要尽可能干燥,因为痕量水分或其他低分子挥发物可能使制品出现气泡或表面缺陷,影响导电结构的完整性。加工温度升高或流体熔体指数增大,体系的黏度和剪切应力降低,对导电结构的完整性有利。另外,延长成型时间和提高成型温度也对导电结构的完整性有利。冷却速度不会明显影响无定形聚合物的导电性,但熔体缓慢冷却可增加结晶或部分结晶聚合物的结晶度,提高导电性。

4)其他因素的影响 除上述因素外,使用介质、使用时间和环境,以及加工模具、聚合时的条件(如电极电位、聚合速度、聚合时溶剂的性质等)在一定程度上都会影响复合体系的导电性能。由低共熔物与少量高分子共混而成的高分子固体电解质被称为"Polymer-in-Salt",其共熔体系熔点越低,玻璃化转变温度也越低,越利于离子传导,因此相应的离子电导率也越高;低共熔物的熔点及样品处理方式对电导率影响较大,样品从高温快降至室温再升温比样品从高温慢降至室温再升温的电导率高。

3.4.2 有机导电复合材料的分类

有机导电复合材料既具有优异的导电性能又具有高分子基体良好的热塑性及成型性,加上加工性好、制备工艺简单、耐腐蚀、价格低等优点,广泛应用于电子工业及其他工程。

(1)以导电聚合物为导电介质 导电聚合物主要包括聚苯胺、聚吡咯、聚噻吩、聚咔唑、聚对苯硫醚等共轭性高分子。基体聚合物涵盖多种橡胶、塑料及生物大分子等。基体聚合物与导电聚合物组成的复合材料,不仅具有较好的导电性能,其力学性能也明显改善。其中,基体聚合物提供力学性能,导电聚合物提供电学性能。这类复合导电材料,导电性大范围内可调、力学性能好、易加工成型,可制成透明材料。在以高电导率为主要追求的基础材料研究领域,导电聚合物又可以与碳纳米材料、金属纳米材料等高导电材料进行复合,一方面可以进一步提高导电聚合物的电导率,另一方面又赋予了碳纳米材料和金属纳米材料本身不具备的良好光电、热电、电化学等物化特性。

1)聚苯胺复合材料 聚苯胺具有良好的环境稳定性,成本低、易于合成,又可进行溶液和熔融加工,再加上其独特的化学和电化学性能,已成为最有应用价值的导电高分子材料。近年来关于聚苯胺复合材料的研究多集中在其与碳纳米材料如碳纳米管和石墨烯的复合。例如,中国科学院 Wang[8]等人采用原位聚合方法和溶液加工工艺,制备了聚苯胺/单壁碳纳米管复合材料,电导率达到了 1440S/cm。类似的,聚苯胺能够以多种方式与石墨烯复合,如液相混合、固相机械混合及原位聚合等,不同的复合方式产生的复合效应不尽相同。原位聚合的方法可以使聚合物和石墨烯接触更紧密,达到分子级别的复合,因此存在更强的相互作用。另外,在聚苯胺与碳纳米材料的复合材料中再引入第三种材料,可以制备三元复合材料,能够进一步提升材料的某些性能。例如,在碳纳米管上加入纳米金颗粒提高碳纳米管的电导率后,再将聚苯胺进行复合,可以制备热电性能优异的三元复合材料[15]。电化学聚合法也可制备具有特殊形貌的聚苯胺复合材料。例如,以其他导电材料为电极,苯胺单体为电解质,可以通过精确控制电极电位制备厚度均匀的片层状复合材料。类似的,以聚苯胺为电极,将其他材料通过电化学方法聚合到其表面,形成层状复合材料。电化学法制备复合材料最突出的优势在于其可以精确控制聚合时间、聚合物薄膜厚度等。另外,如果电解质分散液中存在多种游离粒子,通过在不同时段施加差异化电极电位,可以制备多层复合材料,以满足更多样化的应用需求[16]。采用原位化学氧化聚合的方法,以聚苯胺为导电介质,以聚氨酯为基材制备的复合材料,在具备一定导电能力的同时,具有极佳的机械性能,非常适合作为应力和应变传感器。类似的,聚苯胺也可以作为导电介质与多种其他传统高分子材料如聚丙烯、聚乳酸、聚乙烯醇等进行复合,从而得到多种电导率和机械性能不同的、满足多种不同应用场景的复合材料[17]。

2) 聚吡咯复合材料　聚吡咯(PPy)是发现较早并经系统研究的导电高分子之一,具有高电导率、空气中稳定、氧化电位低、易于制备等优点,很容易电化学聚合,形成致密的薄膜。与聚苯胺类似,目前基于聚吡咯的复合材料研究同样更多地聚焦于其与碳纳米管、石墨烯等碳纳米材料的复合,通过聚吡咯与碳纳米材料之间的π—π相互作用使二者紧密结合并改善聚吡咯分子链的排列,结合碳纳米材料本身的高电导率,从而赋予复合材料较高的电导率。例如,陈光明等人[18]以"水+乙醇"为反应介质制备了聚吡咯/单壁碳纳米管复合材料薄膜,该薄膜在具备良好机械性能的同时,电导率也达到了较高的300S/cm以上。Ha[19]等人制备了基于聚吡咯/石墨烯/聚二甲基硅氧烷三元复合材料体系的"压力-温度"多功能传感器。在水分散液中加入分散剂和氧化剂,通过化学氧化法制备的聚吡咯及其复合材料可以在较长时间内保持稳定分散,因此非常有潜力作为可印刷油墨在印刷电子领域大显身手。不过,聚吡咯的成膜性较差,而与成膜性好的传统高分子绝缘材料复合又将降低聚吡咯的电学性能,因此,通过化学修饰等方法改善聚吡咯自身的成膜性是目前的重点研究方向之一。

3) 聚噻吩类复合材料　聚噻吩上的侧链修饰对其载流子传输和加工性能有着重要影响。经过长时间的研究,PEDOT和P3HT逐渐脱颖而出,成为聚噻吩类导电聚合物中的典型代表。其中,PEDOT体系与多种不同材料都具备优异的相容性,得益于此,其不但可以与碳纳米材料等高电导率材料复合,制备高电导率且具备一定半导体特性的特殊复合材料;又可以与非导电材料进行复合从而改善机械性能。PEDOT的分子链较短(通常只有6个重复单元左右),因此载流子不能沿分子链实现长距离传输,所以其分子链间的载流子传输在很大程度上影响了材料的电导率。为了提高PEDOT分子链间的载流子传输速度,科学家们进行了多方向的深入研究。例如,在PEDOT:PSS体系中,通过高极性溶剂如二甲基亚砜(DMSO)对其进行微观形貌重构,可以使导电的PEDOT分子链彼此更加贴合,并减少非导电部分PSS的阻隔,从而大大提高其成膜材料的电导率,这一过程被称为"二次掺杂"。另外,对于PEDOT与碳纳米管的复合材料,得益于碳纳米管的高电导率、高比表面积、高长径比等特点,复合材料中可以构建更大范围的载流子传输网络,而且PEDOT与碳纳米管之间形成的π—π相互作用可以进一步提高载流子迁移率,从而获得更优异的电学性能。有研究认为,在PEDOT体系材料与碳纳米材料的复合材料中,两者互为桥梁,可以帮助载流子在PEDOT和碳纳米材料之间实现高效传输,进而提高电导率。但也有研究认为[20],PEDOT:PSS的聚集在一定程度上削弱了碳纳米管的导电能力,而引入第三相如聚乙酸乙烯酯(PVAc)可以防止这种聚集,从而使复合材料获得更高的电导率。另外,PEDOT体系也可以与绝缘材料进行复合制备机械性能良好的传感器。例如,与一定比例的聚氨酯复合,可以制备自供电应力传感器。其工作原理是利用复合材料在不同应力作用下的电导率不同,从而通过检测电阻变化来获得材料所受应力变化。而PEDOT特有的热电性能使得材料具有一定的自供电能力[21]。PEDOT:PSS具有良好的水分散性，非常适合溶液加工，因此也成为了PEDOT体系导电材料中被研究最多的子体系之一。可以将PEDOT:PSS水分散液进行简单的化学改性制备成适合印刷的油墨，将其打印在具有特定形貌和优秀机械性能的基底上，利用其导电性和热电性能制备多参数传感器[22]。

杨正龙等[23]采用化学氧化法，合成了一种聚（3-己基噻吩）即P3HT，将其与多壁碳纳米管（MWCNTs）有效复合，最后形成一种受体异质结型P3HT-MWCNTs光敏性纳米复合薄膜。随着碳纳米管含量的增加，其在可见光区域内的吸收红移，吸收光谱更加兼顾近红外光区域，与地面太阳光谱更加匹配，提高了对太阳能的利用率。

（2）碳系导电介质复合材料　以炭黑为导电填料的复合型导电高分子，是用量最大、用途最广的一种导电高分子材料。作为导电填料，炭黑的粒径大小、结构及表面性质等都会影响导电性能。以炭黑作为导电介质的复合材料往往采用物理混合方式进行制备，如在橡胶混炼时加入炭黑。另外，也可以将炭黑与单体共同分散在同一介质中（如悬浮聚合分散液等），在炭黑存在的情况下使单体聚合成为聚合物，从而获得复合材料。在已经成型的聚合物膜表面喷涂炭黑油墨，可以快速且大面积地制备层层复合的复合材料。在制备炭黑复合材料时，无论使用哪种策略，我们都希望有更多的炭黑颗粒组成炭黑聚集体，从而有更大的概率形成所需的链状导电通道，由此得到导电性能更好的炭黑导电复合材料[24]。另外，也有许多科研人员[25]发现炭黑的比表面积越大，炭黑的粒径会更小，炭黑颗粒在单位体积内的数量也相应增多，会增大炭黑颗粒之间的接触，形成聚合物基体上的链状导电通道，进而提高复合材料的导电性。炭黑在导电高分子材料领域中的应用，集中在炭黑填料的改性、新型导电炭黑填料的开发等方面。

碳纳米管（CNTs）可分为多壁碳纳米管（MWNTs）和单壁碳纳米管（SWNT），具有极高的纵横比，被视为准一维纳米材料，但其制备工艺复杂、价格较贵。碳纳米管与导电高分子（如聚吡咯、聚苯胺等）复合，不仅能对碳纳米管进行功能化修饰，还可增加复合材料的赝电容性。此外，利用碳纳米管多孔结构可适应体积变化的特性，可弥补导电高分子易出现收缩断裂、长期循环过程中聚合物链断裂等缺点，从而保持循环过程中更稳定的电容能力。在上文关于导电聚合物基复合材料的讨论中，已经列举了部分碳纳米管的复合材料，此处不再赘述。另外，碳纳米管也可以代替炭黑，与多种绝缘橡塑材料进行复合，制备微观形貌更加精细的导电材料。但与炭黑不同的是，碳纳米管尺度极小，因此具有明显优于炭黑的穿过和表面吸附能力，能够更容易地进入基体材料微孔，从而更易形成导电通路，相比于炭黑可以大大减少碳材料的使用。除了提供导电能力，碳纳米管也常常作为增强体对材料的机械性能进行增强。这得益于其自身超强的机械强度、较低的密度，且巨大的比表面积及表面易于形成氧化或负载位点，这些位点为其与基体材料的结合提供了重要保证，良好的结合使得碳纳米管能够较好地发挥其自身的机械强度优势，对基体材料进行有效补强。垂直于材料表面排列的碳纳米管具有极强的光子捕获能力；在某些材料表面通过原位生长或自组装策略构建的一层竖直排列的碳纳米管赋予该表面强大的吸光能力，可生产极黑材料，或与太阳光吸收和转化相关的新能源材料。

作为碳纳米管的"近亲"，石墨烯同样具有高电导率、高热导率、优异的机械性能、大比表面积等特点。作为高导电介质，石墨烯同样可以与导电聚合物材料通过物理共混或原位聚合等方式进行复合。例如，将石墨烯与吡咯单体分散于同一分散液中，采用化学氧化聚合的方式可以在石墨烯的表面原位合成聚吡咯，制得均一的二元复合材料。另外，作为导电介质和机械性能增强体，石墨烯可以与多种传统高分子绝缘材料（如聚氨酯、聚丙烯、聚甲基丙烯酸聚氨酯等）通过机械混合、溶液混合、原位聚合等策略进行复合，制备机械性能优异的导电橡塑材料。通过在溶剂中添加少量分散剂，碳纳米管和石墨烯可以分散在多种溶剂中，制成导电油墨，非常适合作为印刷电子的原材料。

（3）金属导电介质复合材料　该类材料是以电绝缘性高分子为基材，以金属粉末、金属纤维、金属丝等高导电材料为填充材料，经适当混炼和成型加工后得到的一类性能优异的导电材料。选用合适的金属填料种类和形态及合适的用量，可以得到比炭黑填充型高分子具有更好导电性的复合型导电高分子材料，电导率可控制在 $10^{-5} \sim 10^4 \mathrm{S/cm}$。

常用的金属系填充材料包括银、金、铜、铝、镍等，从稳定性考虑，不宜采用那些容易被氧化的金属。其中，银粉是制备填充复合型导电材料最理想和最常用的一种导电填料，它具有优良的导电性和化学稳定性，在空气中氧化速度极慢，在高分子中几乎不被氧化。即使是已经氧化的银粉，仍具有较好的导电性。因此银粉在可靠性要求较高的电气装置和电子元件中应用最多。但银粉价格高、相对密度大、易沉淀，使用范围非常有限。同时银粉用量常比炭黑大，因为一般情况下金属粉末不利于形成链式结构，而且，高的金属含量又常导致高分子力学性能受损。此外，银粉在高分子材料树脂中存在分散和相容的问题，在潮湿环境下还易发生迁移。不同方法制备的银粉粒径和形状不同，具有不同的物理性质，见表3-4。

表3-4　　　　　　　　　　不同方法制得银粉的形态

制备方法	银粉粒径/μm	银粉颗粒形态	制备方法	银粉粒径/μm	银粉颗粒形态
电解法	0.2~10	针状	高压喷射法	约40	球状
化学还原	0.02~2	球形或无定形	研磨法	0.01~2	片状
热分解法	—	海绵或鳞片状	真空蒸发法	—	扁平片状

虽然金粉的化学性质更稳定，导电性好，但因其价格很高，应用远不如银粉广泛，在可靠性要求较高的电气装置和电子元件中应用较多。

铜粉、铝粉和镍粉都具有较好的导电性，价格较低，但它们在空气中表面容易氧化，导电性能不稳定，所以在制备复合型导电高分子时并不能得到导电性能优良的材料，用氧酮、叔胺、酚类化合物作防氧化处理后可提高导电稳定性。

3.4.3　制备方法

（1）机械共混法　机械共混法是将预复合的两种或多种材料同时放入共混装置，然后在一定条件下进行适当混合制备共混导电复合材料。机械共混法成本较低，可较快速地大量制备复合材料。该法的典型实例是导电橡胶的制备。例如，将一定比例的石墨烯和橡胶直接通过开炼机或密炼机进行机械混炼，然后在一定的温度与压力下进行橡胶硫化，最终得到石墨烯/橡胶纳米复合材料。该方法成本低，工艺流程简单，加工过程中无溶剂引入，环境友好，对极性和非极性橡胶都适用，在工业生产中得到广泛应用。该法同样适用于金属粉体与橡塑材料的复合。芬兰PAniipol公司掺杂的聚苯胺（PANI）与聚丙烯（PP）、聚乙烯（PE）、聚苯乙烯（PS）树脂机械共混，得到了表面电阻率为 $10^3 \sim 10^{10} \Omega \cdot \mathrm{cm}$ 的复合材料,基本上克服了掺杂PANI在加工温度下易分解的缺陷。机械共混法的缺点是较难形成纳米级别的共混,制品的均匀性较其他方法没有优势。

(2) 溶液共混法　溶液共混法是实验室制备聚合物基纳米复合材料的常用方法,与机械共混法的主要区别在于加入了溶剂等分散介质。分散介质的存在可以大大改善各组分的分散程度,从而制得均匀性更好的复合材料。该法的缺点在于需要后期去除引入的分散介质,因此在程序上与机械共混法相比更加复杂。另外,对于分子量大的聚合物,寻找合适的分散介质具有一定困难。部分导电聚合物可溶于四氢呋喃(THF)、N-甲基吡咯烷酮(NMP)、二甲基亚砜(DMSO)等有机溶剂,许多聚合物如聚乙烯醇(PVA)、乙烯-醋酸乙烯共聚物(EVA)、尼龙6(PA6)等能和这些经有机功能质子酸掺杂后的导电聚合物共同溶解于溶剂中。也有部分导电聚合物如PEDOT:PSS可以溶于水,因此可采用溶液共混法制备共混复合型导电高分子材料。碳纳米管、石墨烯等碳纳米材料虽然不能直接溶于水中,但加入表面活性剂如十二烷基硫酸钠等后,可以获得长时间稳定的分散液,因此也可以使用溶液共混法与其他水溶性高分子进行复合。这一方法制备的溶液或有机分散液,只要对其黏度进行一定的调控,即可成为印刷油墨,因此在印刷电子领域具有非常广阔的应用前景。

(3) 熔融共混法　熔融共混又被称为熔体共混,是利用捏合机、塑炼机或双螺杆挤出机等将基体聚合物与导电聚合物等导电介质在基体聚合物的熔点以上熔融混合均匀,从而得到填充复合型导电高分子的方法,非常适合以热塑性塑料为基底的材料,是实现导电高分子材料规模化工业生产最有可行性的加工手段之一。熔融共混的过程中基体聚合物处于黏流态,大分子链活动能力大大加强,因此在高热高压环境下,有更大概率与添加的导电介质发生反应,生成接枝或嵌段共聚物。用此法制得的复合材料不仅具有较好的永久性抗静电能力、优秀的稳定性,而且保持了母体聚合物的力学性能。张国清等将制得的聚苯胺-十二烷基苯磺酸导电复合物(PNAI-DSBA)与低密度聚乙烯在流变仪上熔融共混,因导电复合物含量的不同,共混物的电导率为$10^{-8} \sim 10^{-1}$S/m。刘丹丹等研究了实验室制备的两种聚苯胺材料与乙烯-丙烯酸共聚物(EAA)的熔融共混及共混物的导电性能和微观形态,共混物的电导率为$10^{-5} \sim 10^{-4}$S/m。

(4) 共沉淀法　共沉淀法是将非导电聚合物水乳液和导电聚合物微粒悬浮液混合共同沉淀形成沉淀共混物,常用于制备粒度小且粒度分布均匀的纳米粉体。例如,共沉淀法制备聚吡咯与聚氨酯的复合材料,经3步完成:a) 用化学氧化法制备聚吡咯细小微粒分散成悬浮液;b) 聚氨酯在氯仿中溶解,然后用表面活性剂制备水乳液;c) 将乳液与聚吡咯悬浮液混合,可制得沉淀共混物。

(5) 直接涂布法　直接涂布法是将导电聚合物纳米颗粒直接涂布在纤维、织物或片材等形式的基体聚合物表面,使其形成导电涂层或薄膜,得到导电聚合物-聚合物纳米导电复合材料。导电聚合物薄膜的常用制备方法是旋转涂布法,即将聚合物分散液滴涂到水平基底上,通过对基底进行高速旋转,将聚合物液滴均匀地涂覆在基底上。旋转涂布既可以制备自支撑导电聚合物薄膜,也可以制备片层结构导电复合材料。印刷电子领域中制备印刷电子材料与器件的过程实际上就是使用直接涂布法制备复合材料。这种方法可以快速制备大面积、图案化、柔性片层复合材料。通过层层涂布,还可以便捷地制备具有多层结构的电子器件如二极管、晶体管、逻辑电路等。将传统的高分子纤维浸渍到导电聚合物分散液中，也是一种制备导电纤维的直接涂布方式。如将在 PVA 中稳定分散的 PANI 纳米颗粒分散液直接涂布在涤纶（PET）和尼龙 6 纤维上，可以在纤维表面形成光滑且各向同性的 PANI 包覆膜，分散液中 PANI 用量越高，复合纤维的电导率越高，纤维基体的力学性能基本不变。

（6）原位乳液聚合法　原位乳液聚合法是将导电聚合物单体溶于基体聚合物的溶液中，加入表面活性剂制成乳液，在乳液中引发导电聚合物单体聚合。碳纳米管/石墨烯与导电聚合物的纳米级复合材料多用原位聚合法制备。另外，将高分子纤维材料或织物材料置于导电聚合物单体分散液中，也可以直接制备导电纤维或导电织物复合材料，这种方法也被称为吸附聚合法。谷亚新[26]用原位氧化聚合法合成了聚苯胺（PANI）/聚甲基丙烯酸甲酯（PMMA）复合材料，通过溶液浇铸的方法制成了性能优良的可溶性导电自支撑膜，电导率达 10^{-2} S/cm。李瑞琦等[27]采用原位化学氧化聚合的方法制备了聚苯胺/聚甲基丙烯酸甲酯复合膜，当复合膜中苯胺用量为 35% 时，电导率达到 1.2×10^{-2} S/cm，适宜的聚合反应时间为 6h 左右，反应温度不宜高于 40℃。Ruckenstein 等[28]用原位乳液聚合法制备了聚苯胺-聚苯乙烯（PANI-PS）纳米复合材料，其电导率随 PANI 用量的增加而增加，最高为 300~500S/m。

（7）其他制备方法　除上述方法外，制备导电高分子复合材料的方法还有悬浮液共混法、模板辅助聚合法等。悬浮液共混法与溶液共混法类似；模板辅助聚合法是在模板聚合物存在下引发导电聚合物生成，聚合完成后，得到导电聚合物-模板聚合物纳米导电复合材料。Soon Jae Kwon 等以聚离子液体（PIL）为 PEDOT 相容模板，采用共混法制备了一种 PIL-改性 PEDOT（PEDOT:PIL）/聚醚酯酰胺（醚-β-酯）(PEEA) 高伸缩性导电聚合物。导电 PEDOT:PIL 在 PEEA 中分布均匀，共混物呈现出较低的渗滤阈值并具有良好的弹性机械性能。

应当注意的是，上述方法并不孤立，也可以两种或多种方法结合使用，以期获得更丰富的导电复合材料种类。例如，利用原位乳液聚合法可以制得碳纳米材料与导电聚合物的纳米级复合材料，将这种材料直接涂布在聚合物基材表面，又可以制备片层结构三元复合材料。又如，制备柔性印刷电子器件的过程实际上是结合了溶液共混或悬浮液共混（导电油墨的制备）以及直接涂布两种复合材料的制备方法。

3.4.4　发展前景

复合型导电高分子材料既具有导电填料的导电性、导热性及电磁屏蔽性，又具有基体高聚物的热塑性、柔韧性及成型加工性。随着纳米技术的发展，纳米材料复合导电高分子还将在化工、医学、免疫学、电子、通信、热控、能源等行业得到更广泛的应用。复合型导电高分子材料还需要提高导电组分的导电性、分散性，改善导电高分子材料的加工性能、力学性能等综合性能；在提高导电性能的前提下，尽量降低导电填料的用量，提高导电填料的改性效果和开发新型导电填料，降低生产成本，进一步改善其加工技术和工艺；同时，提高导电填料在高分子材料中的分散均匀性和界面结合牢固性。

3.5 有机与复合导电材料的应用

有机导电材料具有不同于传统金属导体和无机半导体的特殊性能，应用前景广阔。随着有机导电材料应用范围的不断拓宽，其在光电子器件、传感器、分子导线和新能源材料，以及电磁屏蔽、金属防腐、隐身技术等方面逐渐得到了广泛应用。本小节将从器件的角度介绍近年来研究较多的有机与复合导电材料的应用，简述其基本结构和工作原理，为读者提供这类器件的基础知识和构建方法。

3.5.1 有机发光二极管（OLED）

(1) 有机电致发光

1) 物理机制　电致发光是指电能到光能的非热转换。无机半导体电致发光器件在通讯、光信息处理、视频器件、测控仪器等光电子领域有着广泛而重要的应用价值。但其复杂的制备工艺、高驱动电压、低发光效率、不能大面积平板显示、能耗较高及难以解决短波长（如荧光）等问题，使得无机电致发光材料的进一步发展受到影响。有机电致发光器件是利用有机电致发光原理制备的发光器件，是一种在电场驱动下，通过注入载流子和复合导电有机材料发光的显示器件。有机电致发光器件很薄，因此，两电极间仅需 5~10V 的电压就能产生足够的电场，空穴和电子就可分别从器件正极和负极注入到有机电致发光材料当中。空穴和电子在发光层中相遇、复合而释放出能量，并将其传递给有机电致发光物质的分子使其受激，从基态跃迁到激发态。当受激分子从激发态回到基态时，将能量以光能的形式释放出来，从而产生电致发光现象。

与其他显示和照明技术相比，有机电致发光器件成本低、全固态、主动发光、发光效率高、对比度高、视角宽、响应速度快、超轻薄、低电压直流驱动、功耗低、工作温度范围宽、抗震能力强、易实现大尺寸和柔性显示，在显示、照明、通讯、传感器等众多领域，具有广泛的应用潜力。

2) 有机电致发光材料　有机电致发光材料发现于 20 世纪 60 年代。单晶蒽是第一个被报道的有机电致发光材料。但单晶蒽的厚度为 10~20μm，当驱动电压达到 400V 时才能看到蓝光，且亮度微弱。此后，用萘、菲、并四苯、并五苯、醌、咔唑等做主体材料，使用不同的阴极材料和掺杂的有机电致发光材料被陆续报道。

空穴传输材料一般具有强的给电子特性，都具有比较低的离化能，如芳香二胺类、芳香三胺类、咔唑类，以及一些有机硅烷类和金属配合物等，这些化合物一般都含有带孤对电子的氮原子或硫原子。目前一般使用芳香叔胺作为空穴传输材料。良好的空穴传输材料不但要具有较高的电离势和空穴迁移率，还要具有很好的热稳定性和成膜性。

一般电子传输材料都具有较大的共轭平面，较高的接受电子的能力，且在正向偏压下能有效地传输电子，如金属配合物类、噁二唑类、咪唑类、全氟类及有机硼和有机硅类等。因此，对电子传输材料的要求则是既要具有良好的传输电子的能力，又要满足器件的加工性及稳定性要求，如成膜性、热稳定性等。因此，导电聚合物材料及其复合材料在电致发光领域的应用也得到了科研人员的重视。

(2) 有机发光二极管

1) 原理　有机发光二极管（OLED）同普通发光二极管（LED）发光的原理相同，即利用半导体经过渗透杂质处理后形成 PN 结，电子由 P 型材料引入，当电子与半导体内的空穴相遇时，有可能掉到较低的能带上，从而释放出能量与能隙相同的光子，便形成发光二极管。发光二极管的光线波长取决于发光材料的能隙大小。若要使二极管产生可见光，材料的低能带与高能带之间的能隙大小就必须落在狭窄的范围内，约为 2~3eV。能量为 1eV 的光子波长为 1240nm，处于红外区，当能量达到 3eV 时，发出光子的波长约为 400nm 左右，呈紫色。

有机发光材料便于分子设计，制备工艺简单，价格低廉，器件工作电压低、功耗小，且有望实现柔性大面积显示屏，因此倍受人们关注。至今已研制出从红到蓝不同波长的有机发光二极管，量子效率可达 4%，并已制成大面积显示屏，可用于手机、小型电脑等。

2) 结构　OLED 的典型结构非常简单：玻璃基板（或塑料基衬）上先有一层透明的氧化铟锡阳极，上面覆盖着增加稳定性的钝化层，再向上就是 P 型和 N 型有机半导体材料，最顶层是镁银合金阴极。这些涂层都是热蒸镀到玻璃基板上的，厚度非常薄，只有 100~150nm，小于一根头发丝的 1%，而传统 LED 的厚度至少需要数微米。在电极两端加上 2~10V 的电压，PN 结就可以发出相当明亮的光。这种基本结构多年来一直没有太大的变化，人们称之为柯达型。由于组成材料的分子量很小，甚至小于最小的蛋白质分子，所以柯达型 OLED 又被称为低分子 OLED。

用于 OLED 的有机发光材料主要有两类[29]，一类是以 8-羟基喹啉铝（Alq_3）为代表的有机小分子发光材料，另一类是以聚对苯乙烯撑（PPV）为代表的有机高分子发光材料。

有机小分子 LED 的典型结构如图 3-17 所示，其中 Mq_3 是一类有机小分子发光材料，以 Alq_3 用得最多。HTL（hole transport layer）为空穴传输层。在外加偏压的作用下，电子由阴极注入，被空穴传输层阻挡在低迁移率的电子传输层 Alq_3 层内，注入的电子被陷阱俘获；空穴由阳极注入空穴传输层，靠扩散作用进入 Alq_3 层，与被陷阱俘获的电子形成 Frenkel 激子，且复合发光。因此，发光主要发生在 Alq_3 层中离开 HTL 为空穴扩散长度的范围内。

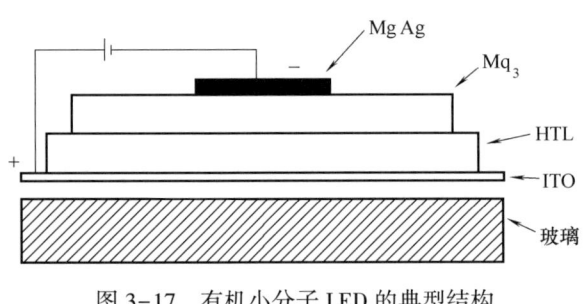

图 3-17　有机小分子 LED 的典型结构

小分子 OLED 与高分子 OLED 相比，在制作工艺上存在劣势。小分子或低聚物必须由热蒸镀的方式制造元件，生产时必须使用高精度的真空系统，从而增加了制造成本。同时，在大面积化生产时，将遇到严重的问题。而高分子有机半导体材料则可以利用溶液涂布搭配喷墨技术等方式制作元件，具有低成本及大面积生产的优势。

3.5.2　有机场效应晶体管（OFET）

有机场效应晶体管（OFET）是以共轭的有机小分子或高分子作为活性半导体层，无机或高分子介电材料作为绝缘层,通过栅电压调节半导体导电能力的一种器件。器件结构如图 3-18 所示。

（1）有机半导体材料　结构规整、高度有序化和能自组装的有机小分子、低聚物和共轭高分子是 OFET 性能提高的根本[24]。因此,要想制备理想的 OFET,有机半导体材料的性能具有决定性的作用。

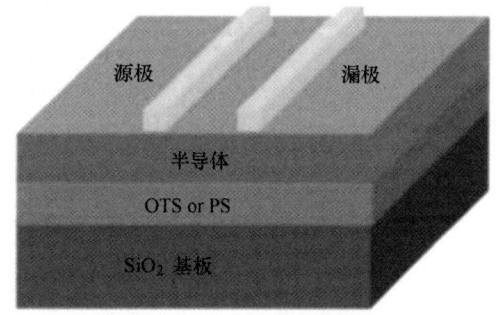

图 3-18　场效应晶体管的器件结构

有机半导体材料性能直接决定晶体管的优劣。有机小分子半导体材料由于其良好的共轭性及分子内骨架原子的共平面性,利于分子堆积,有利于实现分子间电子的迁移。

用作有机场效应晶体管的有机半导体材料不但具有稳定的电化学特性,还具有 π 键的共轭体系,π 键重叠的轴向应该尽量与源、漏电极之间的最短距离方向一致,从而有利于载流子的传输。这不仅限制了大多数有机材料,而且要求控制薄膜制备条件,使晶体的生长和取向达到最佳的形貌。

有机场效应晶体管对所用有机半导体材料有特定要求[29]：高迁移率,低本征电导率。高迁移率是为了保证器件的开关速度,低本征电导率是为了尽可能地降低器件的漏电流,从而提高器件的开关比,增加器件的可靠性。有机半导体材料的设计和合成起着决定性的作用。而对于任何可能的实际应用,一般要求场效应晶体管的迁移率超过 $0.01 cm^2/(V·s)$,开关比大于 10^3。

迁移率较高的有机小分子化合物都具有一定的平面结构,它们能形成自组装的多晶膜,当这些分子沉积在绝缘层上后,分子层互相平行并且垂直于绝缘层的表面,这种有序的分子膜排列使 OFET 的迁移率大大提高。小分子有机物易于提纯,且常用真空蒸镀的方法来制备薄膜。

典型的有机半导体材料及其电子迁移率如图 3-19 所示。这些 OFET 材料主要通过蒸发过程制作。在发现单晶红荧烯的电子迁移率高达 $5 cm^2/(V·s)$ 之后,有机电子学自然而然地与印刷技术相融合。印刷工艺在室温下需要稳定的油墨材料,因此在空气中不稳定的化学物质在工业级别的应用具有一定困难。就并五苯而言,即便它是标准有机电子材料,但仍不稳定,需要发掘兼具印刷适性的有机材料。

单一共轭分子中电子（或空穴）的本征载流子迁移率是相当大的。单一的红荧烯分子内的最大晶体管流动性非常高。事实上,晶体的载流子迁移率可达 $18 cm^2/(V·s)$,影响因素有纯度/晶体质量、接触电阻、晶体管构型、衬底材料等。基于非接触内在电阻估计达 $40 cm^2/(V·s)$,因此,单个红荧烯分子的真实流动性等于或大于 $40 cm^2/(V·s)$。

酞菁（Pcs）类化合物也是制备有机场效应晶体管的常用材料之一,在 400℃ 以下比较稳定,在真空中易蒸发形成均匀的薄膜,可以与不同的金属配位形成金属化合物。Pcs-OFET 迁移率为 $10^{-4} \sim 10^{-2} cm^2/(V·s)$,由 Pcs 制得的 OFET 大多数是 P 型结构。对氨基酞菁铜场效应晶体管而言,用 LB 膜技术制备的酞菁铜 OFET 比蒸发制备的 OFET 的迁移率高很多。

以上介绍的大多数有机半导体都是 P 型材料,N 型半导体材料相对较少,主要问题在

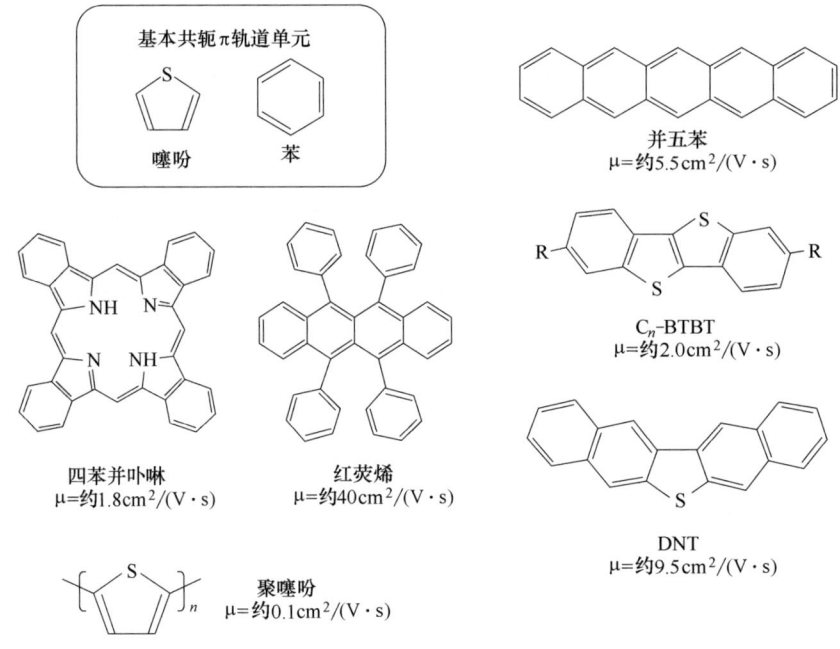

图 3-19 典型的有机半导体及其电子迁移率

于它们对氧和湿度很敏感，极不稳定。尽管利用 N 型材料制备的有机场效应晶体管的迁移率已经很高，可以达到 $0.6\text{cm}^2/(\text{V}\cdot\text{s})$，但由于 N 型材料本身对空气和水的敏感性，所以制备的器件的性能都不稳定。但高性能的 N 型材料可以制备 PN 结和互补逻辑电路。因此，研究新的、高性能的 N 型材料具有重要意义。所以，发展高迁移率、对环境稳定的 N 型有机半导体材料是当务之急。

（2）并五苯有机场效应晶体管　图 3-20 所示是并五苯有机场效应晶体管的一种制备工艺流程[5]。

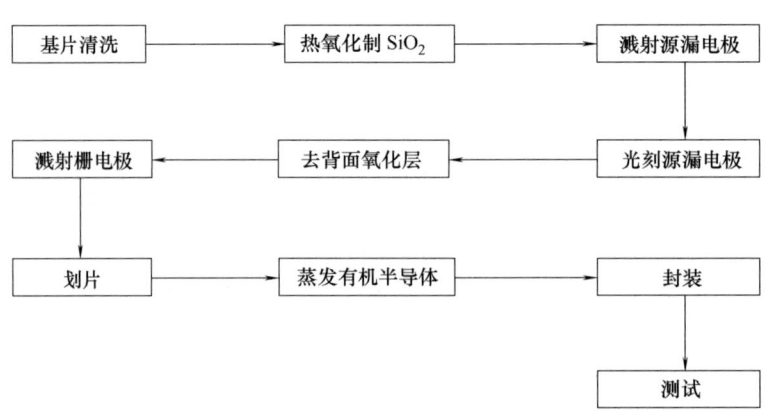

图 3-20　并五苯有机场效应晶体管的一种制备工艺流程

清洗硅片的一般工艺程序为：

去油→去离子→去原子→去离子水冲洗

选用的清洗方案（主要指氧化前的清洗）如下：

第一步　用硫酸加双氧水混合液（$H_2SO_4 : H_2O_2 = 3 : 1$）浸泡硅片直至不起反应为止。倒掉残液，用去离子水冲洗几遍，再用去离子水超声处理 3min，然后用热去离子水冲洗 5min。

第二步　用稀释氢氟酸溶液（$HF : H_2O = 1 : 1$）泡 30s，冲热去离子水 15min。

第三步　用 I 号洗液（$NH_4OH : H_2O_2 : H_2O = 1 : 2 : 5$）煮至沸腾，倒掉残液，用去离子水冲洗几遍。

第四步　用 II 号洗液（$HCl : H_2O_2 : H_2O = 1 : 2 : 8$）煮沸 2~3min，倒掉残液，冲热去离子水 15min，冲冷去离子水 5min。

第五步　烘干备用。

根据实际清洗效果，决定是否需要适当增减某些溶液的清洗或超声次数，或增减某些清洗步骤。

二氧化硅层是以干/湿氧交替氧化的方法制备的，通过控制时间和温度来控制氧化层的厚度，一般厚度控制在 300~500nm 之间。

源、漏电极的制备是通过磁控溅射来完成的，先在氧化硅表面溅射一层 Ti，以增加金属与氧化层的黏附力，然后再溅射金电极。

有机半导体层是在蒸发台内制备的，当蒸发台内真空度达到 10.3Pa 时，加热并五苯使其升华，淀积到制备好的衬底表面。

1）以聚酰亚胺为绝缘层的全有机场效应晶体管（OTFT）　聚酰亚胺耐高温、耐辐射，它最重要的特点是没有一个确定的熔点，热膨胀系数小，可保持它的尺寸和功能稳定，可以在低温到高温（482℃）甚至更高温度范围内连续稳定工作。它介电性能优良，介电常数达 3.5，是有机场效应晶体管理想的绝缘层材料。其场效应晶体管的结构如图 3-21 所示[30]。

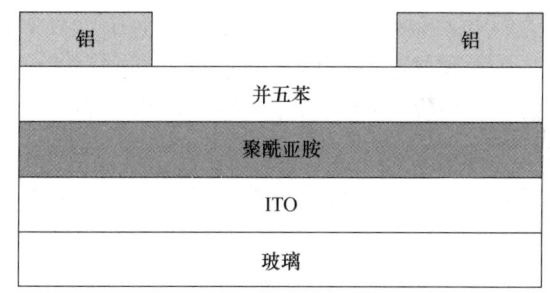

图 3-21　以聚酰亚胺为绝缘层的有机场效应晶体管的结构

制作步骤如下：

以氧化铟锡（ITO）导电玻璃为衬底，分别用甲苯、四氯化碳、丙酮、乙醇超声处理，用去离子水清洗后烘干。之后旋涂聚酰亚胺，放入烘箱内分阶段高温固化：80℃烘 1h，再升到 125℃烘 1h，最后升温到 200℃烘 3h 后，自然冷却。

将纯度为 98% 的并五苯粉末放在石英舟内，在真空度为 1.4×10^{-3}Pa 的条件下，在固化的聚酰亚胺上热蒸镀制得并五苯薄膜。用椭圆偏振仪测并五苯薄膜厚度。用掩模版盖住已做好的样品，在真空度为 3×10^{-3}Pa 的条件下，蒸镀铝作为源、漏电极。

测试表明，聚酰亚胺表面高低起伏尺寸在 14nm 以内，并五苯厚度为 150nm，器件的开启电压约为 -1V，迁移率为 0.079cm^2/V·s，开关电流比约为 10^4。

2）其他绝缘层材料的有机薄膜晶体管　栅极绝缘层在 OTFT 中起着关键性的作用，绝缘层表面影响有机半导体的生长，从而影响器件的特性。器件中载流子传输主要取决于绝缘层的有源层界面。在 OTFT 器件中，栅极绝缘层材料多数采用无机材料或有机聚合物，可通过磁控溅射、热氧化、电子束热蒸发、旋涂等方式制备[30]。

无机绝缘材料耐高温、化学性质稳定、不易击穿，然而，固相高温和非柔性加工限制了它在晶体管微型化、大面积柔性显示、大规模集成电路、低成本溶液加工生产中的应用。常用无机绝缘层材料主要有 SiO_2、SiN_x、Al_2O_3、TiO_x、ZrO_2 等。

有机绝缘材料与有机半导体层具有良好的兼容性、较低的表面粗糙度和表面陷阱，密度低、杂质含量低、与柔性基板有良好的兼容性，适用于低温溶液加工。有机绝缘材料主要有以下几类：聚甲基丙烯酸甲酯（PMMA）、聚酰亚胺（PI）、苯并环丁烯（BCB）、聚乙烯吡咯烷酮（PVP）、聚苯乙烯（PS）、聚乙烯醇（PVA）、聚四氟乙烯（PTFE）、硅基倍半氧烷树脂（SR）。有机绝缘材料替代无机绝缘材料是发展趋势[31]。

黄金英等[32]分别以 SiO_2 和 PMMA 为绝缘层材料，制备了底栅顶接触结构的 OTFT 器件，发现 PMMA 为绝缘层的器件具有更好的性能。

3.5.3 有机太阳能电池

最早的有机太阳能电池为肖特基电池[33]，即在真空条件下，把有机半导体染料如酞菁等蒸镀在基板上形成夹心式结构。这类电池有利于研究光电转换机理，但蒸镀薄膜的加工工艺复杂，有时薄膜易脱落。后来发展了将有机染料半导体分散在聚碳酸酯（PC）、聚乙酸乙烯酯（PVAc）、聚乙烯咔唑（PVK）等聚合物中的技术。然而这些技术虽能提高涂层的柔韧性，但半导体的含量相对较低，使光生载流子减少，短路电流下降。

有机半导体吸收光子产生电子空穴对（激子），激子的结合能为 0.2～1.0eV，高于相应的无机半导体激发产生的电子空穴对的结合能，所以电子空穴对不会自动解离形成自由移动的电子和空穴，需要电场驱动电子空穴对进行解离。两种具有不同电子亲和能和电离势的材料相接触，接触界面处产生接触电势差，可以驱动电子空穴对解离。单纯将一种纯有机化合物夹在两层金属电极之间制成的肖特基电池效率很低，后来将 P 型半导体材料和 N 型半导体材料复合，发现两种材料的界面电子空穴对的解离非常有效，光激发单元的发光复合退活过程有效地得到抑制，导致高效的电荷分离，也就是通常所说的 PN 异质结型太阳能电池[34,35]。

酞菁类化合物[25]是典型的 P 型有机半导体，具有离域的平面大 π 键，在 600～800nm 的光谱区域内有较大吸收。同时苝类化合物是典型的电子受体，也就是 N 型半导体材料，具有较高的电荷传输能力，在 400～600nm 光谱区域内有较强吸收，图 3-22 展示了目前被广泛用作有机太阳能电池的化合物结构示意图。

2001 年，剑桥大学的 Friend 等人在 Science 杂志上报道了利用共轭盘状液晶分子 $HBC-PhC_{12}$ 作为电子给体和苝类化合物 PTCBI（见图 3-22）作为电子受体共同溶解于氯仿中，旋转涂膜，制成器件 $ITO/HBC-PhC_{12}$：PTCBI/Al，在 490nm 处外量子效率达到 34%，能量转换效率达到 1.95%[36,37]。

酞菁、卟啉、菁等有机小分子材料都是在被光激发后给出电子，通常被称为给体材料。在双层有机太阳能电池中通常还需要受体材料。现在被研究得较多的是 C_{60}、二萘嵌苯等。

低聚体、枝状分子和液晶材料应用于有机太阳能电池，一定程度上提高了材料稳定性、增加光谱响应范围或提高材料导电性。

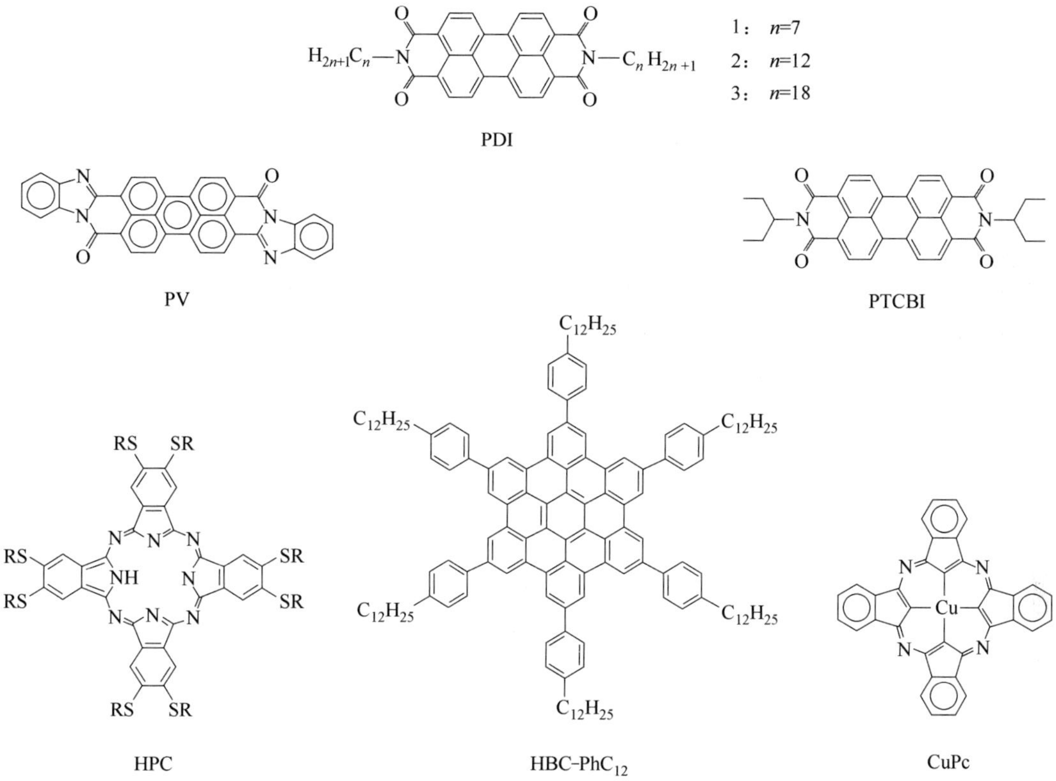

图 3-22 用于有机太阳能电池的化合物结构示意图

3.5.4 电致变色

变色是物质吸收光谱或反射光谱发生改变的一种现象，其本质是构成物质的分子结构在外界条件作用下发生了改变，是其对光的选择性吸收或反射特性发生改变所致。根据施加的变色条件，变色材料可分为电致变色材料、光致变色材料、热致变色材料、压致变色材料、气致变色材料等。

电致变色材料在施加外加电压时，材料表现出色彩的变化。其本质是材料的化学结构在电场作用下发生改变，进而引起材料吸收光谱的变化。电致变色现象包括颜色单向变化的不可逆变色和颜色双向改变的可逆变色。颜色可以发生双向改变的可逆电致变色材料更具有应用价值。

相对于稳定性较差和力学性能存在缺陷的无机和小分子电致变色材料，有机高分子电致变色材料因具有良好的使用和加工性能而应用广泛。高分子电致变色材料结构类型主要包括 4 类：主链共轭型导电高分子材料、侧链带有电致变色结构的高分子材料、高分子化的金属配合物、小分子电致变色材料与聚合物的共混物和接枝物。

主链共轭型导电高分子材料在发生氧化还原掺杂时，分子轨道能级发生改变，导致颜色发生改变，掺杂过程是可逆的。所有导电高分子材料都是潜在的电致变色材料，特别是聚吡咯、聚噻吩、聚苯胺及其衍生物，在可见光区都有较强的吸收带，吸收光谱变化范围处在可见光区。导电聚合物可以用电化学聚合的方法直接在电极表面成膜，制备工艺简单、可靠，有利于电致变色器件的生成制备。例如，采用 PEDOT 为变色材料，通过施加变向电压改变其氧化还原态从而控制颜色深浅的器件已经被用在了某些民用飞机的机窗玻璃上。

3.5.5 热电发电机与温度传感器

热电材料是一类可以实现热能和电能直接转化的材料，自 1821 年 T. J. Seebeck 博士发现热电转换的第一个物理效应以来，热电材料相关研究已经经历了漫长的发展过程。当某种材料两端存在温差时，如果两端因此而产生了开路电压，那么就可以称这种材料是热电材料。在热电材料两端施加电压时，材料两端会因此而产生温差，即温差和电势差的相互转换具有可逆性。理论上所有导电材料均具有热电性能，但性能较高且足以满足某些实际应用的热电材料多为半导体材料。一个理想的热电材料应该具有高的电导率、高的泽贝克系数（特定温差下产生电压的能力）、低的热导率。导电高分子因其大跨度且高度可控的电导率、低的热导率而受到热电领域研究者的广泛关注。常见的导电高分子材料如聚噻吩类、聚吡咯类、聚苯胺类等，均有较好的热电性能。

热电材料的应用主要有两大领域，一是热电发电机，即在存在温差的情况下进行热电发电；二是温度传感器，即利用热电电压与温度的线性关系对温度进行传感。然而，与无机热电材料相比，当前有机热电材料的性能还较低，即其发电效率较低，因此在热电发电机领域尚少有实际应用。但江西科技师范大学徐景坤团队[38]、大连理工大学范曾课题组[39]、东华大学张坤课题组[40]等研究人员正尝试将导电高分子材料与可穿戴衣物结合，制备可以利用人体体温与外界温差发电的可穿戴热电发电机，值得关注。在温度传感器领域，以导电高分子材料作为热电材料制备的温度传感器已经在可穿戴体征监测电子器件等领域有了较为深入和广泛的研究[22,41]。

复习思考题

1. 导电高分子材料的优势有哪些？
2. 简要概述离子导电聚合物的导电机理。
3. 导电高分子的合成方法有哪些？请举例说明。
4. 有机小分子半导体的优势有哪些？
5. 简要概述有机导电复合材料的导电机理。

参 考 文 献

[1] CHIANG C K, DRUY M A, GAU S C, et al. Synthesis of highly conducting films of derivatives of polyacetylene，(CH)x [J]. Journal of the American Chemical Society，1978，100（3）：1013-1015.

[2] 莫尊理，高倩. 石墨烯/聚吡咯复合材料的制备及其导电性能研究 [J]. 西北师范大学学报（自然科学版），2012，48（2）：4.

[3] 胡武洪. 聚吡咯并 [3,4-c] 吡咯的电子结构及导电性研究 [J]. 化学学报，2009，67（21）：2402-2406.

[4] 方滨, 王新灵, 唐小真, 等. 聚氨酯/LiCF$_3$SO$_3$电解质体系的导电机理 [J]. 上海交通大学学报, 2001 (04): 570-573.

[5] 陶春兰. 并五苯性质的研究及其场效应晶体管的研制 [D]. 兰州: 兰州大学, 2009.

[6] LEE J H, KIM G H, KIM S H, et al. Longevity enhancement of organic thin-film transistors by using a facile laminating passivation method [J]. Synthetic Metals, 2004, 143 (1): 21-23.

[7] 李景通. 基于咔唑、联苯、蒽的有机小分子半导体材料的合成与光电性能研究 [D]. 淄博: 山东理工大学, 2014.

[8] WANG L, YAO Q, XIAO J, et al. Engineered molecular chain ordering in single-walled carbon nanotubes/polyaniline composite films for high-performance organic thermoelectric materials [J]. Chemistry-An Asian Journal, 2016, 11 (12): 1804-1810.

[9] MCLACHLAN D. Measurement and analysis of a model dual-conductivity medium using a generalised effective-medium theory [J]. Journal of Physics C: Solid State Physics, 1988, 21 (8): 1521.

[10] MCLACHLAN D S, BLASZKIEWICZ M, NEWNHAM R E. Electrical resistivity of composites [J]. Journal of the American Ceramic Society, 1990, 73 (8): 2187-2203.

[11] 刘远瑞, 许佩新. 填充型丙烯酸树脂导电银浆电性能的研究 [J]. 涂料工业, 2005, 35 (1): 3.

[12] AHARONI S M. Electrical Resistivity of a Composite of Conducting Particles in an Insulating Matrix [J]. Journal of Applied Physics, 1972, 43 (5): 2463-2465.

[13] 卢金荣, 吴大军, 陈国华. 聚合物基导电复合材料几种导电理论的评述 [J]. 塑料, 2004, 33 (5): 6.

[14] BEEK L V, PUL B V. Internal Field Emission in Carbon Black-Loaded Natural Rubber Vulcanizates [J]. Rubber Chemistry and Technology, 1963, 36 (3): 740-746.

[15] AN C J, KANG Y H, LEE A-Y, et al. Foldable thermoelectric materials: improvement of the thermoelectric performance of directly spun CNT webs by individual control of electrical and thermal conductivity [J]. ACS Applied Materials & Interfaces, 2016, 8 (34): 22142-22150.

[16] 王心怡, 杨小刚, 李斌. 聚苯胺复合材料的制备方法及应用进展 [J]. 化学通报, 2016, 79 (8): 707-713.

[17] BABEL V, HIRAN B L. A review on polyaniline composites: Synthesis, characterization, and applications [J]. Polymer Composites, 2021, 42 (7): 3142-3157.

[18] LIANG L, GAO C, CHEN G, et al. Large-area, stretchable, super flexible and mechanically stable thermoelectric films of polymer/carbon nanotube composites [J]. Journal of Materials Chemistry C, 2016, 4 (3): 526-532.

[19] PARK H, KIM J W, HONG S Y, et al. Microporous polypyrrole-coated graphene foam for high-performance multifunctional sensors and flexible supercapacitors [J]. Advanced Functional Materials, 2018, 28 (33): 1707013.

[20] YU C, CHOI K, YIN L, et al. Light-weight flexible carbon nanotube based organic composites with large thermoelectric power factors [J]. ACS nano, 2011, 5 (10): 7885-7892.

[21] TARONI P J, SANTAGIULIANA G, WAN K, et al. Toward stretchable self-powered sensors based on the thermoelectric response of PEDOT: PSS/polyurethane blends [J]. Advanced Functional Materials, 2018, 28 (15): 1704285.

[22] MENG X, MO L, HAN S, et al. Pressure-Temperature Dual-Parameter Flexible Sensors Based on Conformal Printing of Conducting Polymer PEDOT:PSS on Microstructured Substrate [J]. Advanced Materials Interfaces, 2022: 2201927.

[23] 杨正龙, 施旭靖, 刘永生, 等. P3HT-MWCNTs光敏性复合薄膜的制备和性能 [J]. 同济大学学

报（自然科学版），2010，38（7）：1046-1051.

[24] 孔祥辉. 有机小分子半导体材料的电荷输运特性研究［D］. 长春：吉林大学，2009.

[25] 段晓菲，王金亮，毛景，等. 有机太阳能电池材料的研究进展［J］. 大学化学，2005，20（3）：9.

[26] 谷亚新，刘运学，范兆荣，等. 导电聚苯胺/聚甲基丙烯酸甲酯复合膜的合成及特征［J］. 沈阳建筑工程学院学报（自然科学版），2004，20（3）：4.

[27] 李瑞琦，张密林. 原位化学氧化聚合制备 PANI/PMMA 导电复合膜［J］. 塑料工业，2009，（10）：3.

[28] RUCKENSTEIN E, YANG S. An emulsion pathway to electrically conductive polyaniline-polystyrene composites [J]. Synthetic Metals, 1993, 53 (3): 283-292.

[29] 袁仁宽，沈今楷，孔凡. 有机半导体研究进展［J］. 固体电子学研究与进展，2003，23（1）：10.

[30] 陶春兰，董茂军，张旭辉，等. 以聚酰亚胺为绝缘层的并五苯场效应晶体管［J］. 功能材料，2007（10）：1630-1631，1634.

[31] 唐淼. 并五苯有机薄膜晶体管研究［D］. 长沙：湖南大学，2012.

[32] 黄金英，徐征，张福俊，等. 不同绝缘层上生长的并五苯薄膜及其 OTFT 器件性能的研究［J］. 光谱学与光谱分析，2009，29（9）：2325-2329.

[33] 肖恺，于贵，刘云圻，等. 有机场效应晶体管研究和应用进展［J］. 科学通报，2002，47（12）：10.

[34] 邓先宇，俞钢，曹镛. 聚合物光诱导电荷转移光电池的研究进展［J］. 固体电子学研究与进展，2002，22（3）：7.

[35] C., J., BRABEC, et al. Plastic Solar Cells [J]. Advanced Functional Materials, 2001, 11 (1): 15-26.

[36] SCHMIDT-MENDE L, FECHTENKTTER A, MüLLEN K, et al. Self-Organized Discotic Liquid Crystals for High-Efficiency Organic Photovoltaics [J]. Science, 2001, 293 (5532): 1119-1122.

[37] 黄颂羽，邓慧华，蓝闽波，等. 有机 PN 异质结固态太阳能电池中的激子和载流子输运［J］. 化学物理学报，1997，10（2）：7.

[38] YUE R, CHEN S, LU B, et al. Facile electrosynthesis and thermoelectric performance of electroactive free-standing polythieno [3,2-b] thiophene films [J]. Journal of Solid State Electrochemistry, 2011, 15: 539-548.

[39] ZHOU R, LI P, FAN Z, et al. Stretchable heaters with composites of an intrinsically conductive polymer, reduced graphene oxide and an elastomer for wearable thermotherapy [J]. Journal of Materials Chemistry C, 2017, 5 (6): 1544-1551.

[40] CHEN X, SHI W, ZHANG K. Observation of energy-dependent carrier scattering in conducting polymer nanowire blends for enhanced thermoelectric performance [J]. ACS applied materials & interfaces, 2020, 12 (30): 34451-34461.

[41] HAN S, JIAO F, KHAN Z U, et al. Thermoelectric polymer aerogels for pressure－temperature sensing applications [J]. Advanced Functional Materials, 2017, 27 (44): 1703549.

第 4 章 可印刷电介质材料

4.1 引 言

电介质也称作介电体或介电材料,是一种可以被电极化的绝缘体。电介质材料的用途相当广泛,例如,电介质的电传导能力很低,具有较高的电介质强度,因此可以用来制造电绝缘体;又如,电介质可以被高度电极化,是优良的电容器和存储器材料。

电介质在外电场作用下,可通过分子中正负电荷重心不重合的电极化方式传递、储存电流。从人类认识电的时代开始电介质材料就已经问世了,不过当时仅作为分隔电流的绝缘材料来使用。电介质在电场作用下最主要的特征是电导和极化,都属于电荷迁移现象。电导是指电介质中存在的少量载流子贯穿整个介质而构成"泄漏电流"的物理现象,如图 4-1 (a) 所示。极化是指电介质中束缚电荷(电中性的分子中,带负电的电子/负离子与带正电的原子核/正离子束缚得很紧,不能自由运动,叫作束缚电荷)在电场作用下产生局部的迁移而形成感应偶极矩的物理现象,如图 4-1 (b) 所示。

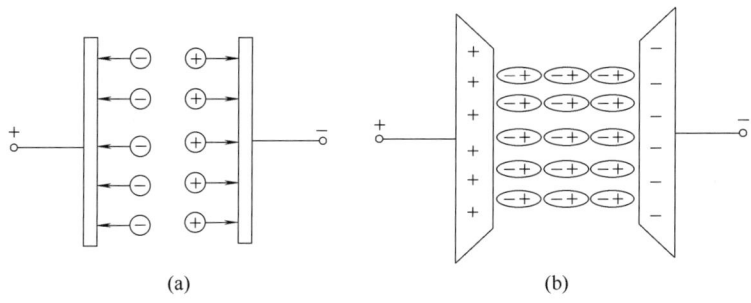

图 4-1 施加电场时电介质的 (a) 电导模型和 (b) 极化模型

电介质除了在电场作用下具有上述电学特性之外,电介质的电学性能还与其力学性能、热性能和光性能具有密切的联系。例如,电介质在电场作用下发生的电致伸缩效应、场致发光效应、电热效应等反映了电介质把电场能转化为机械能、光能和热能的功能效应;而电介质在力场作用下发生的压电效应,在热作用下产生的热释电效应,以及在光照下引起的光电效应等则为相反的功能转换特性,这些特性的物理本质均与电介质的电导和极化现象有关[1]。电介质材料能够在不同外界物理场(电场、应力、温度等)的作用下产生极化,形成介电晶体、压电晶体、热释电晶体、铁电晶体等。因此电介质也被用作一类印刷电子材料,而广泛应用于印刷传感器、储存器、柔性电池、集成电路、薄膜晶体管等印刷电子器件。以印刷薄膜晶体管为例,电介质常用于构建晶体管半导体层与金属电极之间的绝缘层,是一个非常重要的组成部分。本章内容主要介绍电介质极化的相关理论、性能表征、不同类型的电介质材料及其在印刷电子器件中的应用。

4.2 极化原理

任何物质都是由带正电的原子核和带负电的外层电子构成的，极化是指物质正负电荷重心发生偏移的一种现象，是所有物质的共性，与物质的结构紧密相关。电介质最重要的性质就是在外电场作用下能够极化，也就是说介质内质点（原子、分子、离子）正负重心分离从而转变成偶极子[2]。按照极化机理的不同，电介质极化可以分为电子极化、原子极化和取向极化三种，电介质极化模型如图4-2所示。

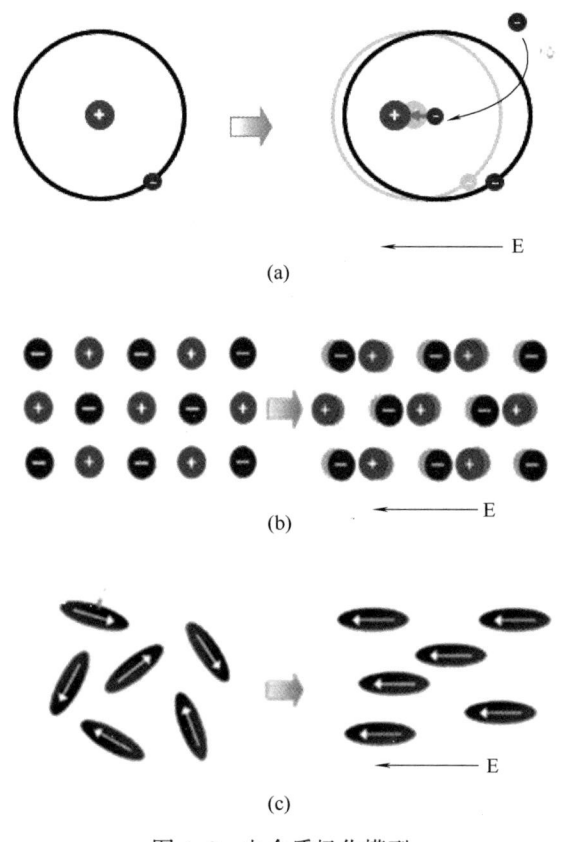

图 4-2 电介质极化模型
（a）电子极化模型 （b）原子极化模型 （c）取向极化模型

4.2.1 电子极化

原子由带负电的电子云和位于电子云中心带正电的原子核组成。若将电介质置入外电场中，因其内部没有可以移动的自由电子，却有束缚于原子或分子的束缚电荷，该束缚电荷不会流过电介质；但在外电场的作用下，原子的价电子云会偏移，使分子正负电荷中心的相对位置发生变化，这种现象叫作电子极化（electronic polarization），如图4-2（a）所示。然而，与原子核作用于电子的内电场而言，外电场的作用力是相当弱的，因此电子云的相对位置移动是非常小的。

4.2.2 原子极化

原子极化（atomic polarization）是指在外电场作用下，原子核之间的相对位置发生变化，即分子骨架发生变形，包含由键角改变引起的分子弯曲或者扭转力常数的改变。例如，离子晶体中含有电荷量相等的阴离子和阳离子，两种离子交替排列，往往呈现出规则的几何外形，在外电场作用下，正离子会朝着电场方向移动，负离子则会朝着电场反方向移动，正负离子之间相对位移便形成了离子极化，又称原子极化，如图4-2（b）所示。原子极化通常也是相对较小的，只有电子极化的十分之一。

4.2.3 取向极化

取向极化是一种特别的电极化，也称偶极极化，只出现于极性分子中，又称"二极性极化"（dipolar polarization）。这种电极化是由永久电偶极子的取向改变而产生的，在外电场的作用下，杂乱无章的偶极子重新排列，产生具有某种优势的分子取向，从而导致宏观正负电荷重心的分离，如图4-2（c）所示。

4.3 介电性能表征

本小节主要介绍表征电介质材料介电性能的关键参数，包括电容量、相对介电常数、介电损耗、介电弛豫、击穿电场等。

4.3.1 电容量

在电介质众多的基本特性参数中，电容量 C 是最重要的基本参数之一。电容量与电极极板面积和电介质介电常数成正比，与极板间距（或电介质的厚度）成反比，表示为：

$$C = \frac{\varepsilon_0 \varepsilon_r A}{t} \tag{4.1}$$

式中，A 为极板面积，t 为极板间距，ε_0 为真空介电常数（8.86×10^{-12} F/m），ε_r 为相对介电常数。

4.3.2 相对介电常数

含有电介质的电容器的电容与该真空电容器的电容之比，称为该电介质的相对介电常数 ε_r，表示为：

$$\varepsilon_r = \frac{C}{C_0} \tag{4.2}$$

相对介电常数是一个表征电介质储存电能大小的物理量。它由电介质本身的性质决定，与所加外电场无关。电介质的极化程度越大，极板上感应产生的电荷量越多，介电常数也就越大。因此，介电常数在宏观上反映了电介质的极化程度[3]。

4.3.3 介电损耗

在交变电场中，电能会由于极化弛豫现象或导电现象在电介质中产生能量损耗而转变为光能、热能等，这一现象称为介电损耗，会导致材料热击穿现象。在外加交变电场的作用下，材料的介电常数不是一个恒定的数值，而是与交变电场相关的函数，介电常数随着外加交变电场的频率发生变化，材料极化的改变与电场的变化之间存在滞后，因而导致相位差。因此，在交变电场下，介电常数一般用复介电常数 ε^* 来表示：

$$\varepsilon^* = \varepsilon' - i\varepsilon'' \tag{4.3}$$

其中 ε' 是复介电常数的实部，ε'' 是复介电常数的虚部，通常又称损耗因子[4]。人们将复介电常数实部与虚部的比值定义为损耗角正切 $\tan\delta$，用来表征电介质在交流电压下的损耗性能，即：

$$\tan\delta = \frac{\varepsilon'}{\varepsilon''} \tag{4.4}$$

一般来说，电介质的损耗主要来源于电导损耗和极化弛豫损耗。电介质内部的载流子在电场的作用下会发生定向移动从而形成漏电流，这些电流以热量的形式耗散，即为电导损耗。由此可知，要想降低电导损耗，应尽可能保持样品的纯净和干燥。极化弛豫损耗与施加的电场频率有关,当电场频率无限接近零时,电介质中各种极化类型都能响应电场的变化,此时极化损耗为零;当电场频率逐渐增加时,极化不能响应电场的变化,引起极化弛豫损耗。不同极化方式产生极化弛豫损耗的频率范围不同。当电场趋于无穷时,电介质中各种极化过程都跟不上电场的变化,导致极化被冻结,理论上也没有极化弛豫损耗。

4.3.4 介电弛豫

在外电场作用下,电介质的极化状态会发生改变,即从一种非极化态到极化态的转变,或者从一种极化态到另外一种极化态的转变。这些状态的转变都需要一定的时间,这种滞后的时间差即为弛豫时间,这种滞后的现象即为介电弛豫。弛豫时间与极化机制密切相关,是造成电介质存在介电损耗的原因之一。

4.3.5 击穿电场

电介质的击穿是指随着外加在电介质上的电场强度不断提高,当达到某一数值时电介质的绝缘性被破坏的现象,此时所施加的电场大小即为电介质的击穿电场。击穿电场是衡量电介质耐受电场能力的物理量,在一定程度上决定电介质的最终寿命,所以在实际应用中具有重要意义。电介质的击穿电场受很多因素影响,如介质结构的不均匀性、介质内部是否存在气泡、介质的表面状态、电极边缘电场等[5]。一般来说,电介质的击穿主要包括以下几种机制:雪崩击穿、热击穿、电机械击穿、局部放电击穿等[6]。

4.4 有机电介质

相对于无机电介质材料,大多数有机电介质可通过简单的溶液法在室温下制备得到,工艺设备相对简单,因此成为印刷电子材料的研究热点之一。受到广泛研究的有机高分子电介质主要有聚乙烯吡咯烷酮(PVP)、聚乙烯醇(PVA)、聚氯乙烯(PVC)、聚甲基丙烯酸甲酯(PMMA)、聚苯乙烯(PS)、聚酰亚胺(PI)、聚偏二氟乙烯(PVDF)等。

4.4.1 聚乙烯吡咯烷酮(PVP)

聚乙烯吡咯烷酮(PVP)是 N-乙烯基酰胺类聚合物,非离子型高分子化合物,相对分子质量从数千至一百万以上的均聚物、共聚物和交联聚合物系列产品。Klauk[7]采用旋转涂布方式制备 PVP 介电层,绝缘性能良好,在 5V 时漏电流密度小于 $5×10^{-8}A/cm^2$。Kawase[8]采用旋涂 PVP 绝缘层制备 Poly(9,9-dioctylfluorene-co-bithiophene)(P8T2)有机晶体管,其电极 Poly(3,4-ethylene-dioxythiophene)(PEDOT)以打印方式沉积,器件的迁移率为 $0.02cm^2/V·s$,开关比为 10^5。Lin[9]在研究中构建了聚-3己基噻吩/碳纳米管 [Poly(3-hexylthiophene)/Carbon nanotube, P3HT/CNPs] 全打印薄膜晶体管,绝缘层由质量分数为 4% 的 PVP 溶液制备,OTFT 的迁移率达 $0.053cm^2/V·s$,开关比为 10^4。多个研究[10-12]分别用喷墨方式制备了质量分数为 3%~12% 的 PVP 绝缘膜,并用于全打印或半打印有机薄膜晶体管。北京交通大学的徐征团队[13]通过压电喷墨打印,在氧化铟锡(ITO)玻璃上直接打印有机绝缘层材料聚乙烯吡咯烷酮(PVP),研究了不同浓度 PVP 的电学特性,测试了电容、漏电流、击穿场强等性能,结果表明,采用打印方式得到的

PVP 绝缘层，在 0~40V 的外加电压下，漏电流密度为 $10^{-11} \sim 10^{-8} \text{A/cm}^2$，为以打印方式制备高性能交联 PVP（CL-PVP）介电层提供了必要参考。

4.4.2 有机场效应晶体管用有机电介质

Peng 等[14]最先报道了多种有机高分子介电层对有机场效应晶体管电学性能的影响，主要包括 PVA、PMMA、PVP、PS 等。由于材料易得、所用溶剂温和（主要包含水、乙醇等）、不会破坏半导体材料，PVA、PVP 及 PMMA 被广泛用作介电层材料。此外，PVA 和 PVP 通过交联可以降低吸水程度，还可以通过化学试剂如环己烷等有效提高其物理化学性能。PMMA 的介电常数较低，在晶体管器件性能的提高及机理分析领域，得到了广泛的应用。例如，Uemura 等[15]采用并五苯为有源层，多肽聚［γ-甲基-L-谷氨酸酯］（PMLG）与聚甲基丙烯酸甲酯（PMMA）分别作为介电层构建了有机场效应晶体管存储器，比较了介电层分子结构对存储器器件性能的影响。

PVDF 及其 P（VDF-TrFE）衍生物在 1969 年时第一次被 Kawai[16]报道（分子结构如图 4-3 所示），并用二者作为电介质构建了非易失有机薄膜晶体管存储器。聚乙二烯氟化物或聚乙二烯二氟化物是非反应型纯的热塑性含氟聚合物，通过亚乙烯基二氟化物的聚合反应生成。它的密度较低（1.78），并且与其他氟化物相比成本较低。在 PVDF 的结构中，氟原子与碳原子偶极矩为 $6.4 \times 10^{-30} \text{C} \cdot \text{m}$，并且具有 PE 结构的高柔性和立体的化学结构，当有电场存在时，偶极子随着 PVDF 链段的旋转而发生排列，从而产生铁电作用。相比 PVDF，P（VDF-TrFE）增加的氟原子在分子链上形成反式化学结构，使得偶极子更容易在电场的作用下发生极化。通常，P（VDF-TrFE）薄膜是通过熔融法或溶液法制备而成的，形成的薄膜需要在高于 100℃ 的温度下进行退火，使该薄膜处于半结晶状时偶极子能够有序排列，从而增加薄膜的铁电性能。

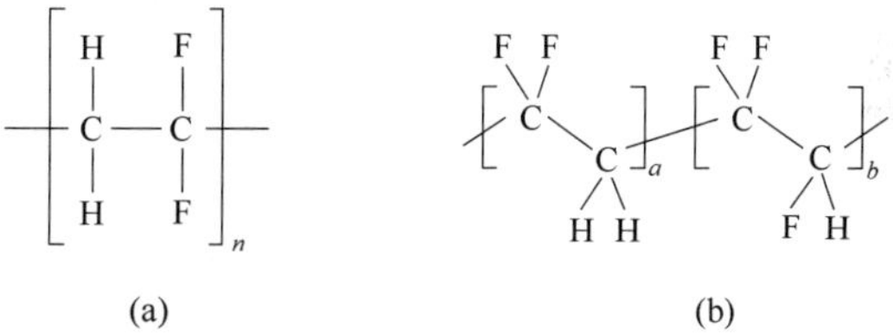

图 4-3 PVDF 及其衍生物的分子结构
（a）PVDF （b）P（VDF-TrFE）

4.4.3 生物高分子电介质

伴随环境问题的日益突出，基于生物高分子的电介质研究日渐广泛。脱氧核糖核酸（DNA）又称去氧核糖核酸，可组成遗传指令信息，引导生物体的生长发育与生命机能运作。DNA 是一种长链聚合物，组成单位称为核苷酸，而糖类与磷酸借由酯键相连，组成其长链

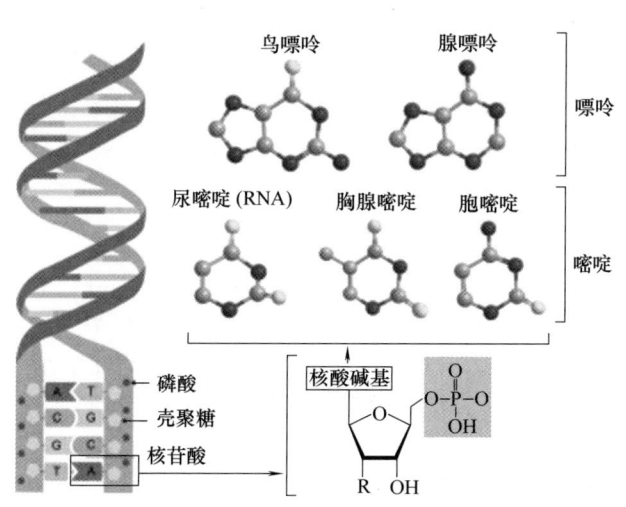

图 4-4 脱氧核糖核酸的双螺旋结构

骨架，图 4-4 所示为 DNA 的双螺旋结构，每个糖单位都与四种碱基里的其中一种相接，这些碱基沿着 DNA 长链排列而成的序列，可组成遗传密码，是蛋白质氨基酸序列合成的依据。

然而，由于 DNA 自身可溶于水，由 DNA 水溶液制备的薄膜对水敏感，而且力学性能较差，因此限制了其在光电子器件中的应用。此外，DNA 是阳离子型电解质，含有可以自由移动的钠离子，水分子及钠离子的存在，使得采用 DNA 制备的光电子器件性能较差。为了制备高质量的 DNA 薄膜，使 DNA 与表面活性剂如 CTMA 发生离子交换反应，研究人员制备了可以溶解在有机溶剂中的 DNA 脂质复合物，有效减少可自由移动的钠离子。图 4-5 表征了 DNA 与阳离子表面活性剂的离子交换反应。

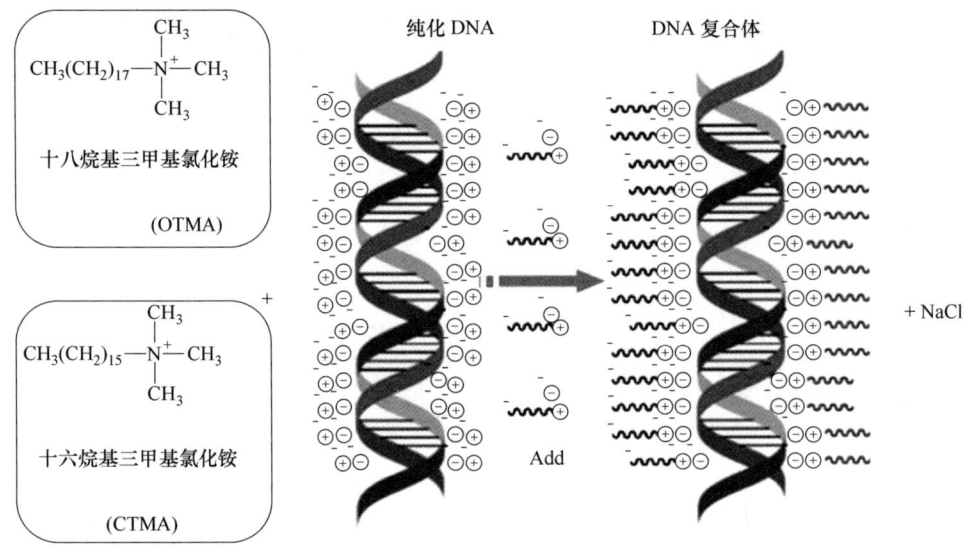

图 4-5　DNA 与阳离子表面活性剂的离子交换反应

在此基础上，许多人开始将 DNA 脂质复合物应用于各种电子器件中。Kobayashi 等[17]采用不同的表面活性剂如 OTMA、Lau、CTMA 等与 DNA 发生离子交换反应，探讨了不同脂质复合物的物化性能，并将其分别作为介电层，构建了有机薄膜晶体管存储器，并结合 DNA 脂质复合薄膜的介电性能，阐述了存储机理[18]。图 4-6 所示为 DNA-CTMA 脂

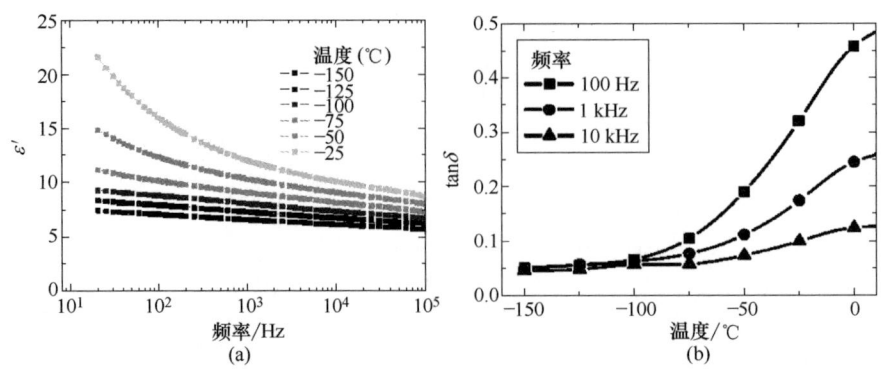

图 4-6　DNA-CTMA 脂质复合薄膜介电图谱
(a) 介电常数　(b) 介电损耗

质复合薄膜在-150~-25℃温度域的介电图谱。

图4-6（a）所示是介电常数在不同温度下随着交流电场频率变化的关系曲线，从图中可见，介电常数的实部在低频域内随着温度的增加而逐渐增大，当温度达到DNA-CTMA脂质复合物的相转变温度时，介电常数呈现数量级的增长。这是由于随着温度的增加，DNA-CTMA脂质复合物高分子链从一个亚稳态至另一稳态的扩散运动随之增加，使得分子内的偶极子发生取向极化。由于介电响应与偶极子和分子链段的运动有关，因此在低频域，随着温度的增加，热能使偶极子容易发生取向极化，因此偶极矩极化强度增加，介电常数随之增加。图4-6（b）所示是介电损耗正切（tanδ）在不同交流电场频率下随温度变化的关系曲线，如图所示，损耗正切角在温度大于DNA-CTMA脂质复合物的相转变温度（-75℃）时开始呈现明显增加趋势。

多肽是分子结构介于氨基酸和蛋白质之间的一类化合物，是蛋白质发挥作用的活性基团，是人体进行代谢、调控活动的重要物质，是生物体内不可缺少的物质组成部分，属于生物友好型大分子之一。自从20世纪50年代研究人员用X射线衍射法确定了多肽的特殊螺旋结构以来，多肽的研究已取得了长足而重要的发展。图4-7所示为多肽聚［γ-甲基-L-谷氨酸酯］（PMLG）的基本结构。它是由氨基酸经过聚合反应得到的聚合物，主链通过酰胺键（肽键）形成肽链，分子间酰胺键通过氢键相连，形成高度有序的α-螺旋结构。在外界电场的作用下，偶极子在主链方向发生极化，即分子偶极矩和长轴方向平行，从而显示出较强的铁电性。若将其溶解在有机溶剂中制成薄膜，无须任何外界处理（如退火、拉伸等）便可显示出胆甾相液晶结构，如图4-7(c)所示。因此多肽在彩色显示、光学信息存储器、溶致液晶电池等方面有着巨大的应用前景。

多肽在非易失场效应晶体管存储器中作为介电层应用，Hasegawa M 等[17]采用刮涂法工艺提高了PMLG薄膜的铁电性能，并将其作为铁电层、金作为源漏电极层，构建了有机场效应晶体管存储器，探讨了多肽分子的三级结构对存储器件电学性能的影响。此外，梁等[19]也曾采用旋涂法制备了多肽聚［γ-甲基-L-谷氨酸酯］（PMLG）介电层，并探讨了该介电层的介电性能及其在非易失性场效应晶体管存储器中的应用，通过转移特性曲线的温度依存性考察了PMLG分子链的运动与存储器存储机理二者之间的关系。

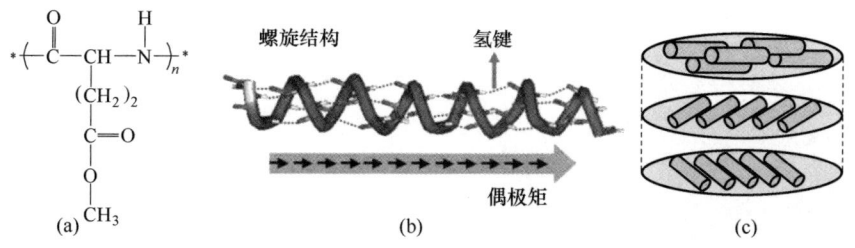

图4-7 多肽聚［γ-甲基-L-谷氨酸酯］（PMLG）的基本结构
(a) 一级结构 (b) 二级结构 (c) 胆甾相液晶结构

鸡蛋蛋白（chicken albumen）是Chang等[20]首次报道的另一种生物介电层材料，与其他生物材料相比，鸡蛋蛋白易得、成本低。该课题组直接从生鸡蛋中获取鸡蛋蛋白，采用旋涂法并通过持续加热制备介电层薄膜，将并五苯和C_{60}分别作为有机半导体P型和N型材料构建了有机薄膜晶体管，如图4-8（a）所示。图4-8（b）表征了鸡蛋蛋白自身的表面形貌图，及 30nm 厚的并五苯薄膜分别沉积在鸡蛋蛋白、PMMA 和 PS 上的表面形貌，经测试，鸡蛋蛋白自身的表面粗糙度为 1.55nm，并五苯在鸡蛋蛋白上的晶粒尺寸为 0.7~1.0μm，而在 PMMA 和 PS 上的晶粒尺寸则分别为 0.5~1.5μm 和 0.2~0.4μm，说明有机半导体薄膜在鸡蛋蛋白薄膜上的晶粒尺寸与在常用电介质 PMMA 上的晶粒尺寸相当。图 4-8（c）表征了分别采用鸡蛋蛋白、PMMA、PS 构建的 MIM 器件的电容频率图谱，从图中看出，在不同的驱动频率下，鸡蛋蛋白电介质的电容为 12.45~13.25nF/cm^2，PMMA 电介质的电容为 7.0~7.9nF/cm^2，PS 电介质的电容则为常数 6.5nF/cm^2，说明用鸡蛋蛋白构建 MIM 器件时，其电容远远高于 PMMA 和 PS 两种电介质的电容，计算得鸡蛋蛋白的介电常数为 5.3~6.1。通过图 4-8（c）内置图还可以看出，用鸡蛋蛋白做电介质时，有机薄膜晶体管器件表现出了较高的传输电流（10^{6}A）和较低的漏电流（10^{-10}A），输出电流是其他两种电介质电流的两倍。

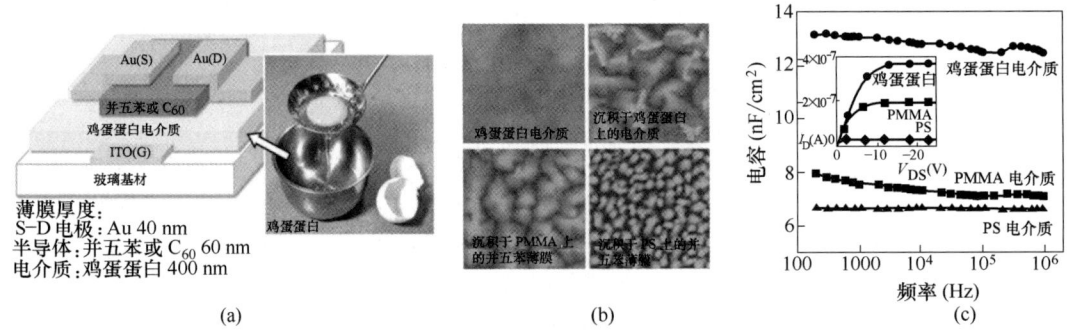

图 4-8 采用鸡蛋蛋白构建的有机薄膜晶体管

（a）采用鸡蛋蛋白作为电介质的有机薄膜晶体管的结构 （b）鸡蛋蛋白自身及并五苯分别在蛋白、聚甲基丙烯酸甲酯（PMMA）、聚苯乙烯（PS）上的原子力显微镜图 （c）鸡蛋蛋白、聚甲基丙烯酸甲酯（PMMA）、聚苯乙烯（PS）介电层的电容与频率关系谱图，内置图为基于鸡蛋蛋白和聚甲基丙烯酸甲酯介电层晶体管器件的输出电流图[20]

Irimia-Vladu 等[21]利用图 4-9 所示葡萄糖、蔗糖、乳糖等 5 种生物材料分别作为电介质构建了有机薄膜晶体管器件，开关比为 10^3~10^5，有较低的开启电压 4~5V，源漏电流

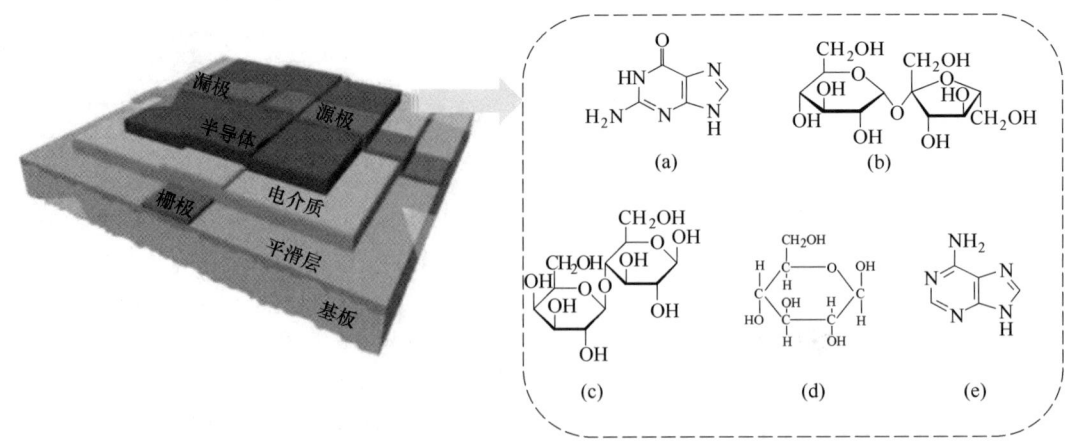

图 4-9 生物电介质的分子结构
（a）腺嘌呤 （b）鸟嘌呤 （c）葡萄糖 （d）蔗糖 （e）乳糖

可达到 0.5μA，尽管电学性能较低，但基本达到普通有机电介质制备器件的性能。生物材料在电子器件中的应用，可望进一步应用于食品智能包装、塑料外包装及一次性餐具。

尼龙材料分子主链中因具有极性的酰胺基团，在外加电场的作用下可以发生取向极化使其具有较强的铁电性。Mei 等[22]曾详细研究了单数聚合物尼龙的铁电性能。Sakai 等人[23]利用尼龙 11 作为电介质构建了底栅顶接触的有机薄膜晶体管存储器。图 4-10(a)是尼龙 11 电介质的原子力结构显微图（AFM）。从中可见，该尼龙在薄膜的形成过程中分成晶相与非晶相，晶相表面粗糙度较高（root-means-square 约为 30Å），从而导致器件的载流子迁移率较低（0.078$cm^2V^{-1}s^{-1}$），但器件表现出较大的存储窗口（V=37V），该存储窗口源于尼龙 11 自身的铁电性。由图 4-10（b）、图 4-10（c）可见，尼龙 11 的永久极化值可达 2.6μC/cm^2，该尼龙材料有望作为电介质构建存储器等电子器件。

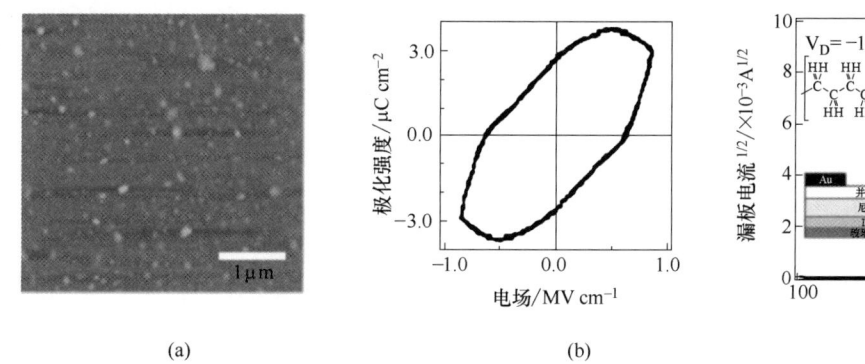

图 4-10 尼龙 11 电介质
（a）AFM （b）极化特性 （c）有机薄膜晶体管存储器结构及电学性能

4.5 无机电介质

二氧化硅（SiO_2）是现代集成电路中应用最为广泛的电介质。由于该无机材料具有较宽的禁带，电阻较大（约为 10^{15}Ω/cm），同时具有较高的介电击穿强度（>10MV/cm）及较好的热稳定性，一直作为主导材料应用于晶体管器件中。研究人员曾尝试通过制备二氧化硅纳米颗粒或在氧化铝上制备超薄的二氧化硅等方法将二氧化硅用作柔性基底上的栅极电介质，但由于其自身的非溶液加工特性和脆性，热生长的二氧化硅最终无法满足有机柔性电子技术未来的发展趋势。因此，大量的其他无机材料得到了广泛的研究及应用。本小节主要介绍几种高介电常数材料（高 K 材料）。表 4-1 是部分无机电介质常温下介电常数，由表可知，氮化物的介电常数相对较低，金属氧化物的介电常数相对较高，而铁电材料的介电常数高于前两者，某些钙钛矿型电介质在常温下的介电常数可以达到 10^5 [24]。

所谓高 K 材料是介电常数大于二氧化硅（K=3.9）的电介质的泛称，常用的高 K 材料大致分为 3 类：铁电材料、金属氧化物和氮化物。目前很多高 K 材料是基于铁电陶瓷复合的电介质材料。通常这类复合材料所用的聚合物有很好的耐高温特性，软化温度要高于 100℃，具有高温绝缘电阻大、介电常数温度稳定性好、高温收缩率小、高温时介质的损耗低等特性。

表 4-1　　　　　　　　　部分无机电介质常温下的介电常数

高 K 材料	制备方法	介电常数
SiO_2	氧化法	3.9
Si_3N_4	凝胶气相沉积法（JVD）	6~7
ZnO	Sol-gel 法，射频溅射	8~12
HfO_2	金属有机物分解（MOD）	21
ZrO_2	MOD，真空蒸发	25
Ta_2O_5	金属有机物化学气相沉积（MOCVD），Sputtering	25~50
BST	MOCVD，分子束外延（MBE）	180
PZT	MOCVD，MBE	400~80
$Ba_xSn-TiO_3$	Sol-gel 法	1000
$CaCu_3Ti_4O_{12}$	脉冲激光沉淀法（PLD）	10^4~10^5
$Ba_3Sr_3-TiO_3$/聚合物	光致聚合法，Sol-gel 法	10~100
$CaCu_3Ti_4O_{12}$/聚合物	热聚合法	~300

4.5.1　钛酸钡

钛酸钡（$BaTiO_3$）是典型的铁电材料，早在 20 世纪 40 年代，就被发现具有较高的介电常数，其介电常数大于 1000，是 TiO_2 介电常数的十倍以上。钛酸钡是典型的钙钛矿结构，其中 Ba^{2+} 离子占据 A 位，即立方晶胞的 8 个顶点；Ti^{4+} 离子占据 B 位，即立方体的体心位置；O^{2-} 离子则占据立方体的面心位置。Ti^{4+} 离子与周边等距离的 O^{2-} 离子一同构成了八面体，当钛酸钡受到一定电场激发的时候，Ti^{4+} 离子会偏离 Ti-O 八面体的中心，从而产生了离子位移极化，因此钛酸钡具有较高的介电常数。其优良的压电、铁电、高介电、耐高压性能及低的介电损耗，在军事、金属、航空、石油化工、微电子、日常家电等各行各业均有广泛应用。Dang 等人[25]采用流延热压工艺制备了钛酸钡/PVDF 复合材料，钛酸钡的分散性较好，制备过程能够影响 PVDF 结晶性，进而影响介电性能。钛酸钡提升了该复合材料整体的介电常数。在频率为 100Hz 时，50vol%钛酸钡添加量的复合材料的介电常数为 50，介电损耗约为 0.1。他们还研究了不同大小的钛酸钡对复合材料介电性能的影响，在测试频率为 10Hz 时，100nm 粒径大小的体积分数为 60% 的钛酸钡复合材料的介电常数高达 6300，500nm 粒径大小的钛酸钡复合材料的介电常数为 600，小粒径钛酸钡颗粒的介电性能远远大于大粒径钛酸钡颗粒的介电性能。这表明填料粒径大小也直接影响介电常数性能。

4.5.2　CCTO

$CaCu_3Ti_4O_{12}$（CCTO）结构化合物 1967 年被合成，CCTO 为体心立方类钙钛矿型晶体结构，其室温介电常数高达 12000。CCTO 因其巨介电常数（10^5 量级）、极低的损耗（$\tan\delta \approx 0.03$）、在很宽的温区范围内（100~400K）介电常数值几乎不变，以及在较大范围内（-173~330℃）无相变产生等独特优势，可以作为一种很好的电介质材料用于多层电容器和记忆存储设备。CCTO 陶瓷高的介电常数有利于器件的小型化和轻型化，同时优良的温度稳定性确保制备的器件能在复杂的温度环境下稳定使用,在高储能电容器及微电子行业展露出巨大的发展潜力。据文献报道[26-28],CCTO 多晶陶瓷的介电常数能达到 300000,CCTO 薄膜的介电常数能达到 700,并且 CCTO 单晶的介电常数能达到 10000。CCTO 虽然有超高的介电常数,但是其介电损耗 (tanδ) 目前是限制其实际应用的一个主要问题,室温下 CCTO 在 1MHz 频率时 tanδ 为 0.115。为降低 CCTO 的介电损耗,元素掺杂和添加低介电损耗的助烧剂是两种比较有效的方法,如 Yue 等[29]通过溶胶-凝胶法成功将 Co 掺杂入 CCTO 陶瓷,在低频下获得介电损耗约为 0.016、介电常数高达 3000 多的陶瓷介质,而且其频率稳定性较好。

4.5.3 其他铁电材料

除上述两种材料之外,钛酸锶、钛酸铅、钛酸钙、钛酸镁、钛酸铝等也是广泛应用于电子信息材料的铁电材料。钛酸锶主要用于制造自动调节加热元件和消磁元器件,降低器件的居里温度,使之符合要求。钛酸钡锶 [BST,$(Ba_{0.7}Sr_{0.3})TiO_3$] 介电常数高,尺寸范围宽,法国 Daniele Sette 等[30]通过溶胶-凝胶法在镀铂的硅基板喷墨印刷钛酸钡锶薄膜,不含任何刻蚀技术,制备的电容器可在 GHz 范围内工作,与溶胶-凝胶-旋涂技术相比,可大幅度节约前驱体用量。钛酸铜钙为钙钛矿立方晶系结构,其特点是介电常数高达 $10^4 \sim 10^5$,且介电损耗很低,为 0.03 左右,具有非常高的热稳定性,其介电常数和损耗在很宽的温度范围内几乎不发生变化,这一特性使得钛酸铜钙在高介电复合材料领域有广阔的应用前景,如可应用在高密度能量储存、薄膜电子器件、高介电的电容器中等。

4.6 复合电介质

电介质对降低晶体管的工作电压、提高电容值和集成度起到至关重要的作用。传统电介质主要有金属氧化物 (Ta_2O_5、Nb_2O_5 和 Al_2O_3),铁电陶瓷类材料 [如 $BaTiO_3$、$Pb(ZrTiO_3)$ 等] 和聚合物 (如 PVDF 等)。金属氧化物的介电常数一般较低,而且价格昂贵 (如 Ta 和 Nb)。铁电陶瓷材料的介电常数可以超过 2000,但其密度高、脆性大、需要高温烧结成型,无法和印刷电路的加工条件相匹配。聚合物材料机械性能良好、成型加工简便、成本低且介电击穿强度高,非常适合作为制作嵌入式器件的电介质,然而聚合物材料的介电常数一般较低 ($\varepsilon<10$),尽管有些聚合物的介电常数超过 10,但与陶瓷材料相比仍然很低。因此,研究和开发具有高介电常数、低介电损耗、良好机械性能的聚合物基复合电介质对制备新的储能元件具有重要的意义。

新兴的柔性印刷电子技术需要使用工艺简单、低成本的可印刷电介质。单一材料作为电介质的材料已表现出许多不足,如仅使用高介电常数的陶瓷材料制作的电容器,尽管电容值较高,但陶瓷的脆性导致其受温差、机械作用等易于开裂,这就决定了陶瓷材料不适合应用于柔性及印刷电子领域。从柔性及印刷电子的制造工艺、成本等方面考虑,大多数陶瓷电容器需要在 1000℃ 左右的高温下与丝网电极进行共烧,工艺复杂、耗能大、柔韧性差、易开裂。与此同时,只将柔性高分子材料作为电介质也不尽如人意,因为大多数聚合物自身介电常数较低 (一般为 2~3)[31],限制其应用性能的提高。因此,通过材料的复合效应,利用无机和有机单相材料的优点,研究具有高介电常数的无机/有机复合电介质,是解决以上问题的重要途径。

4.6.1　不同类型的复合电介质

由于聚合物基体的介电常数通常都不高，因此，功能填料是决定聚合物基复合材料介电性能的关键。用于高介电、低损耗聚合物基复合材料中的功能填料主要包括金属导体、铁电陶瓷、碳纳米管、金属氧化物、氮化物等[32-37]。它们的种类、结构、粒径大小和形貌均对材料的介电性能产生明显影响。

可用作介电填料的物质主要包括介电陶瓷填料和导电填料两大类。由于填料本身电性能的不同，所得到的聚合物基复合电介质也表现出不同的介电特性。一种较为传统的方法是将高介电常数的介电陶瓷填料与聚合物基体进行复合，这种方法的优点是操作简便、易于制备，由于聚合物和介电陶瓷本身就可以用作电介质，所得复合材料具有相对较低的介电损耗。复合材料的介电常数可以用 Lichtenecker 对数方程来预测：

$$\log\varepsilon = y_1\log\varepsilon_1 + y_2\log\varepsilon_2 \tag{4.5}$$

式中：ε 为复合材料的介电常数，y_1 和 ε_1 分别为聚合物基体的体积分数和介电常数，y_2 和 ε_2 分别是填料的体积分数和介电常数。

一般的，填料的体积分数要大于 60% 才能起到显著提高介电常数的效果。但如此高的填充分数会导致复合材料的脆性增大，机械性能降低。另一种获得高介电常数复合材料的方法是将导电填料与聚合物基体进行复合。原本的聚合物基体是绝缘的，随着导电填料体积分数的增加，复合材料的导电性会增加，材料发生从绝缘体向导电体的转变。因此导电填料的体积分数存在一个阈值，按照逾渗阈值理论：

$$\varepsilon_{\mathrm{eff}} = \varepsilon_{\mathrm{m}}(P_{\mathrm{c}} - P)^{-s}, P < P_{\mathrm{c}} \tag{4.6}$$

式中：$\varepsilon_{\mathrm{eff}}$ 为复合材料的介电常数，s 为介电常数的临界指数，ε_{m} 为聚合物基体的介电常数，P_{c} 为导电填料的阈值，P 为填料的体积分数。

当导电填料的体积分数接近阈值时，复合材料的介电常数会急剧增加。相比于介电陶瓷填料填充的聚合物基复合电介质，导电填料的加入使得复合电介质在阈值附近可以获得更高的介电常数。但缺点是容易在填料与聚合物界面间形成漏电流，此类复合电介质的介电损耗较高，电击穿强度较低。此外，在阈值附近时，复合材料的介电常数对导电填料的体积分数非常敏感，体积分数调整范围较窄。除了填料的种类，填料的微观形貌、在基体树脂中的分散方式、表面处理和制备方法等，也对聚合物基复合电介质的介电性能有显著影响。迄今，开发具有高介电常数、高击穿强度和低介电损耗的复合电介质仍然是具有挑战性的课题。

（1）有机填料　有机填料与聚合物基体有良好的相容性，易均匀分散在聚合物基体中，得到组成均匀的复合材料。有专利将尼龙与聚偏二氟乙烯（PVDF）及其共聚物共混来制备复合电介质，介电常数可达 40 左右，显著高于所有单一聚合物。由于良好的相容性，此类复合材料具有优异的机械性能，适于制备薄膜电介质。

Zhang 等[38]制备了以有机钛菁铜（CuPc）低聚物为填料和聚偏二氟乙烯-三氟乙烯共聚物［P（VDF-TrFE）］为基体的复合电介质。作为经典的有机半导体，CuPc 的介电常数高达 10^5 量级，所制备的复合材料在 1Hz 处的介电常数达到 225，介电损耗为 0.4。当 CuPc 的填料质量分数高达 40% 时，复合材料依然能保持良好的机械性能。为了降低介电损耗，采用化学改性方法对 CuPc 填料进行了表面处理，通过进一步改善其在聚合物中的分散性，降低介电色散对频率的依赖性，可显著降低介电损耗。根据逾渗理论，有机导电材料也可以作为填料来制备高介电常数的复合电介质。Huang 等[39]将聚苯胺（PANI）与聚偏二氟乙烯-三氟乙烯-三氟氯乙烯共聚物［P（VDF-TrFE-CTFE）］共混制备了复合电介质，在 1kHz 处介电常数高达 1000，比基体聚合物提高了约 100 倍（见图 4-11）。

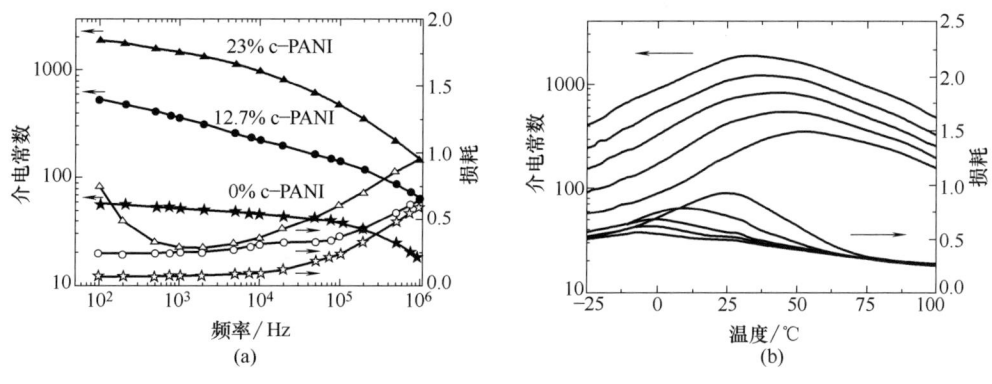

图 4-11　PANI/P（VDF-TrFE-CTFE）复合材料
(a) 介电性能与频率的关系　(b) 介电性能和温度的关系

(2) 介电陶瓷填料　常用的介电陶瓷填料包括铁电陶瓷填料如钛酸钡（$BaTiO_3$）、钛酸锶钡（BST）、铌镁酸铅-钛酸铅（PMN-PT），以及非铁电陶瓷填料如氧化钛（TiO_2）等。

按照 Lichtenecker 对数方程，在复合材料中，随着填料体积分数的增大，填料相和基体相之间的界面面积增大，进而使界面极化增大，复合材料的介电常数随之增大。在陶瓷介电填料填充的聚合物基复合材料中，要获得更高的介电常数，需要高的填充分数，一般认为介电陶瓷填料的体积分数高于 60% 时才能显著提高复合材料的介电常数，并且要求填料在聚合物基体中要有良好的分散性。在实际情况下，一方面随着填料体积分数的增加，填料颗粒易于团聚，导致复合材料中出现气孔，造成复合材料的致密性下降；另一方面，当填料的体积分数很高时，粒子的分散性下降，黏结强度低，密度大，加工性能变差。在此情况下，不仅导致介电常数降低，介电损耗增大，而且降低了材料的击穿强度。Rao 等[40]制备了铌镁酸铅-钛酸铅（PMN-PT，900nm）、钛酸钡（$BaTiO_3$，50nm）和环氧树脂的复合材料。当填料的体积分数高达 85%，在频率为 10kHz 时介电常数达到了 150，但此时复合材料脆性变大。

为了获得更高的介电常数，通常选择介电常数更大的介电填料。钛酸铜钙（CCTO）和锂钛共掺杂氧化镍（LTNO）是两种半导体材料，其内部边界层电容结构会产生非常高的介电常数，属于巨介电常数陶瓷材料；同时，其介电常数在本质上不依赖于温度和频率的变化。因此，这两种材料常用来制备更高介电常数的复合材料。Cheng 等[41]报道了 CCTO 与聚偏二氟乙烯-三氟氯乙烯共聚物［P（VDF-CTFE）］的复合材料，其介电常数随着 CCTO 体积分数的增加而明显提高，当体积分数从 30% 增加到 50% 时，介电常数从 80 提高到 160，介电损耗保持不变（约为 0.2），并且介电常数几乎不受温度变化的影响，如图 4-12 所示。Dang 等[42]通过原位聚合过程合成了 CCTO 和聚酰亚胺（PI）的复合材料，当 CCTO 的体积分数为 40%时，介电常数提高到了纯 PI 基体的大约 14 倍。

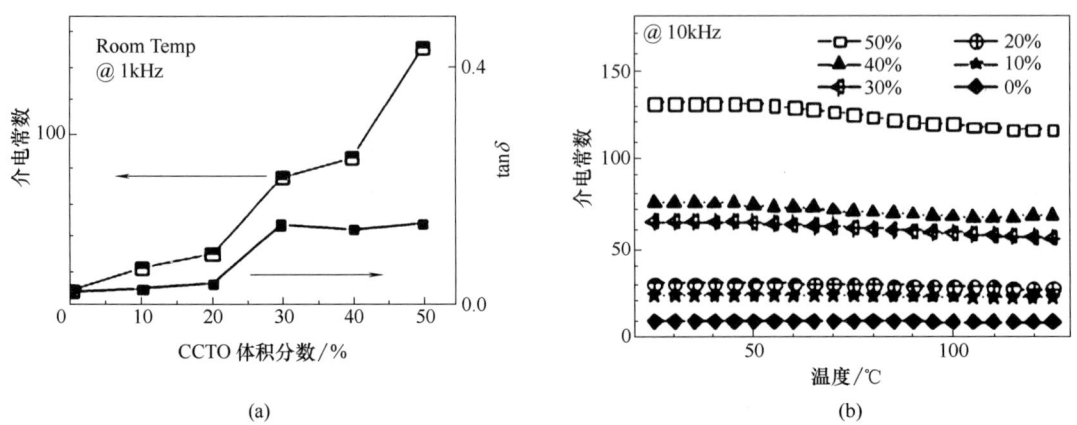

图 4-12　CCTO 填料颗粒/聚偏二氟乙烯-三氟氯乙烯共聚物复合材料在 1kHz 处的介电性能
(a) 与 CCTO 体积分数的关系　(b) 与温度的关系

在聚合物基体中加入 LTNO 也能显著提高复合材料的介电特性。Dang 等[43]研究了 LTNO 与 PVDF 复合材料的介电性能，当 LTNO 体积分数为 40%时，在 100Hz 时的介电常数高达 600，约为 PVDF 基体的 60 倍，这主要是由于 LTNO 较高的介电效应和半导体特性。进一步研究 LTNO 填充的 PVDF 复合材料的温度和频率依赖性，发现当 LTNO 的体积分数为 30%时，介电常数为 50，且介电常数在 290~360k 温度范围内和 10^3~10^6Hz 频率范围内保持稳定。由于体积分数低，制备的复合材料具有良好的柔性。但是，较高的填料体积分数会导致材料脆性增大、内部易残留气泡、填料与聚合物基体界面相容性降低等缺陷。选择具有较大长径比的介电陶瓷纤维填料不仅能提高复合材料的介电常数，而且有利于改善复合材料的机械性能。相比于球形颗粒，纤维填料在较低的体积填充分数时就能获得较高的介电常数。Nan 等[44]研究了多巴胺改性的 $BaTiO_3$ 纳米纤维与 PVDF 复合材料的介电特性，发现较低的体积填充分数有效地提高了介电常数，同时也提高了复合材料的击穿强度，原因是多巴胺改性的 $BaTiO_3$ 纳米纤维诱导和提高了 PVDF 聚合物的结晶性。此外，通过表面改性可以有效地改善介电陶瓷填料与聚合物基体之间的相容性。在用多巴胺改性的 $BaTiO_3$ 纳米纤维填充环氧树脂的研究中，相比于未表面改性的 $BaTiO_3$ 纳米纤维，前者击穿强度增加了 100%。Zhang 等[45]研究了用氟硅烷表面改性的 $BaTiO_3$ 纳米纤维填充的 PVDF 复合材料的介电性能，介电常数随着填料填充分数的增加而增大（见图 4-13），而介电损耗却随填充分数的增加而降低，并且介电常数在 20~100℃范围内保持稳定，不随温度的升高而发生变化。

（3）铁电陶瓷填料　铁电陶瓷以 $BaTiO_3$、$PtTiO_3$、CCTO（钛酸铜钙）等材料为主，对这类材料的研究开展得较早，针对其高介电常数的特点，人们将其与各种高分子聚合物基底进行复合，并对其结构进行掺杂、改性，以获得高介电常数、高介电强度、低介电损耗的材料。目前铁电陶瓷材料改性的方法主要有以下几种。

1) 控制填料的分散性　填料的团聚会给复合材料的电学性能及力学性能带来很大的影响，因此控制填料的分散性是改善介电性能的一个很重要的因素。通常使用表面活性剂

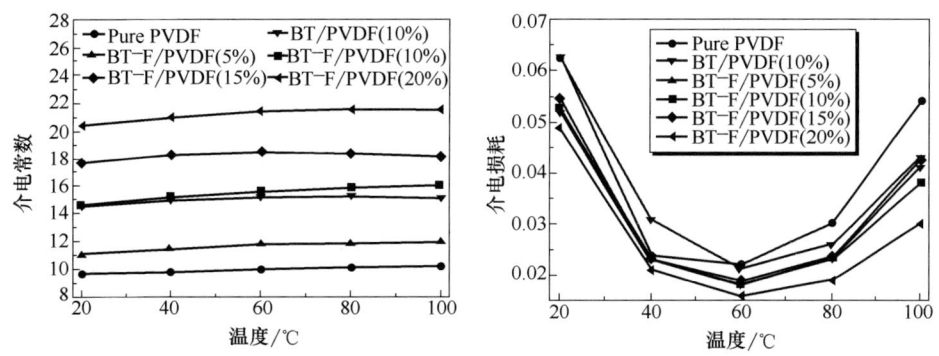

图 4-13 钛酸钡纳米纤维/PVDF 复合材料在 100kHz 处介电性能与温度的关系

或分散剂对填料的表面进行改性,可以使得纳米颗粒较均匀地分散在基体中。最近,Kim 等[46]使用了一种磷酸化合物(PEGPA)对 $BaTiO_3$ 纳米颗粒表面进行修饰并与交联 PVP 复合(见图 4-14),从而制备了钛酸钡体积分数高达 37% 的复合材料,该复合材料的介电常数为 14;此外还发现表面修饰降低了薄膜漏电流,而表面粗糙度随钛酸钡含量的增加也有明显增加。Schroeder 等[47]报道了一种水相高介电绝缘材料。这种材料是将 $BaTiO_3$ 纳米颗粒分散到 PVA 中得到的,复合物在 2MV/cm 的电场下漏电流低于 $10^{-5}A/cm^2$,介电常数为 9~12。

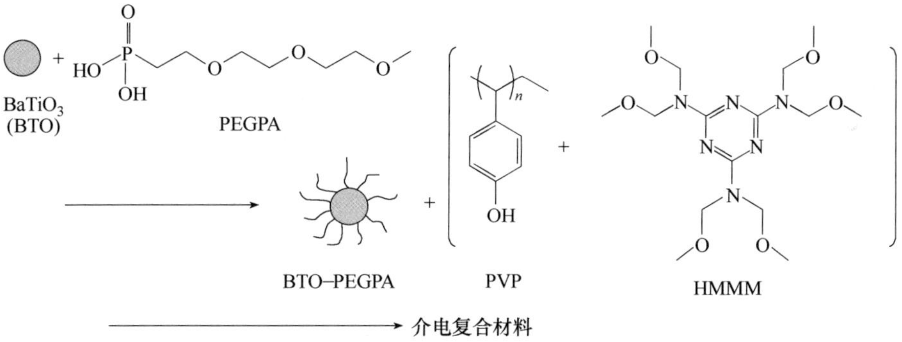

图 4-14 磷酸化合物修饰的 $BaTiO_3$ 和 PVP 的复合材料

2)采用不同粒径的填料 钛酸钡(BTO)颗粒的铁电临界尺寸为 105~130nm,介电常数在平均粒径 1μm 时达到极大值,即在 1μm 以下,BTO 的介电常数随颗粒粒径的减小而减小,在临界尺寸以下,BTO 的铁电性消失,不再有高介电常数。杨晓军等[48]选用粒径 100nm~1μm 的钛酸钡粉末、环氧树脂(EP),采用溶液共混法制备了 0~3 型两相高 K 复合材料。党智敏等[49]研究了不同粒径的 BTO 颗粒对复合材料介电常数的影响。通过选择合适的微米/纳米 BTO 的体积比,在同样的体积含量时,微米/纳米 BTO 的共混物比尺寸均一的 BTO 对复合材料介电性能的提高有更明显的协同效应,有更大的介电常数。这是由于粒径相差较大的 BTO 同时填充时,复合材料中大颗粒之间的空隙可以再次被小颗粒填充,这有利于增大 BTO 的总填充量,同时增加复合材料中的相界面,从而提高介电常数。

3) 对铁电陶瓷材料进行掺杂改进或制备合成新的陶瓷材料　Cheng 等[50]采用类半导体陶瓷 $CaCu_3Ti_4O_{12}$（CCTO）作为陶瓷填料，这种材料在弱电场下就表现出很高的介电常数（20000），并且不依赖于温度的变化，将其填充到聚苯乙烯中制得复合材料，该复合材料在室温、频率为 100Hz 时介电常数达到 610。Bai 等[51]将 PMN-PT 陶瓷粉末通过溶液混合法分散到聚偏二氟乙烯-三氟乙烯的共聚物中，在陶瓷的体积分数为 50% 时，复合材料的介电常数为 200 左右。

将高介电陶瓷与聚合物进行复合可以制备介电常数较高的复合材料。但是，这种方法很难进一步提高复合材料的介电常数，如果继续增加陶瓷组分的含量，复合材料的柔性及机械性能等将受到很大的影响，并增加了复合材料的介电损耗[52]。为了进一步提高复合材料的介电常数，研究者设计制备了由陶瓷和导电组分两种填料组成的聚合物基复合材料，如用金属微粒来代替部分 $BaTiO_3$，这样不但可以得到较高的介电常数，而且也可以大大降低复合材料的介质损耗[53]。Dang 等[54]研究了包含 $BaTiO_3$、Ni 和 PVDF 三组分的复合物，发现通常添加 Ni 纳米颗粒只能将介电常数提高少许，除非是达到渗流阈值，这样的复合薄膜的介电常数可达到 800。该薄膜表现出了好的加工性、机械柔性和介电性质。该研究组还用导电碳纤维取代 Ni，获得了介电常数达 120 的复合材料[55]。当复合材料中的导电填料接近渗流阈值时，复合材料的介电常数出现发散行为，从而可以得到介电常数高的复合材料。

（4）导电填料　与介电陶瓷复合材料一般需要较大的填料体积分数不同，导电填料与聚合物基体复合时，只要加入少量的导电填料就可以显著地提高材料的介电常数。导电填料的加入使材料发生从介电体到导电体的转变，和传统的铁电陶瓷填料填充的聚合物基复合材料相比，导电填料的添加会造成逾渗现象的发生。当导电填料的浓度接近逾渗阈值时，一个很小量的改变可以显著地影响复合材料的介电性能，因此可以用较低的填料体积分数获得较高的复合材料介电常数。导电填料的种类很多，常见的有金属导电颗粒如 Al、Ag、Ni 等，还有广泛研究的导电碳材料如碳纳米管、炭黑、石墨烯及碳纤维等，都可以用来制备高介电常数的复合材料。

1）金属导体　导电颗粒填充聚合物基体是一种有效提高复合材料介电常数的方法，它主要依据逾渗理论[56]，即当导电颗粒达到逾渗阈值时，会发生绝缘体-导体转变。对于逾渗体系，其有效介电常数由公式（4.6）得到。

根据公式（4.6），具有逾渗行为的复合材料的介电常数反比于导体的实际填充分数与临界填充分数（逾渗阈值）之差。因此，要得到高的介电常数就必须使导体的填充分数接近临界值而又不能高于临界值。Dang 等[57]通过原位聚合方法合成了高介电常数的 Ag/PI 复合材料，在阈值附近其介电常数急剧增加。在 1kHz 频率下，当 Ag 的体积分数为 12.5% 时介电常数高达 400。由于 PI 良好的热稳定性，在较宽的温度范围（-50~150℃）内复合材料的介电常数也保持了良好的稳定性。

如果填充分数合适，可以得到非常高的介电常数，如图 4-15 所示，Ag 填充分数在 23% 左右介电常数达到最大。相比陶瓷/聚合物复合材料，导电颗粒/聚合物复合材料具有更高的介电常数、更好的介电性能和黏结强度[58]。

目前，Al、Ag、Ni、炭黑等导电颗粒已经用来制备导电颗粒/聚合物复合材料，此种复合材料具有较高的介电常数，被认为很有希望应用在嵌入式电容器中[59]。但是 Al、Ag

等金属颗粒主要产生电子位移极化，产生的损耗主要是电导损耗，当导电颗粒的体积过大，达到或超过逾渗阈值时，颗粒间距过小，电子就会在各导电颗粒间发生迁移，形成导电通路，产生较大的介电损耗。目前研究的关键问题主要集中于在提高介电常数的同时控制介电损耗的增加，使二者之间达到一种平衡，最终制备出具有高介电常数、低损耗的合适的聚合物基复合材料。控制填料体积分数在逾渗阈值附

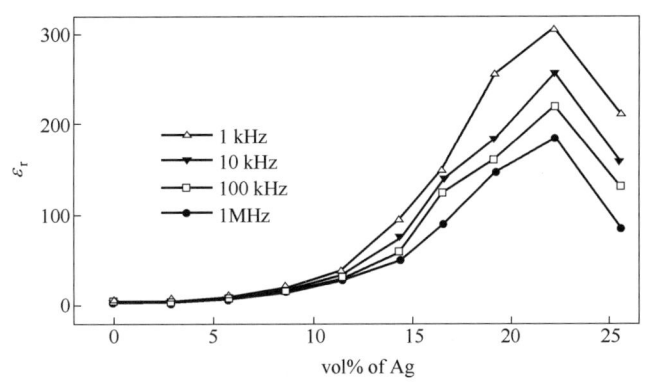

图 4-15　室温下 Ag-epoxy 复合材料中相对介电常数随着 Ag 填充体积的变化

近，可以很大程度提升介电常数，同时控制颗粒的分散性，使颗粒不构成导电通路，从而赋予材料较低的介电损耗和良好的力学性能。

改进的方法主要有：

① 制备核壳结构的混合填料。为了阻止导电颗粒间的接触，阻碍电子在颗粒间迁移，得到高介电常数和低介电损耗，可在导电颗粒外包覆绝缘壳层，形成屏障和连续的势垒网。此种复合材料的高介电常数主要来源于界面极化，即在不均匀介质中，无序排布的自由电荷在电场作用下会聚集在绝缘壳层形成的界面处，产生空间电荷极化。Xu 等[59]用 Al 作为填料，Al 自钝化形成的绝缘氧化层作为壳层，填充到具有高介电常数的聚合物基体中，在 Al 填充体积为 80% 时，介电常数为 109，介电损耗为 0.02。Shen 等[60]合成了金属 Ag 核外面包覆有机碳层（用 Ag@C 表示）作为填料填充（见图 4-16），分散性很好，介电常数>300，介电损耗<0.05。

② 在金属纳米颗粒表面包覆表面活性剂层或对导电填料进行改性。Qi 等[58]将表面包覆薄层表面活性剂的 Ag 纳米颗粒（40nm）填充在聚合物中，填

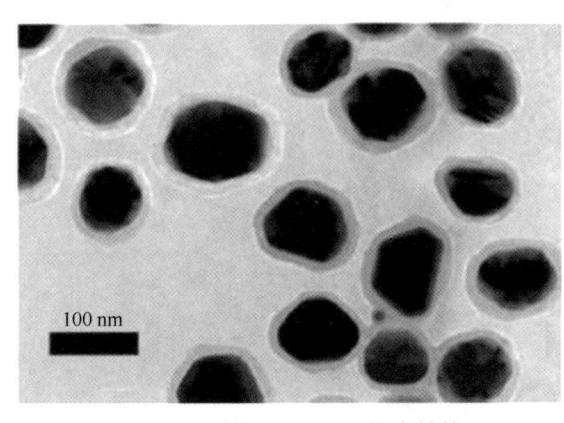

图 4-16　制得的 Ag@C 核壳结构

充体积为 22% 时，介电常数达 308，介电损耗小于 0.05。

2) 导电碳材料　导电填料在逾渗阈值附近可以获得较高的介电常数，但由于在阈值附近导电填料颗粒之间的接触非常近，复合材料的导电性会逐渐增加，往往复合材料会具有较大的介电损耗，伴随着材料从介电体向导电体转变的风险，使得材料在实际应用中产生发热、易击穿等情况，降低产品的使用寿命。复合电介质中导电填料由于聚集和相互连接而形成的传导通路，使材料具有较大的介电损耗或具有导电性，如何均匀地将导电填料分散在聚合物基体中是改善复合材料的关键。

自1991年发现碳纳米管起,人们对其进行了深入研究,发现碳纳米管具有优良的电磁性能、力学性能、光学性能、热性能等特性,成为继C_{60}之后最热门的碳纳米材料。关于碳纳米管、炭黑与聚合物所形成的杂化材料的介电性能的研究报道也较多。

导电碳材料以其更加优异的导电性和较大的长径比结构,具有更低的阈值,能赋予复合材料更优异的机械性能。Dang等[61]研究了MWCNT与PVDF复合材料的介电性能,通过计算得出MWCNT在PVDF基体中的阈值为1.61%,当填料体积分数增加到2%时,介电常数从50增加到300,在获得高介电常数的同时,保持了聚合物基体的机械性能。石墨烯由于特殊的2D结构、优异的导电性、比表面积大、密度小和良好的化学稳定性,被认为是用来制备高介电常数、低介电损耗、稳定性高和质量轻的复合电介质的理想填料。通过原位溶剂热还原过程制备的石墨烯和PVDF复合材料,填料的阈值仅为0.31%。当填料体积分数增大到0.51%时,介电常数为10^5,介电常数显著提高的同时复合材料保持了良好的机械性能[62]。然而,石墨烯极易团聚,导致其在聚合物基体中的分散性差,对石墨烯进行表面改性能改善其分散性,有效地提高介电常数和降低介电损耗。

北京印刷学院印刷电子工程技术研究中心[63]利用不同长径比的MWCNT与聚二甲基硅氧烷(PDMS)进行复合,将其作为电容式柔性压力传感器的介电层,研究了MWCNT/PDMS复合介电层在受力情况下介电常数、介电损耗及机械性能的变化规律,结果发现:利用较大长径比(1250~3750)MWCNT为填料得到的复合电介质在压缩状态下介电常数增加更为明显,最大可增至初始状态的7.4倍,如图4-17(a)所示。利用复合电介质有助于提高电容式柔性压力传感器的灵敏度与测试范围,如图4-17(b)所示。

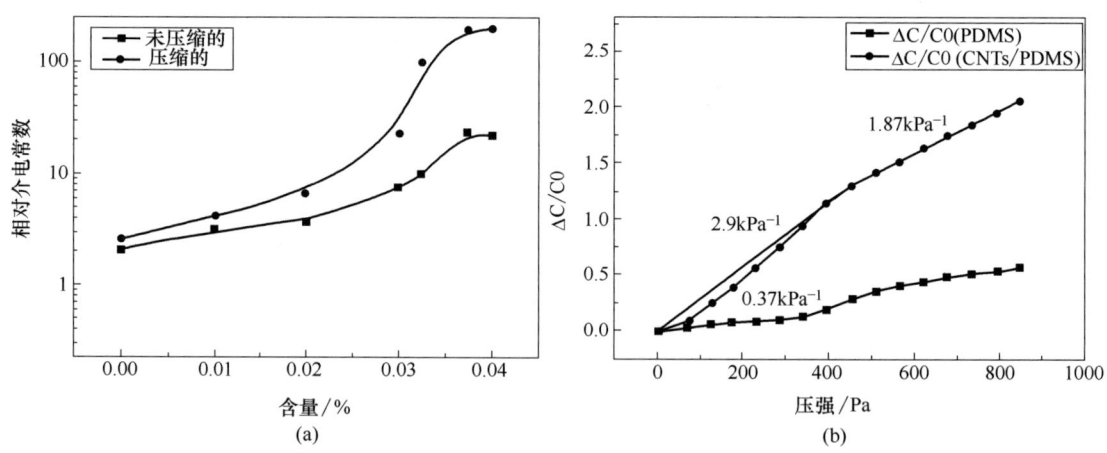

图4-17 MWCNT/PDMS复合材料的性能关系曲线
(a) MWCNT/PDMS复合材料在受力压缩状态下介电常数与碳纳米管含量的关系曲线
(b) 基于MWCNT/PDMS复合介电层的柔性压力传感器特性曲线

Higginbotham等[64]采用4-叔丁基苯胺在亚硝酸异戊酯中对SWCNT进行功能化(其反应过程示意图如图4-18所示),再经过滤、洗涤将功能化和未被功能化的SWCNT进行分离,然后按照比例与硅橡胶基体(功能化和未被功能化的SWCNT的总量占复合物质量分数的0.5%)铸模热压形成复合材料,在1Hz~1GHz下测定其介电性能,随着未被功能化的SWCNT的加入量减小,介电常数降低;频率增大,介电常数减小。

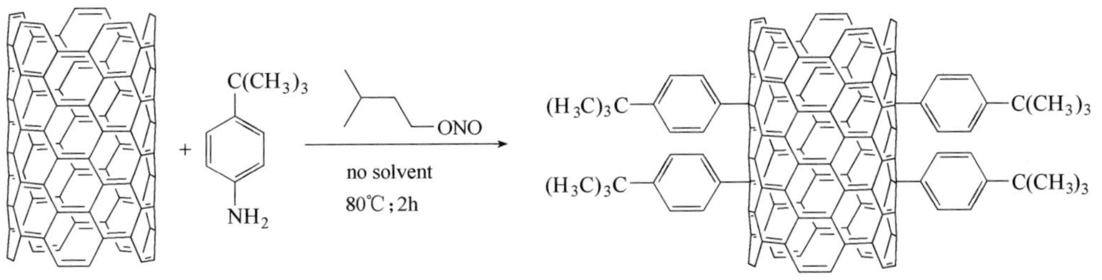

图 4-18 SWCNT 表面修饰过程示意图

Dang 等[65]和 Yang 等[66]以改性的多壁碳纳米管（MWCNTs）作为导电填料，与 PVDF 复合制得复合材料，介电常数高达 4500，远高于不改性时的介电常数 300。以碳纳米管作为电介质填料的复合电介质的介电常数差异很大，受温度、频率的影响明显，这可能与碳纳米管特殊的层状结构有密切关系。

（5）介电陶瓷填料/导电填料/聚合物三相组分填料　尽管介电陶瓷材料和导电填料在提高复合材料的介电性能方面取得了一些进展，但仍难满足人们对高性能复合电介质的整体要求。因此，研究人员尝试将介电陶瓷填料、导电填料和聚合物等进行多组分复合。研究发现，由具有协同作用的导电填料和陶瓷填料复合填充的聚合物电介质比两组分聚合物基复合电介质具有更加优异的性能。Dang 等[54]制备了由 $BaTiO_3$、Ni 和 PVDF 组成的三组分复合电介质，将 $BaTiO_3$ 纳米颗粒在复合材料中的体积分数固定为 40%，通过调整 Ni 的填充分数从 0% 到 23%，其介电常数从 40 增加到 800，而介电损耗低于 0.5。

传导是复合电介质形成漏电流的主要损耗机理。Luo 等[67]认为，简单地将介电陶瓷填料、导电填料和聚合物基体混合来制备三相复合电介质仍有可能会使导电填料相互接触形成导电网络，导致高的介电损耗和高的漏电流。因此，防止导电填料的聚集和相互接触，以及将导电填料均匀地分散在聚合物中是非常重要的。他们在研究中通过化学方法将导电颗粒 Ag 沉积到 $BaTiO_3$ 纳米颗粒表面，然后与 PVDF 混合制备了复合电介质，在此过程中可以有效阻碍导电通路的形成，从而降低介电损耗。由于 BTO-Ag 杂化填料和 PVDF 基体界面上的双电层效应，使得复合材料有更高的介电常数。当 BTO-Ag 的填料质量分数为 40.4% 时介电常数为 160，介电损耗为 0.11。

基于导电碳材料如碳纳米管、石墨烯等与陶瓷介电填料和聚合物组成的三组分复合电介质也有报道。Tjong 等[68]制备了由热还原的石墨烯和 $BaTiO_3$ 填充的 PVDF 三组分复合材料，在 1kHz 处介电常数为 50，介电损耗为 0.072。由于石墨烯层间较强的范德华力，其在聚合物基体中的分散性不好。Dang 等[69]通过聚苯胺和氧化石墨烯之间的 π—π 堆积作用，得到了化学方法改性的石墨烯，然后和 $BaTiO_3$ 作为填料制备了 PVDF 三组分复合材料，在频率为 1MHz 时介电常数仍高达 65，介电损耗为 0.35，得到了在高频区的高介电常数和低介电损耗（见图 4-19）。

（6）其他复合电介质　聚合物柔软、易加工，而介电常数低。相反，陶瓷介电常数高，但易碎、烧结温度高。因此，在实际应用中这两者都受到限制。然而，把聚合物和陶瓷复合在一起获得的陶瓷基聚合物复合材料结合了两者的优点，其性能远超过其中任何单一相的性能。陶瓷基聚合物复合电介质在印刷电子领域有很好的应用前景，重要的是其处理温度低。BTO 不是溶液状态，从而限制了其在成本较低的印刷电子领域的应用。环氧

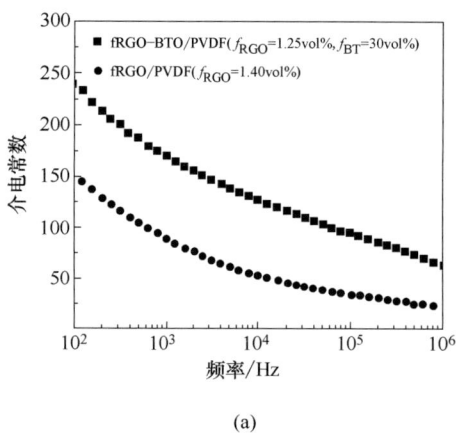
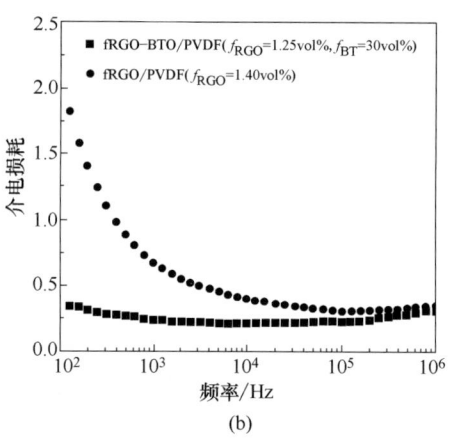

图 4-19 复合材料的介电性能
(a) RGO/PVDF (b) RGO-BTO/PVDF

树脂通常是光敏或热敏聚合物，处理温度低，而且在正常温度范围内随着频率变化比较稳定，是一种理想的聚合物。在环氧树脂中掺杂钛酸钡颗粒可以获得可溶液化（solution-processed）的高介电复合材料。这种方法获得的介电复合材料处理温度低于 200℃。陶瓷基聚合物复合材料分散颗粒尺寸大，在几个至十几个微米，不符合印刷电子领域印刷薄膜或直写技术对油墨的要求，可以通过在陶瓷基聚合物中加入纳米颗粒的方法来解决。

印刷电容（printed capacitor）结合了平版印刷（pad printing）和涂布技术，将铝涂布的塑料作为柔性底电极（bottom electrode）基材，BTO-环氧树脂纳米复合电介质印刷后经过热处理，然后在上面平版印刷银的顶电极（silver top electrode）。bimodal BTO-Epoxy 纳米复合介电平板电容示意图如图 4-20 所示。

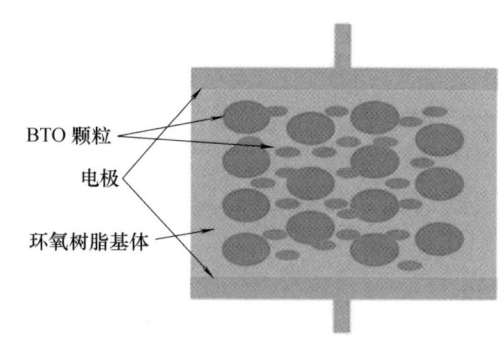

图 4-20 bimodal BTO-Epoxy 纳米复合介电平板电容示意图

钛酸钡颗粒的晶体结构随尺寸发生变化。当尺寸降至 100nm 时，变为立方相或准立方相结构，介电常数低。将 200nm 和 1000nm 两种尺寸的 BTO 添加到聚合物中，颗粒体积百分比为 60%，获得高介电常数的复合物。纳米复合电介质印制电容过程如图 4-21 所示。电容介电层厚度为 5μm。银浆平版印刷制作顶电极，120℃ 烧结 20min。矩形的银浆顶电极面积为 0.3cm²。[70] 可以计算得出，BTO-Epoxy 复合物介电常数为 35。

4.6.2 复合电介质的制备

以聚合物为基体的复合电介质的制备工艺比较简单，但如何实现填料与聚合物基体均匀混合及控制复合材料的显微结构是关键。机械混合是一种比较简单的工艺：加热使温度达到聚合物基体熔点以上，加入无机填充料，用均化器（如 Haake 混料机）搅拌达到混料的目的。这种方法虽然简单，但难以实现填充料在聚合物基体中的均匀分散。另一种方法是采用一定的有机溶剂，将聚合物溶解在溶剂中，在加热的条件下加入填充料。通过控制溶剂的加入量，使聚合物和填充料形成悬浮液，并具有适当黏度。例如，先将P（VDF-TrFE）溶解在N,N-二甲基甲酰胺（DMF）中，然后将一种金属有机配合物分散到该溶液中，而后将溶液用流延的方法制成膜，除去残存溶剂后，用热压的方法将薄膜压制成片状材料复合电介质，该材料具有高介电常数和电致伸缩特性。

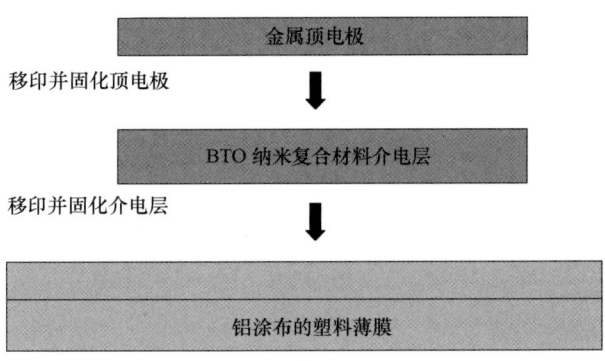

图 4-21　纳米复合电介质印制电容过程

在制备复合电介质时，一般都会选择自身具有较高介电常数的聚合物作为高介电常数复合材料的基体树脂，常用的为聚偏二氟乙烯及其共聚物。然而由于含氟聚合物较低的表面能，使用碳氢化合物对填料表面改性不能完全解决在复合材料中依然存在的颗粒团聚和界面间的缺陷。对填料颗粒表面进行氟化物改性后能有效地改善填料与含氟聚合物基体之间的相容性问题。Kim 等[71]将 $BaTiO_3$ 表面用五氟苄基磷酸改性后与聚偏二氟乙烯-六氟丙烯共聚物［P（VDF-HFP）］制备了复合材料，经过表面改性后的 $BaTiO_3$ 颗粒在基体中的分散性较好，当体积分数为60%时，介电常数最大，并且介电损耗相对较低。

Zhang 等[72]采用表面引发-原子转移自由基聚合的方法（见图4-22），在 $BaTiO_3$ 纳米颗粒表面接枝了聚甲基丙烯酸十三氟辛酯（PPFOMA），合成了核壳结构的复合材料。通过热压成型制成了这种复合物的薄膜，并进行了介电性能表征，得到了有趣的结果。随着接枝量的降低，介电常数增加而介电损耗降低。在频率为105Hz、接枝量为29%时，复合材料的介电常数为7.4，是纯的 PPFOMA 聚合物介电常数的3倍，而介电损耗从0.04降低到0.01，并且介电常数对频率的变化波动不大。尽管复合材料的介电常数没有明显的提高，但是这为同时提高介电常数和降低介电损耗提供了一种解决办法。Jiang 等[73]利用 RAFT 聚合在 $BaTiO_3$ 表面分别接枝了 1H,1H,2H,2H-全氟癸基丙烯酸酯（HFDA）和丙烯酸三氟乙酯（TFEA）（见图4-23），制备了两种核壳结构的填料。经过氟聚合物表面改性后，与聚偏氟乙烯-六氟丙烯共聚物［P（VDF-HFP）］共混制备的复合材料表现出了优异的介电性能，介电损耗随着改性填料量的增加而降低，相比于纯的 P（VDF-HFP），储能密度提高了约50%。对导电填料进行表面处理，一方面改善了导电填料与聚合物基体的界面润湿性，提高了填料的分散性；另一方面，导电填料表面的绝缘层阻碍了导电填料相互之间的聚集，降低导电通路的形成和导电填料的阈值，在获得高介电常数的同时改善了复合材料的柔性。

4.6.3　影响聚合物基复合电介质介电性能的因素

复合材料的介电性能，除了基体和填料本身的特性外，还取决于界面极化的影响。由于填料物理性质的不同、填料和聚合物基体的相界面问题，以及在复合材料制备过程中出

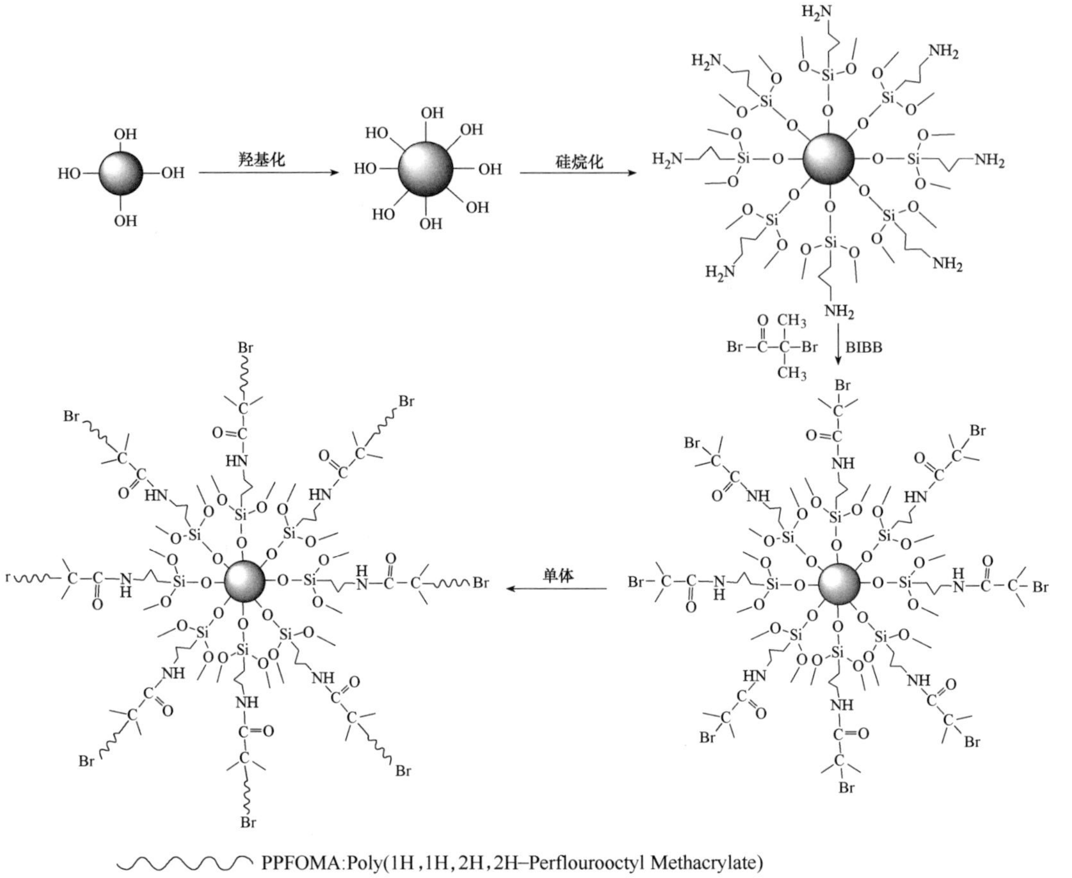

图 4-22 表面引发-原子转移自由基聚合制备 PPFOMA@ BaTiO₃ 机理图[72]

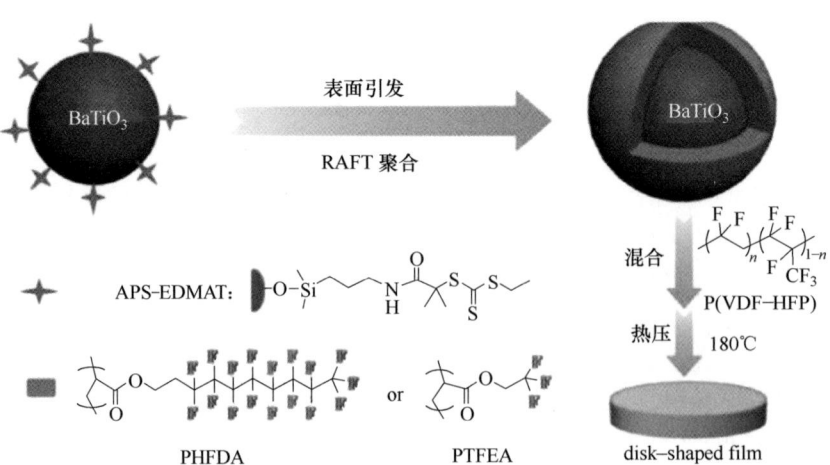

图 4-23 Fluoro-polymer@ BaTiO₃ 纳米颗粒及与聚偏二氟乙烯-六氟丙烯复合材料的制备机理图[73]

现的一些缺陷会对复合材料的极化特性产生影响，进而影响介电特性，因此研究填料的物理性质对复合材料介电性能的影响对开发高性能的电介质有重要的指导作用。

(1) 填料颗粒的尺寸　填料颗粒的性能和粒径大小有着极为密切的关系，填料颗粒的粒径越小，其比表面积越大。当粒径降低到纳米尺度时，颗粒就会表现出与本体材料不同的纳米效应，如表面效应、小尺寸效应和宏观量子隧道效应。研究表明，对于由微米尺度的填料填充的聚合物复合电介质，颗粒团聚带来的空隙、气孔等会提高材料的局部电场，降低复合材料的击穿强度。Lewis[74]提出，当填料颗粒的粒径降低到纳米尺度时，由于填料和聚合物基体的界面特性，聚合物基复合材料会表现出不一样的性能。对于球形填料颗粒而言，粒径越小，比表面积越大，在复合材料中就具有更大的界面面积。因此，在聚合物基复合电介质中，填料颗粒的粒径大小及其粒径分布会影响复合材料的介电性能，而对颗粒粒径及粒径分布的分析和研究，有利于更好地理解复合电介质的介电性能。鉴于填料的类型不同，填料粒径影响复合材料介电性能的机理也不同。

(2) 填料颗粒的形貌　填料的形貌结构对复合材料的性能也有显著影响。一方面，不同结构的填料有不同的比表面积，在复合材料中具有不同的相界面积，界面的不同导致极化性能也不同，从而复合材料的介电性能也就不同。另一方面，填料结构不同导致填料在复合材料中的分布和连通性不同。常见的填料形貌有球形、纤维和核壳3种。

球形结构的填料是最为常见的，通过添加球形填料可以获得较高的介电常数，不足之处是需要较高的填充分数，一般介电陶瓷填料的体积分数要达到60%，导电填料的阈值也在10%左右。虽然能获得较高的介电常数，但高比例的填充分数降低了复合材料的柔性和机械性能。

纤维状结构的填料具有较大的长径比，比表面积较小，降低了表面能，减缓了填料在基体中的团聚，改善了分散性。由于较大的偶极矩，纤维状填料在较低的体积填充分数下可以显著地提高复合材料的介电常数，可在获得高介电常数的同时，改善复合材料的机械性能。Parra等[75]制备了$BaTiO_3$纳米纤维与环氧树脂层层复合的复合电介质，当电极与复合材料中$BaTiO_3$纳米纤维层的方向垂直，体积分数仅为2%时，介电常数约为环氧树脂的3倍。复合材料的介电常数随着纤维长径比的增大而增大。同样，当使用纤维结构的导电填料如碳纳米管、碳纤维时，相比于球形结构导电填料，由于较大的长径比和良好的导电性，可进一步降低填料的阈值，改善机械性能。Dang等[61]制备了MWCNT与PVDF的复合材料，当MWCNT的体积分数仅为2%时，介电常数约为300。另外，纤维结构的加入也能提高复合材料的机械性能和力学性能。

具有核壳结构的介电填料是近年的一个研究热点，通过设计和调整核壳结构的组成和厚度，可以对复合材料的综合性能进行调控。Wang等[76]利用相场模型和计算机模拟研究了核壳结构填料填充的复合电介质。模拟结果表明，填料的核壳结构可以有效地减缓介电复合材料中局部电场的集中，提高介电复合材料的介电击穿强度和能量密度。

复合材料中界面极化、核与壳层之间的界面缺陷也会影响介电性能。总之，填料的形貌是影响复合材料介电性能的重要因素之一，为了满足对复合电介质的实际需求，要根据要求选择具有不同物化性能的填料。

(3) 填料颗粒的表面改性　界面问题是影响复合材料介电性能的重要因素之一，表面改性可以降低颗粒之间的相互作用，改善分散性，另外还可以提高颗粒与聚合物基体之间的界面相容性，降低由颗粒团聚等带来的缺陷，使材料变得更加致密。Zhou等[77]研究了表面羟基化改性的$BaTiO_3$纳米颗粒与PVDF复合材料的介电性能，相比于未改性的Ba-

TiO_3 纳米填料，前者表现出了更高的介电常数和更低的介电损耗，并且受温度和频率的影响更小。

4.6.4 复合电介质发展趋势

表 4-2 是已经报道的典型颗粒填充聚合物高介电复合材料的组成、制备及介电性能。对于具有高介电常数、低介电损耗的聚合物基复合材料，目前研究的主要问题集中在不仅要最大程度地提高介电常数，降低复合材料的介电损耗，而且要赋予其质量轻、厚度薄、热稳定性好、成本低等特点[78]，以更好地应用于柔性及印刷电子领域。

表 4-2　典型颗粒填充聚合物高介电复合材料的组成、制备及介电性能

填料	聚合物基质	ε	$\tan\delta$	填料含量	填料尺寸
Ag	epoxy	约 300(1kHz)	0.05(1kHz)	22%	400nm
Ag@C	epoxy	>300(1kHz)	<0.05(1kHz)	25%~30%	80~90nm
Al/Ag	epoxy	160(10kHz)	0.45(10kHz)	80% Al	Ag<20nm
Al@Al_2O_3	epoxy	100(10kHz)	0.02(10kHz)	80%	3.0μm
Ni	PVDF	2050(100Hz)	10(100Hz)	28%	约 30nm
$BaTiO_3$	epoxy	40(1Hz)	0.035(1Hz)	60%	100~200nm
Ag/$BaTiO_3$	epoxy	450(1kHz)	0.1(1kHz)	Ag 22%,$BaTiO_3$ 30%	Ag 40nm
PANI	epoxy	3000(10kHz)	<0.5(10kHz)	25%	
Ag/carbon black	epoxy	2260	0.45(10kHz)	Ag3.7wt%,CB20wt%	Ag 13nm
TFP-MWNT	PVDF	4500(1kHz)	20(1kHz)	15%	5~15μm

尽管近年来聚合物基复合电介质方面的研究取得了重要进展，但现有成果仍然不能完全满足电子工业的发展对电介质高介电常数、低介电损耗、高柔性、轻量化和热稳定性的要求。研究工作的一个重要方向，是开发聚合物基的复合电介质，揭示聚合物基体、填料类型、表面改性及制备工艺对介电性能的影响。介电陶瓷填料填充的聚合物基复合电介质由于需要较高的填料填充分数，在提高介电常数的同时，往往降低了复合材料的机械性能。导电填料填充的聚合物基复合电介质可以在较低的填料填充分数下显著提高介电常数，但导电性提高后，电子的传导会带来相应较高的介电损耗。因此，研究制备能够满足应用于嵌入式电容器的电介质仍是今后努力的目标，可以着眼于以下几个方面开展进一步的研究：①更加关注纳米填料颗粒对复合材料介电性能的影响，较高的界面面积能有效提高极化效应，但是要解决如何均匀分散纳米填料的难题；②利用不同类型填料颗粒之间的协同效应，如多组分填料和核壳填料，赋予复合材料更加优异的综合性能；③研究开发适合在特殊环境（如高温、高频）条件下性能稳定的电介质；④制备结构、形貌、尺寸可控的新功能填料和新型聚合物，探索新型、简单的复合工艺和界面控制技术；⑤建立功能填料结构和介电性能关系的理论模型，为高性能电介质的开发提供新思路。

复习思考题

1. 什么是介电材料？有什么基本性质？
2. 极化的种类有哪些？主要区别是什么？
3. 如何理解介电损耗？

4. 常用的有机介电材料有哪些？列举其常见应用。
5. 影响材料介电性能的因素有哪些？影响原因是什么？

参 考 文 献

[1] 包兴，胡明. 电子器件导论［M］. 北京：北京理工大学出版社，2001.
[2] 关振铎，张中太，焦金生. 无机材料物理性能［M］. 北京：清华大学出版社，2011.
[3] EGGINGER M, IRIMIA-VLADU M, SCHWÖDIAUER R, et al. Mobile Ionic Impurities in Poly (vinyl alcohol) Gate Dielectric: Possible Source of the Hysteresis in Organic Field-Effect Transistors [J]. Advanced Materials, 2008, 20 (5): 1018-1022.
[4] 田莳. 材料物理性能［M］. 北京：北京航空航天大学出版社，2004.
[5] HOSIER I L, VAUGHAN A S, SWINGLER S G. Structure–property relationships in polyethylene blends: the effect of morphology on electrical breakdown strength [J]. Journal of Materials Science, 1997, 32 (17): 4523-4531.
[6] IEDA M, NAGAO M, HIKITA M. High-field conduction and breakdown in insulating polymers. Present situation and future prospects [J]. IEEE Transactions on Dielectrics & Electrical Insulation, 1994, 1 (5): 934-945.
[7] KLAUK H, HALIK M, ZSCHIESCHANG U, et al. High-mobility polymer gate dielectric pentacene thin film transistors [J]. Journal of Applied Physics, 2002, 92 (9): 5259-5263.
[8] KAWASE T, SIRRINGHAUS H, FRIEND R H, et al. All-Polymer Thin Film Transistors Fabricated by High-Resolution Ink-jet Printing [J]. Tech Digest of Iedm, 2000, 623 (1): 40-43.
[9] LIN C-T, HSU C-H, CHEN I-R, et al. Enhancement of carrier mobility in all-inkjet-printed organic thin-film transistors using a blend of poly (3-hexylthiophene) and carbon nanoparticles [J]. Thin Solid Films, 2011, 519 (22): 8008-8012.
[10] TSENG H Y, SUBRAMANIAN V. All inkjet printed self-aligned transistors and circuits applications; proceedings of the 2009 IEEE International Electron Devices Meeting (IEDM), F, 2009 [C]. USA: Baltimore, 2009.
[11] MOLESA S E, VORNBROCK A, CHANG P C, et al. Low-voltage inkjetted organic transistors for printed RFID and display applications; proceedings of the IEEE International Electron Devices Meeting, F, 2005 [C]. USA: Arizon, 2005.
[12] CHUNG S, KIM S O, KWON S-K, et al. All-Inkjet-Printed Organic Thin-Film Transistor Inverter on Flexible Plastic Substrate [J]. IEEE Electron Device Letters, 2011, 32 (8): 1134-1136.
[13] 何慧，王刚，赵谡玲，等. 有机绝缘层材料聚（4-乙烯基苯酚）喷墨打印工艺研究［J］. 液晶与显示，2012，27（005）：590-594.
[14] PENG X, HOROWITZ G, FICHOU D, et al. All-organic thin-film transistors made of alpha-sexithienyl semiconducting and various polymeric insulating layers [J]. Applied Physics Letters, 1990, 57 (19): 2013-2015.
[15] UEMURA S, KOMUKAI A, SAKAIDA R, et al. The organic FET with poly (peptide) derivatives and poly (methyl-methacrylate) gate dielectric [J]. Synthetic Metals, 2005, 153 (1-3): 405-408.
[16] KAWAI, HEIJI. The Piezoelectricity of Poly (vinylidene Fluoride) [J]. Japanese Journal of Applied Physics, 1969, 8 (7): 975-976.

[17] HASEGAWA M, KOBAYASHI N, UEMURA S, et al. Memory mechanism of printable ferroelectric TFT memory with tertiary structured polypeptide as a dielectric layer [J]. Synthetic Metals, 2009, 159 (9-10): 961-964.

[18] LIANG L, MITSUMURA Y, NAKAMURA K, et al. Temperature dependence of transfer characteristics of OTFT memory based on DNA-CTMA gate dielectric [J]. Organic Electronics, 2016, 28: 294-298.

[19] LIANG L, FUKUSHIMA T, NAKAMURA K, et al. Temperature-dependent characteristics of non-volatile transistor memory based on a polypeptide [J]. J Mater Chem C, 2014, 2 (5): 879-883.

[20] CHANG J W, WANG C G, HUANG C Y, et al. Chicken albumen dielectrics in organic field-effect transistors [J]. Adv Mater, 2011, 23 (35): 4077-4081.

[21] IRIMIA-VLADU M, TROSHIN P A, REISINGER M, et al. Biocompatible and Biodegradable Materials for Organic Field-Effect Transistors [J]. Advanced Functional Materials, 2010, 20 (23): 4069-4076.

[22] MEI B Z, SCHEINBEIM J I, NEWMAN B A. The ferroelectric behavior of odd-numbered nylons [J]. Ferroelectrics, 1993, 144 (1): 51-60.

[23] SAKAI H, ISODA H, FURUKAWA Y. Organic Field-Effect-Transistor-Based Memory with Nylon 11 as Gate Dielectric [J]. Japanese Journal of Applied Physics, 2012: 51.

[24] MATSUMURA M, FUKIDOME H. Enhanced Etching Rate of Silicon in Fluoride Containing Solutions at pH 6.4 [J]. Journal of The Electrochemical Society, 1996, 143 (8): 2683-2686.

[25] DANG Z M, YUAN J K, YAO S H, et al. Flexible nanodielectric materials with high permittivity for power energy storage [J]. Adv Mater, 2013, 25 (44): 6334-6365.

[26] CHUNG S Y, KIM I D, KANG S J L. Strong nonlinear current-voltage behaviour in perovskite-derivative calcium copper titanate [J]. Nature Materials, 2004, 3 (11): 774-778.

[27] DENG G C, YAMADA T, MURALT P. Evidence for the existence of a metal-insulator-semiconductor junction at the electrode interfaces of $CaCu_3Ti_4O_{12}$ thin film capacitors [J]. Applied Physics Letters, 2007, 91 (20): 202903.

[28] ADAMS T B, SINCLAIR D C, WEST A R. Giant Barrier Layer Capacitance Effects in $CaCu_3Ti_4O_{12}$ Ceramics [J]. Advanced Materials, 2002, 14 (18): 1321-1313.

[29] YUE X, LONG W, LIU J, et al. Enhancement of dielectric and non-ohmic properties of graded Co doped $CaCu_3Ti_4O_{12}$ thin films [J]. Journal of Alloys and Compounds, 2019, 816: 152582.

[30] SETTE D, KOVACOVA V, DEFAY E. Printed Barium Strontium Titanate capacitors on silicon [J]. Thin Solid Films, 2015, 589: 111-114.

[31] BHATTACHARYA S, TUMMALA R R, CHAHAL P, et al. Integration of polymer/ceramic thin film capacitor on PWB; proceedings of the Advanced Packaging Materials Proceedings, 3rd International Symposium on, F, 1997 [C]. USA: Georgia, 1997.

[32] 徐洋, 钟朝位, 张树人. $CaCu_3Ti_4O_{12}$ 高介电材料的研究进展 [J]. 材料导报, 2007, 21 (5): 4.

[33] KRETLY L, ALMEIDA A, FECHINE P, et al. Dielectric permittivity and loss of $CaCu_3Ti_4O_{12}$ (CCTO) substrates for microwave devices and antennas [J]. Journal of Materials Science Materials in Electronics, 2004, 15 (10): 657-663.

[34] MEMMING R, SCHWANDT G. Anodic dissolution of silicon in hydrofluoric acid solutions [J]. Surface Science, 1966, 4 (2): 109-124.

[35] 李驰平, 王波, 宋雪梅, 等. 新一代栅介质材料——高K材料 [J]. 材料导报, 2006, 20 (2): 5.

[36] CHERQAOUI B, GUILLET J, SEYTRE G. Etude des propriétés diélectriques du polyfluorure de

vinylidène chargé de titanate de baryum [J]. Die Makromolekulare Chemie, Rapid Communications, 1985, 6 (3): 133-136.

[37] 李曹, 刘孝波. 聚合物/无机复合材料在介电材料领域的应用 [J]. 材料导报, 2003, 17 (8): 4.

[38] ZHANG Q M, LI H, POH M, et al. An all-organic composite actuator material with a high dielectric constant [J]. Nature, 2002, 419 (6904): 284-287.

[39] HUANG C, ZHANG Q M, SU J. High-dielectric-constant all-polymer percolative composites [J]. Applied Physics Letters, 2003, 82 (20): 3502-3504.

[40] RAO Y, OGITANI S, KOHL P, et al. Novel polymer-ceramic nanocomposite based on high dielectric constant epoxy formula for embedded capacitor application [J]. Journal of Applied Polymer Science, 2002, 83 (5): 1084-1090.

[41] SHAN X, ZHANG L, YANG X, et al. Dielectric composites with a high and temperature-independent dielectric constant [J]. Journal of Advanced Ceramics, 2013, 1 (4): 310-316.

[42] DANG Z M, ZHOU T, Yao S H, et al. Advanced Calcium Copper Titanate/Polyimide Functional Hybrid Films with High Dielectric Permittivity [J]. Advanced Materials, 2009, 21 (20): 2077-2082.

[43] DANG Z M, WU J B, FAN L Z, et al. Dielectric behavior of Li and Ti co-doped NiO/PVDF composites [J]. Chemical Physics Letters, 2003, 376 (3-4): 389-394.

[44] SONG Y, SHEN Y, LIU H, et al. Enhanced dielectric and ferroelectric properties induced by dopamine-modified $BaTiO_3$ nanofibers in flexible poly (vinylidene fluoride-trifluoroethylene) nanocomposites [J]. Journal of Materials Chemistry, 2012, 22 (16): 8063-8068.

[45] ZHANG X, MA Y, ZHAO C, et al. High dielectric constant and low dielectric loss hybrid nanocomposites fabricated with ferroelectric polymer matrix and $BaTiO_3$ nanofibers modified with perfluoroalkylsilane [J]. Applied Surface Science, 2014, 305: 531-538.

[46] KIM P, ZHANG X H, DOMERCQ B, et al. Solution-processable high-permittivity nanocomposite gate insulators for organic field-effect transistors [J]. Applied Physics Letters, 2008, 93 (1): 243.

[47] SCHROEDER R, MAJEWSKI L A, GRELL M. High-Performance Organic Transistors Using Solution-Processed Nanoparticle-Filled High-k Polymer Gate Insulators [J]. Advanced Materials, 2005, 17 (12): 1535-1539.

[48] 杨晓军, 杨志民, 毛昌辉, 等. 高介电常数 EP/BT 复合材料介电性能的研究 [J]. 化工新型材料, 2006, 34 (12): 4.

[49] 王岚, 党智敏. 碳纳米管填充的高介电常数聚合物基复合电介质材料 [J]. 电工技术学报, 2006, 21 (4): 5.

[50] ZHANG L, SHAN X, BASS P, et al. Process and Microstructure to Achieve Ultra-high Dielectric Constant in Ceramic-Polymer Composites [J]. Sci Rep, 2016, 6: 35763.

[51] BAI Y, CHENG Z Y, BHARTI V, et al. High-dielectric-constant ceramic-powder polymer composites [J]. Applied Physics Letters, 2000, 76 (25): 3804-3806.

[52] 李杰, 韦平, 汪根林, 等. 高介电复合材料及其介电性能的研究 [J]. 绝缘材料, 2003 (5): 4.

[53] QI L, LEE B I, SAMUELS W D, et al. Three-phase percolative silver-$BaTiO_3$-epoxy nanocomposites with high dielectric constants [J]. Journal of Applied Polymer Science, 2006, 102 (2): 967-971.

[54] DANG Z M, SHEN Y, NAN C W. Dielectric behavior of three-phase percolative Ni-$BaTiO_3$/polyvinylidene fluoride composites [J]. Applied Physics Letters, 2002, 81 (25): 4814-4816.

[55] DANG Z M, FAN L Z, Shen Y, et al. Study on dielectric behavior of a three-phase CF/ (PVDF+$BaTiO_3$) composite [J]. Chemical Physics Letters, 2003, 369 (1-2): 95-100.

[56] NAN C W. Physics of inhomogeneous inorganic materials [J]. Progress in Materials Science, 1993, 37 (1): 1-116.

[57] DANG Z M, PENG B, XIE D, et al. High dielectric permittivity silver/polyimide composite films with excellent thermal stability [J]. Applied Physics Letters, 2008, 92 (11): 220-222.

[58] QI L, LEE B I, CHEN S, et al. High-Dielectric-Constant Silver-Epoxy Composites as Embedded Dielectrics [J]. Advanced Materials, 2005, 17 (14): 1777-1781.

[59] XU J, WONG C P. Effects of the low loss polymers on the dielectric behavior of novel aluminum-filled high-k nano-composites [embedded capacitor applications]; proceedings of the Electronic Components & Technology Conference, F, 2004 [C]. USA: Nevada, 2004.

[60] SHEN Y, LIN Y, LI M, et al. High Dielectric Performance of Polymer Composite Films Induced by a Percolating Interparticle Barrier Layer [J]. Advanced Materials, 2007, 19 (10): 1418-1422.

[61] WANG L, DANG Z M. Carbon nanotube composites with high dielectric constant at low percolation threshold [J]. Applied Physics Letters, 2005, 87 (4): 042903.

[62] HE L, TJONG S C. Low percolation threshold of graphene/polymer composites prepared by solvothermal reduction of graphene oxide in the polymer solution [J]. Nanoscale Research Letters, 2013, 8 (1): 132.

[63] 李正博. 基于复合介电材料的印刷柔性压力传感器研究 [D]. 北京：北京印刷学院, 2017.

[64] HIGGINBOTHAM A L, STEPHENSON J J, SMITH R J, et al. Tunable Permittivity of Polymer Composites through Incremental Blending of Raw and Functionalized Single-Wall Carbon Nanotubes [J]. Journal of Physical Chemistry C, 2007, 111 (48): 17751-17754.

[65] DANG Z M, ZHANG Y H, TJONG S C. Dependence of dielectric behavior on the physical property of fillers in the polymer-matrix composites [J]. Synthetic Metals, 2004, 146 (1): 79-84.

[66] YANG C, LIN Y, NAN C W. Modified carbon nanotube composites with high dielectric constant, low dielectric loss and large energy density [J]. Carbon, 2009, 47 (4): 1096-1101.

[67] LUO S, YU S, SUN R, et al. Nano Ag-deposited $BaTiO_3$ hybrid particles as fillers for polymeric dielectric composites: toward high dielectric constant and suppressed loss [J]. ACS Appl Mater Interfaces, 2014, 6 (1): 176-182.

[68] LI Y C, TJONG S C, LI R K Y. Dielectric properties of binary polyvinylidene fluoride/barium titanate nanocomposites and their nanographite doped hybrids [J]. Express Polymer Letters, 2011, 5 (6): 526-534.

[69] WANG D, ZHOU T, ZHA J-W, et al. Functionalized graphene - $BaTiO_3$/ferroelectric polymer nano-dielectric composites with high permittivity, low dielectric loss, and low percolation threshold [J]. Journal of Materials Chemistry A, 2013, 1 (20): 6162-6168.

[70] RASUL A, ZHANG J, GAMOTA D, et al. High K nanocomposite dielectric for printed organic electronics applications [J]. Microelectronic Engineering, 2012, 93: 95-99.

[71] KIM P, DOSS N M, TILLOTSON J P, et al. High energy density nanocomposites based on surface-modified $BaTiO_3$ and a ferroelectric polymer [J]. Acs Nano, 2009, 3 (9): 2581-2592.

[72] ZHANG X, CHEN H, MA Y, et al. Preparation and dielectric properties of core - shell structural composites of poly (1H, 1H, 2H, 2H-perfluorooctyl methacrylate) @ $BaTiO_3$ nanoparticles [J]. Applied Surface Science, 2013, 277: 121-127.

[73] YANG K, HUANG X, HUANG Y, et al. Fluoro-Polymer@ $BaTiO_3$ Hybrid Nanoparticles Prepared via RAFT Polymerization: Toward Ferroelectric Polymer Nanocomposites with High Dielectric Constant and Low Dielectric Loss for Energy Storage Application [J]. Chemistry of Materials, 2013, 25 (11):

2327-2338.

[74] LEWIS, T J. Interfaces are the dominant feature of dielectrics at the nanometric level [J]. Dielectrics & Electrical Insulation IEEE Transactions on, 2004, 11 (5): 739-753.

[75] AVILA H A, Ramajo L A, Goes M S, et al. Dielectric behavior of epoxy/$BaTiO_3$ composites using nanostructured ceramic fibers obtained by electrospinning [J]. ACS Appl Mater Interfaces, 2013, 5 (3): 505-510.

[76] WANG Y U, TAN D Q, KRAHN J. Computational study of dielectric composites with core-shell filler particles [J]. Journal of Applied Physics, 2011, 110 (4): 044103.

[77] ZHOU T, ZHA J W, CUI R Y, et al. Improving dielectric properties of $BaTiO_3$/ferroelectric polymer composites by employing surface hydroxylated $BaTiO_3$ nanoparticles [J]. ACS Appl Mater Interfaces, 2011, 3 (7): 2184-2188.

[78] LU J, WONG C. Recent advances in high-k nanocomposite materials for embedded capacitor applications [J]. IEEE Transactions on Dielectrics & Electrical Insulation, 2008, 15 (5): 1322-1328.

第 5 章 印刷电子基材

5.1 引　　言

印刷电子基材是指在印刷电子器件制备过程中承载功能油墨的刚性或柔性支持体。传统的半导体电子器件主要在刚性硅基衬底或平板玻璃上实现大规模集成，刚性基材有助于保护电子元器件在使用中不会轻易受到损坏，但不可避免地制约了电子器件的柔韧性、延展性，乃至其功能的灵活性和应用领域，无法适应当今社会对柔性电子产品的需求[1]。在纸张、塑料等柔性基材上制备柔性印刷电子器件，并进一步开发具有可拉伸、自修复、高黏附、自适应等多种特性的功能性印刷电子基材，对于实现印刷电子器件的功能化、多样化、个性化与集成化特征具有重要意义，将促进印刷电子技术的快速发展[2-4]。

随着技术的进步与人们生活水平的提高，人们对各种功能性电子器件的舒适感、贴合性和便携性要求越来越高，在柔性衬底上直接制备电子元件已经成为印刷电子技术的显著特点[5,6]。鉴于大面积、抗拉伸、耐温好、低成本、柔性化和轻薄化的市场需求，当前印刷电子基材的研究和应用主要集中在高分子基材、纸张、纤维织物等几大类。本章将重点介绍不同类型的印刷电子基材制备、性能及其应用。

5.2　印刷电子基材性质

承印基材的表面特性对功能涂层及印刷电子器件的物理、化学性能有着十分关键的影响。承印基材的化学结构、表面形貌、机械强度、光学性能等因素也会对印刷电子材料的选择、印刷工艺的优化产生影响。

导电油墨在基材表面的附着是印刷电子器件制备的重要环节，研究油墨在基材表面的附着就要先研究油墨在基材表面的润湿。润湿是固体表面的气体被液体所取代的过程。在一定的温度和压力下，润湿的程度可用润湿过程体系吉布斯函数的改变量来衡量，吉布斯函数减少得越多，液体越易润湿固态。润湿性是固体重要的表面性质，接触角则是表征固体表面润湿性的常用参数。通常，亲水表面的接触角小于 90°，而疏水表面的接触角大于 90°，当接触角大于 150°时则被称为超疏水表面。印刷电子功能浆料在承印基材表面的印刷图案化过程实则是浆料对基材表面的润湿过程，当功能浆料与承印基材之间的分子吸引力大于功能浆料本身分子间吸引力时，便可能产生较好的湿润铺展与油墨附着力，反之则不然。通过物理、化学手段对承印基材进行表面改性，或是在功能浆料中添加表面活性剂都可以改善印刷过程中油墨的润湿铺展行为，从而获得更加精细的印刷电子图案。

研究表明，基材表面的润湿铺展特性取决于其化学组成和微观形貌。1805 年，英国物理学家 Thomas Young 提出了润湿基本方程，即 Young 方程，又称杨氏方程。该方程给出了理想光滑固体表面上，液滴三相接触点处的受力平衡条件。由于所取液滴体积一般只有几微升，因此表面张力占主导地位。相比之下，重力的作用可以忽略不计。自然状态下，液滴在理想光滑固体表面受力情况如图5-1所示。

当液滴处于平衡状态时，水平方向所受合力为0，根据简单的力学平衡关系，可以得如下公式：

$$\gamma_{SL}+\gamma_{LG}\cos\theta=\gamma_{SG} \quad (5.1)$$

其中，θ 为液滴接触角，γ_{SL}、γ_{LG} 和 γ_{SG} 分别表示固-液界面、液-气界面和固-气界面的界面张力，该方程就是著名的Young方程。

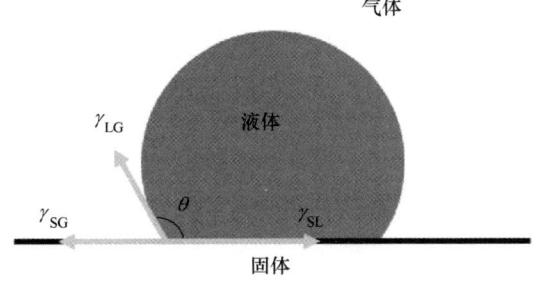

图5-1 液滴在理想光滑固体表面受力情况

印刷电子承印基材的热稳定性是其另一重要性质。不同于传统印刷，功能性油墨印刷后往往需要进行加热后处理，以提高印刷涂层的功能性。因此，所选择的承印基材是否能够承受后处理过程可能带来的温度、压力、真空度等一系列条件至关重要。表5-1是几种典型的印刷电子基材的物理性能对比，其中玻璃化转变温度（Tg）和耐温指标将决定其能够兼容的印刷功能浆料后处理温度。

表5-1　几种典型的印刷电子基材物理性能对比

印刷电子基材	密度（g/cm²）	透光率（%）	Tg（℃）	耐温（℃）	表面能（dynes/cm）
PET	1.4	88	80	120	43
PEN	1.4	87	120	155	—
PI	1.4	—	410	300	50
玻璃	2.5	90	500	400	—
纸张	0.6~1.0	—	—	130	44
玻璃纸	~1	90	200	150	41
钢片	—	—	—	800	46

5.3　高分子基材

高分子基材是印刷电子领域使用最广泛的一类基材，其中双向拉伸聚对苯二甲酸乙二醇酯（BOPET）薄膜、PEN（聚萘二甲酸乙二醇酯）薄膜和PI（聚酰亚胺）薄膜具有良好的结构稳定性与热稳定性、较低的热膨胀系数、良好的耐溶解性及水、气屏蔽性，是印刷电子器件中应用最为广泛的高分子基材。

5.3.1　高分子薄膜表面处理

常用高分子薄膜的表面能低，功能油墨在其表面的润湿铺展性差，需要对薄膜表面进行表面改性处理。高分子薄膜表面处理方法可分为物理和化学两类，具体方式包括表面化学改性、等离子体处理、电晕处理、火焰处理、表面接枝改性等[7,8]。

（1）表面化学改性　表面化学改性法也称化学试剂处理法，主要包括两种手段。一种是使用具有强氧化性的化学试剂处理基材表面，从而引入羧基、羰基、磺酸基、乙炔基等极性基团，提高基材表面能并改善基材表面与油墨的亲和性。另一种是利用强氧化剂处理薄膜表面，使其表面产生刻蚀，从而加大高分子薄膜表面的粗糙度和比表面积，氧化作用同时还能够在薄膜表面引入活性基团，提高功能油墨附着力。田永龙等人[9]以马来酸酐接枝聚乙烯蜡（PEW-g-MAH）为表面功能处理剂，对聚乙烯（PE）膜进行表面涂层改性，结果表明，改性后PE薄膜表面引入了一定数量的极性基团，且表面粗糙度显著增加，改性后PE薄膜与环氧树脂间的黏附强度提高了49.68%。尽管表面化学改性方法效果较好且设备简单，但是处理时间较长，且对环境有一定污染。因此，该方法逐渐被其他更加高效、环保的方法所取代，目前较少使用。

（2）等离子体处理　低温等离子体处理是在高分子薄膜表面通过等离子体技术引入含氧、氮等的极性基团，同时在基材表面产生蜂窝状凹槽，从而改变高分子薄膜表面的化学结构和物理状态。该方法处理时间短、操作简便、效率高，其表面处理深度仅为几纳米到数百纳米，对材料本体力学性能影响不大。2020年，Malekzad等人[10]采用不同浓度的氧气作为等离子体放电源，通过一步法处理聚乙烯膜，研究发现聚乙烯膜表面水接触角随着氧气浓度的增高而减小，这表明该方法有效地提高了薄膜表面能，有利于印刷浆料在其表面润湿铺展。同年，Zhou等人[11]利用回收的塑料袋代替含有甲醛的胶黏剂，来制造无甲醛胶合板，使用等离子体激发氧气和氮气，打断塑料袋中的化学键，接枝上含有氧和氮的官能团，以此提升塑料袋表面的极性和润湿性。但是，经等离子体改性后的聚合物表面易受环境（如温度、湿度、时间等）影响发生老化，膜表面的亲水性将随老化时间的增加而逐渐降低，最终部分或完全回复至原始疏水性。因此，研究并发现能够在较长时间保持改性薄膜表面亲水性的方法是目前本领域的热点之一。

（3）电晕处理　电晕处理是在常压下利用高频高压电极放电对薄膜进行表面处理的技术。电晕放电时，空气电离后产生的各种等离子体在强电场作用下加速冲击高分子薄膜表面，诱发表面高分子化学键断裂，增大表面粗糙度；与此同时，放电产生的大量臭氧使高分子基材表面被氧化，产生羟基、羰基、过氧基等基团，增加其极性。经处理的高分子薄膜，表面润湿性和附着力将得到明显改善。Földes等人[12]研究了低密度聚乙烯树脂（LDPE）、线性中密度聚乙烯（LMDPE）与它们的混合物（80∶20）三种高分子薄膜在空气中经电晕处理后的浸润情况。研究表明，随着电极电流的增大，聚乙烯膜的表面张力增大；而薄膜表面粗糙度受电晕条件的影响较小。经过该方法处理后，高分子薄膜在常温下进行老化的初始阶段，其后续氧化过程和疏水性恢复过程共同存在，形成竞争。对于LMDPE，后续氧化更显著，其亲水性进一步增强，而LDPE的疏水性恢复更显著。当上述薄膜在50℃老化160天后，其变化均为疏水性恢复，并伴随着膜表面粗糙度减小，这主要是由于低分子量成分（寡聚物、聚合物片段的氧化物、添加剂）迁移至膜表面所致。电晕处理法的优点是：操作简单、处理速度快、可在线处理、处理效果均匀、无废液污染、经济安全、容易控制，且处理深度仅为十几到几十纳米，对材料本体性能无影响。缺点是：在高电压操作时会产生臭氧，改性效果不持久，处理后不宜久置，需及时进行印刷、覆膜等后续操作。

（4）火焰处理　火焰处理和热处理是工业上用于高分子薄膜表面改性最具历史性的方法，采用一定配比的混合气体形成氧化火焰，使高分子薄膜表面与火焰直接接触进行表面改性。该方法可以将羟基、羧基、羰基和不饱和双键等引入膜表面,且能够除去膜表面的污垢和弱界面层,从而提升表面能,改善黏结性[13,14]。Andreas Holländer 等[15]使用火焰处理 PP 和 PET 薄膜,火焰处理后的薄膜表面发生了氧化,生成了羟基、羰基、羧基等官能团。该方法成本低,对设备要求不高。但由于燃气配比、燃烧温度、膜表面与内焰的距离、处理时间等影响因素较多,要获得性能稳定的产品需要很高的技巧,处理大型或复杂制品比较困难,可能会引起制品变形或损坏[16]。

(5) 表面接枝改性　表面接枝改性是将特定的单体或官能团接枝到薄膜表面,接枝在薄膜表面的单体或官能团赋予了薄膜表面不同的性能,具体方法包括:化学接枝、辐射接枝、紫外光接枝、等离子体接枝等。其中紫外光接枝是利用紫外光引发单体在膜表面进行接枝反应。该方法的优点在于紫外线相对能量较低,对材料的穿透力不是很强,反应条件温和,可以限定只在膜表面引发接枝聚合反应,不损坏本体。紫外光接枝改性的方法可分为气相接枝法和液相接枝法两大类。气相接枝法是将膜、单体、光敏剂溶液置于密闭容器中,加热使溶液蒸发,在该气氛中进行膜表面光接枝。液相接枝法是将膜置于含引发剂和单体的溶液中,直接进行光接枝聚合。利用表面接枝改性可以改进聚合物的亲水性、染色性、粘接性、光稳定性、防腐性、抗静电性、耐磨性、生物相容性等,并且可以控制反应只在单侧进行,适用于制备两侧性能不同的材料。此外,表面接枝改性还具有设备简单、成本低、反应容易控制、易于连续操作、安全性高等优点,使得表面接枝改性在工业生产中得到普遍应用。杨思广[17]利用光接枝把丙烯酸接枝于低密度聚乙烯树脂(LDPE)膜表面,采用紫外光作为光源,照射 5min,调节光敏剂含量为 1.0%时,接枝效果最佳。接枝改性后,LDPE 膜的润湿性提升,当接枝率达到 2.59g/m 时,丙烯酸接枝 LDPE 膜的润湿性达到平衡值。

5.3.2　BOPET 薄膜

近年来,光学聚对苯二甲酸乙二醇酯(PET)薄膜以其优异的光学性能在新型光电显示领域的需求日益增加。其中双向拉伸聚对苯二甲酸乙二醇酯(BOPET)薄膜的光学性能、强度、韧性、热性能、平整度等性能指标较为突出,广泛应用于包装材料、装饰装潢、液晶显示器背光膜组、绝缘材料、电容器等产品。

(1) BOPET 薄膜制备工艺　BOPET 薄膜是 20 世纪 50 年代由英国 ICI 公司在双向拉伸聚丙烯薄膜生产工艺的基础上发展起来的,现在的生产厚度为 0.5~350μm,生产工艺从最简单的釜式间歇式生产法发展到多次拉伸及同步双向拉伸,由单层膜发展到了多层共挤膜。目前,BOPET 的生产主要是通过异步双向拉伸平膜工艺制备[18]。

BOPET 薄膜的生产工艺流程:PET 配料及混合→切片干燥→挤出铸片→纵向拉伸→线内涂布→横向拉伸→牵引收卷→分切整理→包装。

PET 配料及混合:PET 切片和一定比例的功能母料在混料器中混合,然后进入干燥器干燥,或先干燥再混合,双螺杆挤出机一般不需要物料干燥。

PET 切片干燥:PET 树脂饱和含湿量为 0.8%,水分使 PET 在加工条件下极易发生氧化降解。因此加工前必须通过充分干燥,将含水量控制在 0.005%以下。可用真空转鼓干燥法或气流干燥法。采用真空转鼓干燥法时 PET 不与氧气接触,有利于控制 PET 的高温热氧老化,有助于产品质量优化。气流干燥法包括结晶和干燥两个过程,效率更高。

PET熔体挤出铸片：干燥好的PET切片进入挤出机熔融塑化挤出后，再通过粗、细过滤器和静态混合器，由计量泵输送至模头，经模头流延到急冷辊表面，冷却成厚片待拉伸。

厚片的纵向拉伸：拉伸温度和拉伸比影响拉伸质量，较高拉伸温度所需的拉伸应力较小、伸长率较大、容易拉伸，但高温使分子链段的活动能力加剧，使黏性形变增加，反而破坏取向；反之较低的拉伸温度，定向效果较好，但大分子链段活动能力差，拉伸应力较大，容易打滑和受力不均匀，引起厚度公差及宽度收缩不稳定。通常结合取向效率、拉伸功及结晶速度调节双轴拉伸临界温度。无定形PET厚片在80~90℃时所需拉伸功最少，最佳拉伸温度为85℃左右。

拉伸比是指拉伸后的长度与拉伸前的长度之比。拉伸比越大，沿拉伸方向的强度增加也就越大，要得到高强度薄膜，拉伸比不能太大。因为在单向拉伸后，PET分子沿拉伸方向取向，强度增加，会使垂直方向的强度降低，影响成膜。为保证薄膜平面各向同性，在纵、横方向上都具有优良的性能，就必须使纵向与横向拉伸比相匹配。

线内涂布：线内涂布是在纵拉膜片的一个或两个表面涂布一层液体的过程，涂布液以水性高分子分散体居多。线内涂布属于薄膜表面处理，涂层作用包括改善粘接牢度、改善表面电阻、具有离型功能等。

PET膜片的横向拉伸：纵拉膜片进行横向拉伸，使分子定向排列，并进行热处理、冷却定型的过程，称为横向拉伸。纵拉厚片的预热、拉伸、热定型和冷却，都在一个烘箱内进行。热风在烘箱内循环时，必须保持薄膜上下表面的风温、风压和风速一致及各区温度差异，夹具温度要尽量低。热定型使结晶稳定取向，消除内应力，保证薄膜热稳定性好、收缩率低。

薄膜的牵引收卷：在线监测薄膜厚度，裁去边缘不均匀部分，根据印刷适性需要，进行单面或双面电晕处理，收卷要保持表面平整、松紧一致。

分切整理：根据用户需要进行分切整理，裁切成若干不同宽度和长度的小膜卷。

（2）高透明BOPET薄膜制备方法　BOPET薄膜常用于液晶显示器背光膜组、柔性发光、柔性光伏与柔性显示等器件的支持体，因此对其透光性提出了较高要求，常用的提高BOPET薄膜透光性的方法包括以下4种。

1）选用折光系数更好、更具亲和性的颗粒。美国杜邦公司制备了一款高透明、低雾度的聚酯薄膜，其基本原理是基于煅烧有机硅颗粒的折射率与不含添加剂的BOPET薄膜折射率接近，从而使制备的薄膜在光学上表现出较高的透光性。煅烧有机硅颗粒的多孔性增强了颗粒与聚合物的黏合力，且具有较低的莫氏硬度值，使复合薄膜耐刮伤。所制备的BOPET薄膜雾度为0.5%，表面粗糙度Ra为10~26nm。中石化仪征化纤选用与聚酯树脂折光系数更为接近、且粒度大小适合薄膜厚度的无机颗粒硫酸钡作为主抗粘剂，加入不同比例的稳定剂、不同类型的催化剂、不同含量及不同颗粒尺寸的抗粘剂，同时使用二氧化硅与硫酸钡作为复合抗粘剂，并采取单层挤出与三层共挤的不同工艺手段，比较了原料与工艺手段对聚酯薄膜光学性能的影响。结果表明，通过三层共挤所制得的厚度为16.9μm的PET/$BaSO_4$复合薄膜的雾度能达到1.89%，静摩擦系数为0.38~0.48，动摩擦系数为0.27~0.40。宁波长阳科技将含有高透明有机填充颗粒（折光系数为1.4~2.0）的母料切片熔融共挤，获得了透光率为86%~93%，雾度为0.7%~1.5%，摩擦系数为0.32~0.57

的高透明聚酯薄膜。

大尺寸液晶显示器背板的光扩散基膜同时要求优良的防粘连性能、高透光率和低雾度。江苏裕兴制备的一种高透光聚酯母料，含有一种与聚酯具有良好亲和力且有适当折光指数的聚苯乙烯交联微球（折光系数为1.59~1.60，PET为1.69），用母料与聚酯切片熔融共混，通过多层共挤，表层添加抗粘剂，可制备具有抗粘连性的高透光聚酯薄膜；添加粒径6μm的PS交联微球制备膜厚为200μm的聚酯薄膜，透光率达91.6%，雾度为1.03%。

2）添加微纳米复配颗粒。引入纳米级的SiO_2颗粒，可以改善聚合物的强度、刚性、韧性等机械性能，纳米颗粒作为成核剂，能提高结晶速度，减小球晶大小，提高薄膜的光学性能。南京兰埔成通过混有微纳米无机颗粒的乙二醇浆料，原位合成了聚酯切片，并双向拉伸成膜。薄膜透光率达90%~92%，雾度为0.7%~2.4%，摩擦系数为0.35~0.46。

3）添加第三组分。加入第三组分、改变合成工艺条件，也是降低薄膜结晶度、提高光学性能的方法。日本三菱的一种光学用双轴取向聚酯薄膜，通过加入2.0~10.0wt%的第三组分聚酯，制备雾度为0~3.0%的聚酯薄膜。常州钟恒采用三元共聚树脂，破坏聚酯的结晶度，通过三层共挤，减少了抗粘剂的用量；制备的薄膜透光率达90.5%，雾度为1.6%，摩擦系数为0.4~0.6。

4）表面涂布。表面涂层也是提高PET薄膜透明度的一种常用方法。宁波长阳科技将水性树脂和抗粘颗粒配制成涂布液，在纵向拉伸与横向拉伸之间进行凹版涂布或棒式涂布制备聚酯薄膜。制得的BOPET薄膜透光率为85%~95%，雾度为0.5%~1.8%，摩擦系数为0.22~0.70[19]。

5.3.3 PEN薄膜

聚萘二甲酸乙二醇酯（PEN）由单体2,6-萘二甲酸（2,6-NDCA）或其酯与乙二醇酯化或酯交换再缩聚而成。PEN与PET结构及性能相似，但PEN聚酯分子链上的萘环比PET聚酯分子链上的苯环刚性更大，PEN单体2,6-NDCA是对称性结构，其聚合物具有优越的耐热性、机械强度、模量、尺寸稳定性及耐化学性，在印刷电子领域有较大的应用潜力[20]。PEN薄膜的绝缘破坏电压与PET基本一致，但耐热等级达F级（连续使用温度为155℃），而PET仅为B级（连续使用温度为130℃）。PEN在绝缘方面比PET性能更佳，对CO_2的阻隔性比PET高约20倍，对O_2的阻隔性比PET高3~4倍，PEN能承受波长为320~380nm的紫外辐射。PEN最早用作磁记录材料基膜，如今在食品药品包装、声光载体、电子电器等领域应用广泛。

PEN制备一般分为4个阶段：2,6-NDCA前体制备→2,6-NDCA制备→PEN聚酯制备→PEN薄膜制备[21-24]。

（1）2,6-NDCA前体制备　2,6-NDCA前体主要为2,6-二甲基萘（2,6-DMN）、2,6-二异丙基萘（2,6-DIPN）、2-甲基-6-酰基萘及其他2,6-二取代萘。从原子利用效率角度出发，2,6-DMN是制备2,6-NDCA的最佳选择，2,6-DMN制备方法主要有提取法、烷基化法和邻二甲苯法。

（2）2,6-NDCA制备　2,6-NDCA的制备主要是将萘环上的烷基取代或酰基取代经氧化转变为羧基取代。

亨克尔法（Henkel）最先用于对苯二甲酸的生产，后经德国 Henkel 公司研究，用于萘二甲酸的生产，分为歧化法和异构化法。亨克尔法主要缺点：高温高压，反应物、产物均为固体，缺少合适的分散介质，易局部过热，反应再现性差，镉催化剂价格昂贵且有毒性，处理过程中消耗大量 KOH 等，后处理成本高，对环境不利，不适用于工业规模化生产。羧基转移法是以廉价的萘和苯二甲酸为原料，利用羧基转移来制备 2,6-NDCA，生产成本较低。

2,6-二烷基萘氧化法是目前普遍采用的方法，取代烷基可以是甲基、乙基、异丙基。此法一般用 Co-Mn-Br 体系催化剂，用醋酸作溶剂，操作温度为 150~250℃，加压 1.0~3.0MPa，通空气或氧气作为催化剂进行直接液相氧化。2,6-NDCA 的产率可达 85%~95%，提纯后纯度可达 99%，满足 PEN 对 2,6-NDCA 的纯度要求。此法优点是原料来源丰富，反应条件相对温和，但主要设备高压反应釜须用衬钛或锆的高压釜，增加了设备的制造成本。另外催化剂用量较大，须回收利用，回收方法复杂，且对原料纯度要求高。该方法收率高、纯度高、工艺简单，但成本高，三废污染严重，不适用于规模化生产。

比较而言，以合成法生产前体 2,6-DMN 进而氧化为 2,6-NDCA 的工艺路线，合成前体的原料易得，工艺也不太复杂，且氧化步骤的原子利用率最高，从经济效益、环境效益及资源利用角度考虑，是一个值得优先选择的方法。

（3）PEN 聚酯制备 2,6-NDCA 最重要的工业生产方法是由 2,6-二烷基萘经液相氧化制成。粗品中的偏苯三酸、醛衍生物如 2-甲基-6-萘甲醛、6-甲酰基-2-萘甲酸、溴代-2,6-NDCA、2-萘甲酸、有色有机物和其他无机杂质，会影响聚酯产品质量。其中，醛衍生物会使聚合链中断影响聚合速度和分子量，还会使聚合物颜色变深、产品外观差；偏苯三酸会使聚合物产生支链，影响线性，降低机械强度，而且偏苯三酸会与重金属形成络合物，降低催化剂活性；溴代-2,6-NDCA 会降低聚合物的软化点。因此，必须在酯化前对 2,6-NDCA 提纯净化。

2,6-NDCA 在大多数溶剂中几乎不溶，难以重结晶提纯；其蒸气压非常低，也难以用精馏和升华方法提纯；高温分解不熔化，难以通过熔化-结晶方式提纯。主要提纯方式有碱-酸法、溶剂结晶法和反应提纯法[25]。

PEN 的生产与 PET 的生产工艺相似，也分为直接酯化法和酯交换法，但因直接酯化法所需的 2,6-NDCA 纯度难以得到保证，工业上用的都是酯交换法，即先生成 2,6-萘甲酸乙酯 BHENT，再进行缩聚反应生成 PEN[26]。

萘二甲酸二甲酯与乙二醇以一定比例在一定的温度和催化剂作用下生成 BHENT。催化剂一般采用醋酸盐，金属离子为 Pd、Zn、Co、Mg、Ni、Sb，机理是金属离子进攻羰基上的氧而发生反应，但由于萘环具有更大的屏蔽作用，会使反应较 PET 的酯交换反应慢。反应温度提高虽然可加快反应速度，但温度过高会导致乙二醇大量蒸发而影响酯交换率，控制在 195℃左右较为适宜。

缩聚反应所用催化剂有钛系、锑系和一些醋酸盐。钛系、锑系催化剂活性高，但醋酸锌催化剂可使产品有较好的外观。有人提出以醋酸锌为主，添加少量钛系、锑系催化剂用于缩聚。此外，使用醋酸锰也可获得较满意的结果。反应速度随温度的提高而加快，但超过 293℃时产品黏度增长缓慢；温度超过 300℃时，产品黏度迅速下降。一般控制在 285~293℃为宜，尤其是在这一区间内链增长较快而降解反应较慢，所得产品品质较好。

（4）PEN 薄膜制备 PEN 和 PET 同样含有 -COOC- 基团，在进行单螺杆熔融挤出加工前也必须干燥，干燥条件与 PET 基本相同。

在均匀状态下进料，经挤出机熔融挤出，PEN 的热分解温度比 PET 略高，挤出温度为 300℃左右，挤出流延冷却定型后可降低到玻璃化温度以下，也可保持在 PEN 玻璃化温度以上使其保持无定形状态，便于拉伸。

PEN 厚片经纵向拉伸，拉伸温度为 135~163℃，拉伸倍数为 6.2；然后进行横向拉伸，拉伸温度为 145~165℃，拉伸倍数为 3.7。经热处理和定型后，再收卷、分切，可制得双向拉伸 PEN（BOPEN）薄膜[27]。

由于 PEN 的熔点、玻璃化温度 Tg 及黏度较高，需调整制膜条件及设备，尤其是纵向拉伸部分，加热介质不可以用热水。BOPEN 薄膜耐热性、气体阻隔性、耐水解性、耐放射性优良，可制成厚度为 0.8μm 的薄膜。

5.3.4 PI 膜

聚酰亚胺（PI）是分子结构中含有酰亚胺基团的高分子化合物。聚酰亚胺种类繁多，脂肪链聚酰亚胺和芳香链聚酰亚胺的结构分别如图 5-2 所示。

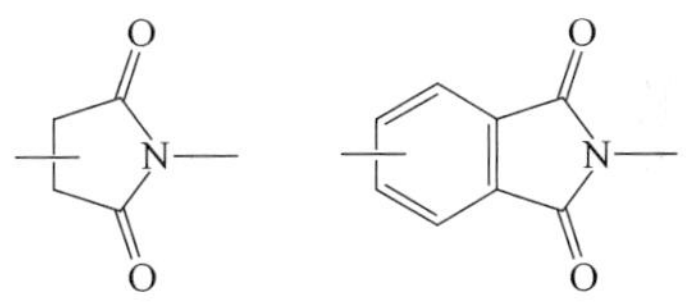

从制备路线看，PI 有加成型 PI 和缩聚型 PI；根据溶解性，有可溶性 PI 和不溶性 PI 之分；按照热转变性能，又有热塑性 PI 和热固性 PI。

图 5-2 脂肪链聚酰亚胺（左）芳香链聚酰亚胺（右）

PI 最早于 1908 年由美国 Jones 等人合成。1955 年，美国杜邦公司申请了世界上第一个在材料应用方面的 PI 专利，并分别于 1961 年和 1964 年生产出均苯型 PI 薄膜（kapton）和均苯型 PI 膜塑料（vespel），此举促进了 PI 迅速发展。

目前，PI 已成为使用最广泛的耐高温聚合物材料之一，大约有 20 多个重要品种，如聚醚酰亚胺、聚酰胺-酰亚胺、聚双马来酰亚胺及其改性 PI 材料等。PI 薄膜具有良好的环境稳定性、耐高低温性能、力学性能和介电性能，在半导体及微电子领域和柔性电路板领域得到广泛应用。

（1）PI 合成与 PI 薄膜制备　PI 合成一般是以二胺和二酐为原料，主要的合成方法有一步法、二步法、三步法和气相沉积聚合法[28]，见表 5-2。

表 5-2　PI 合成方法

合成方法	合成步骤	特性
一步法	二酐和二胺在高温熔融态直接聚合成高分子量 PI,无中间产物聚酰胺酸	聚合温度较高,产率较低,产物性质不稳定
二步法	首先由二酐和二胺在非质子极性溶剂中低温缩聚,发生双分子胺的酰化和氨基亲核反应;得到 PI 前体聚酰胺酸,再用热方法和化学方法脱水环化得 PI	薄膜性能好,产能较高。重点在于解决聚酰胺酸溶液的稳定性
三步法	聚酰胺酸脱水环化为聚异酰亚胺,聚异酰亚胺异构成 PI	加工难度较低,但存在副反应
气相沉积聚合法	将聚合物单体在高温下汽化,在基片上充分接触反应,形成聚合物。包括(1)将气体反应物输送至基片表面;(2)将反应物吸附在表面;(3)在基片表面进行反应;(4)清除未反应的气体单体及副产物	薄膜纯度高、无溶剂、膜厚可控、致密均匀,适于制备厚度小于 1μm 且介电性能较高的 PI 薄膜

一步法是将合成 PI 的原料即二酐和二胺都溶解在高沸点溶剂中，通过聚合反应直接生成 PI。两种单体在高温溶剂中，直接聚合并同时脱水亚胺化生成 PI，避免了生成聚酰胺酸或聚酰胺酯这一中间步骤；反应温度高于 200℃。一步法的优点是制备方法相对简单，缺点是大多数 PI 不溶不熔，因此使用一步法制备 PI 时，需要制备的 PI 要能溶于高沸点溶剂中，故只能制备部分 PI。另外，一步法的最大缺点是反应时酚类溶剂挥发，有害人体健康，阻碍了一步法的应用。

二步法是制备 PI 最常用的方法。首先将 PI 的单体二胺和二酐加入到非质子极性溶剂中，室温下两种单体缩聚成聚酰胺酸（PAA），所生成的 PAA 溶液即可进行涂膜；然后再通过升温（热亚胺化）或化学方法（化学酰亚胺化），使 PAA 分子脱水成环生成 PI。两步法广泛应用于制备不溶不熔的芳香族 PI。热亚胺化法采用梯度升温法提高 PAA 溶液温度：先于 60℃ 加热一段时间除去溶剂，然后慢慢加热几小时到 300℃，在 300℃ 保持一段时间使 PAA 脱水环化生成 PI。化学酰亚胺化法通常以乙酸酐为脱水剂，并用叔胺（如三乙胺）、吡啶等为催化剂，与 PAA 反应脱去水分成环。热亚胺化法和化学酰亚胺化法各有利弊，热亚胺化法反应时间较短，亚胺化程度较高，但溶剂从内部蒸发，容易在 PI 产物中生成气泡，影响机械性能。化学酰亚胺化法可以在常温下进行，避免材料产生气泡，但亚胺化程度和分子量不如热亚胺化法高。二步法的工艺相对成熟，比较简便，可以使用二步法合成 PI 和复合膜。

三步法是新开发的方法。第一步与二步法中的第一步基本相同。即在非质子极性溶剂中，通过二胺和二酐单体间反应，生成 PAA 溶液。但是，三步法将二步法中的第二步酰亚胺化的过程分为两部分，三步法中的第二步是在 PAA 溶液中加入一些脱水剂，让聚酰胺酸脱水环化为聚异酰亚胺。第三步，聚异酰亚胺在催化剂的作用下，在 100~250℃ 温度范围内反应形成 PI。在三步法中，加热过程只发生异构化，无水或其他小分子释放。因此，通过三步法合成的 PI 产物具有良好的性能，无气泡等瑕疵。

在气相沉积聚合法中，PI 单体二酐与二胺在混炼机中高温反应，无需溶剂，由二酐与二胺直接合成 PI 薄膜。气相沉积聚合法主要用于制备 PI 薄膜。气相沉积聚合法制备的 PI 薄膜氧透过性低，厚度均匀可调，不需要溶剂，可以在特定位置上制备 PI 薄膜。

PI 薄膜的制备，有浸渍法、流延法和流延拉伸法。浸渍法和流延法生产均苯型 PI 薄膜，但与流延拉伸法相比产品品种少、规格不齐全，且性能方面也存在一些差距。BOPI 薄膜生产线主要由树脂合成装置、环形钢带流延机、纵拉机、横拉机、收卷机、溶剂回收装置等组成。BOPI 膜拉伸倍率小，拉伸温度高，速度低[29]。

（2）PI 薄膜改性　PI 的分子主链上含有芳香族杂环结构，由于电子极化和结晶性导致 PI 分子链作用力增强，PI 分子链紧密堆积，使 PI 存在一系列问题。PI 薄膜多为暗黄色或棕色，透明度低，光学性能难以满足光波导、光通信等领域的需要。大部分 PI 的粘接性能不理想。PI 薄膜一般硬而脆，强度不足，低线膨胀系数与高机械强度难以兼得，所用原材料价格昂贵，生产成本高。PI 的固化温度通常超过 300℃，对合成工艺的要求较高。传统 PI 通常不溶不熔，难以加工。此外，合成的中间产物 PAA 易发生水解，性能不稳定。为了解决上述问题，提高 PI 材料性能，研究人员制备了各种改性 PI[30]。

对 PI 功能化的方法，主要是在传统的 PI 主链上及侧链上接枝功能性官能团，即通过特殊单体来制备具有特殊功能的 PI 薄膜。为了提高 PI 的粘接性能、韧性及加工性能等，常在主链上引入有机硅氧键。在 PI 的分子主链中加入具有共轭体系的官能团，可以使 PI 的光学性能变强。引入的功能性侧基可以有效降低分子间作用力而无须担心对分子链刚性的破坏，这样既提高了 PI 的溶解性，同时还使其具有耐高温的特性，从而获得功能化高分子材料。

含氟 PI 由含氟的 PI 单体缩聚生成，将氟原子加入到 PI 分子链中的方法可以是用三氟甲基取代甲基，或用氟原子取代氢原子，以及用三氟甲基取代苯环上的氢原子。在 PI 分子链结构中加入含氟的官能团同样能增加分子链间距，改善 PI 的溶解性能。因为氟原子疏水性强，将其引入 PI 分子链后，制备得到的 PI 吸湿性降低；而氟原子的低摩尔极化率，会降低 PI 的介电常数。氟原子具有高电负性，并且 C—F 键能高，氟原子会提高 PI 的耐热性，同时还可以破坏 PI 分子结构中发色官能团电子云的共轭，增强透光性能。含氟 PI 广泛应用于绝缘涂层、气体分离、微电子、航空航天、光导通讯等领域。

提高溶解性有助于改善 PI 的加工性能。制备可溶性 PI 的方法有：a) 将羰基、醚键或烷基的柔性结构单元引入 PI 分子的主链中，改善分子链的流动性并增加其溶解度。b) 在 PI 主链引入叔丁基、苯环或三氟甲基等大的侧基，增加分子链间距，减少 PI 分子链间的相互作用，但不会破坏 PI 分子链的刚性，这样既提高了 PI 溶解性，又不降低其耐热性。c) 引入扭曲的非共平面结构，使 PI 的分子链变形，破坏分子链的大 π 键结构，从而使 PI 分子链堆积得不那么紧密，降低分子间作用力，提高溶解性。d) 引入第二种二酐或二胺，通过两种二酐或二胺共缩合，破坏 PI 分子的对称性和重复性，降低 PI 的分子间作用力，提高溶解度。

（3）PI/无机纳米复合材料　纳米颗粒粒径小，比表面积大，具有小尺寸效应、表面效应、宏观量子隧道效应及量子尺寸效应等纳米效应。因此无机纳米颗粒在改善 PI 的力学性能、耐热性能、电性能及尺寸稳定性等方面都显示出了无可比拟的优势，同时 PI 拥有的高热稳定性和高玻璃化温度（Tg），也有助于稳定分散在其中的纳米颗粒，不会使纳米颗粒团聚，有助于复合材料的制备。制备 PI/无机纳米复合材料的无机物有黏土、陶瓷、分子筛、碳纳米管、石墨烯、金属或金属氧化物等几类。无机纳米颗粒在改善 PI 的耐热性、吸水性、机械性能、热膨胀性能及电性能方面具有优势。

无机物以纳米颗粒的形式分散在 PI 基体中，形成具有一定相分离的 PI 无机纳米杂化材料。加入不同的无机纳米颗粒，可以使 PI 拥有不同的性能，如添加无机纳米颗粒 SiO_2 等，可以提高 PI 的机械性能和耐热性能。随着加入的纳米颗粒的不同，PI 的介电性质也会发生变化。加入具有较低介电常数的无机纳米颗粒如 SiO_2 时，PI 的介电常数随之降低；加入介电常数较高的无机纳米颗粒如陶瓷时，PI 的介电常数随之增加。

人们主要对提高 PI 无机纳米复合薄膜的力学性能、热性能、电学性能等方面进行深入的研究。研究的 PI 与无机物的杂化体系主要有 PI/SiO_2、PI/Al_2O_3、PI/TiO_2、$PI/BaTiO_3$ 等，还有掺杂碳纳米管、石墨烯、黏土等。

5.4　纸　张　基　材

纸张基材（简称纸基）承印材料的主要组成部分为纤维素。纤维素是大自然最为常见的可降解、可循环使用、绿色环保生物资源，主要存在于天然树木中。木材主要由纤维素、半纤维素和木素组成。通过一系列的物理和化学处理从木材中提出纤维素（包括微米纤维素和纳米纤维素），将得到的纤维素采用造纸工艺得到所需要的纸，最后经表面处理即得到可用于印刷电子的纸基承印材料。进一步，还可通过对纤维素进行化学、物理方法处理得到纳米纤维素和纳米微晶纤维素，以纳米纤维素或纳米微晶纤维素为原料，制得透明纸基承印材料。普通纸由微米纤维素组成，其表面粗糙度较大（5~10μm），不适合柔性电子器件；同时普通纸的光学透光率（20%）和力学性能（6MPa）较差，不适用于柔性显示等领域。但是普通纸优异的可印刷性是其最大的优点，通过对普通纸进行表面平整化处理和力学性能提高，有望在显示电子器件以外的柔性电子器件中得到应用。由纳米纤维素纤维制备的纳米纸具有高的透明度、优异的机械性能（高的抗张强度、杨氏模量，以及小的弯曲半径）和表面性能，满足生产器件的要求，可用于构建具备环境友好性的"绿色"电子器件，符合人类社会可持续发展的要求。但是纸基承印材料耐热性差的问题是发展纸基柔性电子的瓶颈[31]。表5-3为常用纸张基材的参数属性。

表5-3　　　　　　　　　　常用纸张基材的参数属性

属性	纳米纸基材	普通纸基材	高分子基材
表面粗糙度(nm)	5	5000~10000	5
孔隙率(%)	20~40	50	0
孔直径(nm)	10~50	3000	0
透光率(%)	90	20	90
拉伸强度(MPa)	200~400	6	50
杨氏模量(GPa)	7.4~14	0.5	2~2.7
热膨胀系数(ppm/℃)	12~28.5	28~40	20~100
可印刷性	良好	优异	差
可循环利用性	高	高	差
耐热性	差	差	高

5.4.1　纤维导电纸

纤维素纸表面具有丰富的官能团，可用于制备具有优异导电性能的导电纸，根据制备方法的不同，可以分为物理制备法（包括涂覆印刷法和脱水成型法）与化学制备法（包括聚合法与原位生长法）。

（1）涂覆印刷法　利用迈耶棒在纸基表面进行涂覆是目前制备导电柔性材料最简单、快速的方法之一。Kawashima等[32]利用3,4-乙烯二氧噻吩（EDOT）与氧化剂混合制备导电油墨，利用迈耶棒直接涂覆到滤纸上，借助氧化机制进行聚合，制备得到电导率为1.8S/cm的导电纸。Hu等[33]利用迈耶棒将分散后的单壁碳纳米管（SWCNT）涂覆到纤维素纸表面，可以制备具有高稳定性的导电纸。纤维素纸粗糙的表面会影响复合材料的导电性能，Yuan等[34]通过浸泡方法，在普通印刷纸上涂布聚吡咯（PPy）制备高导电纸，并用于储能器件。

利用喷墨打印技术可以快速、精确地在纸基表面沉积导电材料。Choi等[35]使用办公室台式喷墨打印机，以A4纸为基底，用单壁碳纳米管SWCNT与活性炭（AC）、纳米银线（AgNWs）制备电极。为了增强沉积材料在基底的均匀性，旋涂法可有效改善大尺寸导电颗粒在垂直方向的堆积。Huang 等[36]利用不同浓度含量的聚丙烯（PP）薄膜热压于 A4 纸上，在提高光滑度的同时，借助旋涂技术，利用银氨溶液与葡萄糖溶液的银镜反应制备表面光滑、反光的银/纸电极材料，该材料可直接作为有机发光二极管（OLED）与有机太阳能电池（OSC）衬底，在弯曲、扭曲、折叠状态下也能成功点亮 LED 灯。随着对纸基柔性器件制备的深入了解，人们发现旋涂法对于线性导电材料如纳米银线、碳纳米管（CNT）等会存在单轴的取向分布，从而导致导电材料间的接触面积降低，影响导电效果。为此，Park 等[37]借助 3D 打印将具有优异黏度与高触变性的羧甲基纤维素（CMC）和纳米银线混合物作为基底，通过层层打印工艺，制备了一种新型锂电池，该设计在 0.7vol%的纳米银线负载量下即可达到渗流阈值，为 3D 可打印导电材料提供了思路。

（2）脱水成型法　脱水成型法主要包括真空抽滤法与共混抄造法。

真空抽滤法是借助真空负压作为过滤推动力，借助纤维素纸的 3D 多孔结构，在过滤溶剂的同时，将导电活性材料沉积在纤维中制备纸基柔性材料的一种方法。可将石墨烯悬浮液抽滤到滤纸上，通过先沉积后填充的方法制备石墨烯/纤维素纸，这种复合纸可以用来制备超级电容器（SC）。为了实现对纸基柔性材料的多功能应用，Piffeta 等[38]通过一种快速的无溶剂、无化学聚合过滤工艺，获得了用于锂离子电池的柔性、超薄纤维素纤维/石墨阳极。由此方法制备的纸基半电池阳极显示出优异的比电容与良好的循环稳定性。细菌纤维素（BC）具有优异的力学性能，Li[39]利用真空抽滤法制备了基于聚吡咯（PPy）与多壁碳纳米管（MWCNTs）的 BC/PPy/MWCNTs 复合膜，该膜也可用来制备超级电容器。Huang 等[40]利用氧化石墨烯与纤维素混合，抄造 GO/纤维素纸，最大 GO 负载量可达 16wt%，是潜在智能包装应用的理想材料。研究表明，纤维素的轴面和石墨烯 π 共轭体系之间存在的 CH—π 相互作用可显著改善 CNT 网络对纤维素纸表面的黏附[41]。在此基础上，Dichiara 等[42]用 CNT 制备羟基化 CNT/纤维素纸，该材料可作为稳定的检测器检测有机溶剂中的水。

共混抄造法利用传统造纸工艺，借助纸浆纤维在水中呈负电性的特点，加入阳离子型导电活性材料与其锚定，实现了纸基柔性材料的一体化制备，有效解决了表面涂覆过程中导电活性材料易脱落的问题，是未来纸基柔性电子产品大规模工业化生产的理想选择。

（3）聚合法　具有高电导率的 PPy 是化学制备纸基柔性电子器件领域研究最多的导电聚合物之一。Ma[43]通过逐步浸渍工艺在纤维素纸表面原位聚合 PPy，沉积 GO，制备 GO/PPy/纤维素（RPC），由该材料制备的全固态柔性超级电容器在不同次数的折叠与弯曲下表现出优异的电化学稳定性。另外，作为导电聚合物的聚苯胺（PANI）具有优异的导电性、热稳定性及光照稳定性，被广泛用于电极材料，Zhang 等[44]通过聚乙烯醇对纸张表面进行修饰后蒸镀金层，金/纸结构可以保留其多孔结构，便于其后 PANI 网络的电沉积，所制备的的全固态超级电容器可为太阳能电池实现快速充电。

（4）原位生长法　原位生长法主要是利用还原反应合成的金属晶核分散液，将其滴在纸张表面形成致密的导电纸。Xu 等[45]在纸上生长纳米金颗粒层作为电化学发光检测区，将石墨烯氧化物和纳米钯合金颗粒作为电化学信号放大平台，借助葡萄糖氧化酶（GOx）特异性的催化，利用比色和电化学发光（ECL）技术实现能够可视化和精确检测水样中铅离子（Pb^{2+}）的双模传感设备。Ge 等[46]在纤维素纤维表面生长一层纳米金颗粒

（AuNP）层制备纸基工作电极，由此开发了一种基于微流体分子印迹聚合物的电分析折纸装置（μ-MEOD）。这种装置将为高通量、灵敏、特异和多重检测，以及公共卫生、环境监测中的护理点诊断提供新的平台。

化学法制备是借助纤维素纸 3D 多孔结构及丰富的化学基团与导电聚合物结合，可有效改善通过物理制备引起的耐久性与电化学稳定性差等缺点，但化学制备会引入其他有机溶剂，对环境存在一定影响。为此，绿色溶剂化学制备是未来发展的趋势。

5.4.2 纳 米 纸

透明纸基电子器件因具有良好的综合性能、绿色可降解性和较高的规模化生产潜能，成为学术界和工业界的一个研究热点。日本科学家 Nogi 等人[47]最早在《Advanced Materials》报道了使用纳米纤维素纤维制备性能优异的纳米纸，该文章详细报道了纳米纤维制备、透明纸抄造的方法及透明纸的优异特性，提出了这种透明纸在电子器件领域巨大的应用潜力。他们通过将微米纤维素进行化学处理得到纳米纤维素，采用真空辅助抽滤方式，制备出纳米纸，并以在纳米纸表面涂布热固性树脂的方式填充表面的纳米空隙。与传统纸相比，由于其表面更加光滑，纳米纸具有非常高的光学透明度，其在 600nm 处的透光率为 71.6%。同时该纳米纸具有优异的力学性能，拉升强度和杨氏模量分别达到 223MPa 和 13GPa，远大于塑料有机基板材料的力学性能。另外，该纳米纸还具有惊人的热膨胀系数（8.5ppm/℃）。该研究为纳米纸在柔性电子器件中的应用奠定了基础，也开启了绿色环保柔性电子器件研究的序幕。此后，Nogi 教授团队系统性地研究了纳米纸结构与其光学性能、热稳定性能、导热性能及机械性能之间的关系，制备出了性能优异的纳米纸有机基板材料。如他们发现将纳米纸与环氧树脂进行复合，纳米纸可在实现高透明度的同时具有高的导热性能，在不添加任何无机导热颗粒的情况下，其导热系数高达 $1.0W/m·K$[48]。

国内的华南理工大学制浆造纸工程国家重点实验室在此方面做了许多有意义的研究工作。例如，方志强老师通过结构设计和纤维直径的控制制备出新型透明纸。透明纸不仅展现出纳米级的表面粗糙度而且具有优异的透明度和高的雾度。研究人员通过涂布技术在该双层结构的透明纸平滑面涂布一层碳纳米管，赋予透明纸优异的导电性，用该导电透明纸制备了第一个具有防眩功能的透明纸基触摸屏。另外，还可将高雾度、高透明纸作为光控组件应用于太阳能电池。将该透明纸分别黏附到有机太阳能电池和砷化镓（GaAs）太阳能电池表面，它们的光电转化效率分别提高了 10% 和 23.91%。透明纸较低的折射指数、粗糙的表面及强烈的光散射效应是太阳能电池光电转化效率增强的主要原因。此外，高雾度、高透明纸在可见光区可以有效地降低太阳能电池对光线的反射，同时减少太阳能电池对入射光线角度的依赖。研究人员还通过化学和机械处理，实现对纤维形态和尺寸的可控制备，制备出光散射性能可控的高透明纸；通过调节浆料中微米级纤维与纳米级纤维的比例，经过真空过滤，制备出雾度在 18%~60%，且透明度保持在 90% 以上的透明纸。

美国马里兰大学（帕克校区）胡良兵教授团队[49]为了得到光学透明度可调控的纳米纸，研究了纤维素的尺寸和堆积密度对纳米纸透明性能的影响，并采用 Chandrasekhar's 辐射传递力量和多尺度散射方法模拟了纤维素尺寸和堆积密度与透明度之间的关系。他们发现，纤维素的尺寸越小，堆积密度越大，纳米纸的透明度越高，最高可超过 90%，这为理解纳米纸的光学透明性提供了理论依据。在此基础上，研究人员通过将纳米纤维素与高导热的氮化硼纳米片（BNNS）复合，制备了超高导热系数的基板材料，当 BNNS 的含量为 50wt%时，纳米纸导热系数达到令人惊讶的 145.7W/m·K，与金属铝的导热系数相当，是目前有关导热基板材料报道的最高值。在应用方面，由于制备的纳米纸具有高的透明度和对比 PET 更高的防眩能力，以此作为发光二极管（LED）的有机基板材料，可以制备具有更高发光效率和柔软性能的 LED。此外，其他科研团队如瑞典的瓦伦堡木材科学中心（WWSC）等在纸基有机基板材料的属性与应用方面也做了大量有意义的基础性研究。这些研究为纸基有机基板材料最终产业化奠定了坚实的基础。但是，需要说明的是，纸基有机基板材料的工作仍然处在基础研究阶段，离真正的商品化还有很长一段距离。芬兰的 VTT 技术研究中心、加拿大的制浆造纸研究院、美国林业局、瑞典 Innventia 公司、日本京都大学等公司、机构和高校院所在纳米纸的产业化方面做了大量的尝试性工作，如芬兰的 VTT 技术研究中心和奥博大学共同开发了一条半产业化卷对卷生产纳米纸的中试线。

5.5 新型印刷电子基材

5.5.1 可拉伸基材

印刷电子常用的可拉伸基材有聚二甲基硅氧烷（PDMS）、硅橡胶、氟橡胶、聚氨酯（PU）等。在可拉伸材料表面沉积导电材料或向弹性体中掺杂导电填料可使其兼备可拉伸性和电学性能。

印刷电子中最常用的可拉伸基材就是聚二甲基硅氧烷（PDMS）。它是一种疏水类的有机硅物料，具有化学性质稳定、耐水性好、电绝缘性能优异、耐腐蚀性强、成本低、使用温度范围广（可在-60~200℃下长期使用）、高温下的稳定性和传导性好、具有优异的拉伸性和压缩性等优点。此外，PDMS 内部的交联结构使其在承受拉伸、压缩和扭转后能迅速恢复。PDMS 的表面可以沉积导电材料，也可以在内部掺杂导电材料使其具有良好的导电性能与机械性能。Jeong 等[50]用碎片化石墨烯泡沫（FGF）和 PDMS 组成的复合材料制造可拉伸和敏感应变传感器。FGF/PDMS 应变传感器表现出超过 70%的拉伸性，耐久性高于 100000 拉伸释放周期。应变传感器用量规显示出高灵敏度，当传感器连接到人体时，它可作为健康监测设备用来检测各种人体运动。Li 等人[51]通过优化银线加载量和印刷参数，采用丝网印刷方式在 PDMS 基材上沉积出了银线图案，成功制备出了具有高度透明性的印刷电路，如图 5-3（a）所示。可拉伸导体可将电子设备和传感器无缝集成在弹性体基材上，美国华盛顿大学 Chuan Wang 教授研究团队[52]报道了一种基于聚 3,4-乙撑二氧噻吩:聚苯乙烯磺酸（PEDOT:PSS）的可拉伸聚合物，通过喷墨印刷工艺在 PDMS 基材上进行电路的图案化，制备的器件表现出 84Ω 的低电阻及 50%的拉伸应变，可用于光电容积描记和心电图监测，如图 5-3（b）所示。

5.5.2 可自愈基材

印刷电子基材在长期重复变形过程中，柔性/可拉伸基材将面临结构破坏如裂纹、穿刺、断裂、层离等，导致性能发生严重衰减甚至引发安全问题。受人体皮肤及生物质材料

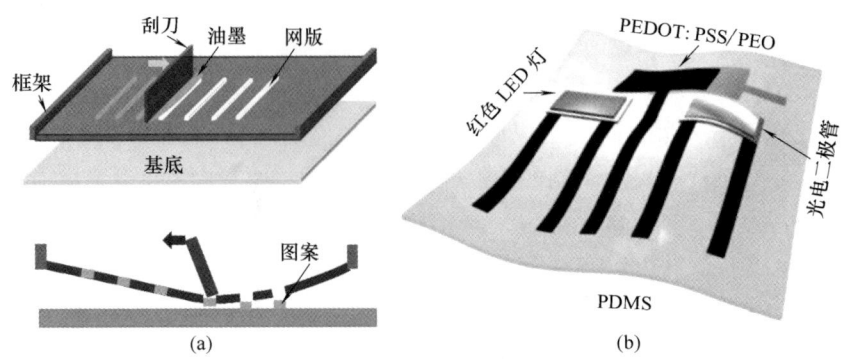

图 5-3 以 PDMS 基材制备的传感器示意图
(a) 基于 PDMS 的丝网印刷示意图　(b) 基于 PEDOT:PSS 的电路示意图

与生俱来的自修复功能启发，研究人员将自愈合机制引入柔性/可拉伸器件，有望解决机械变形导致的机械及电化学性能衰减等问题。

根据自愈合机理的不同，可自愈基材可以分为两大类：一是在材料内部掺杂含有自愈剂的微胶囊，在材料受到机械损伤时，微胶囊释放出自愈剂，并在损伤区域聚合，对材料进行修复，恢复材料的初始性能。这种基材自愈次数有限，自愈效果较差，仅限于单一或很少发生机械损伤的场景。二是凭借材料内部动态的化学键实现自愈合，当材料受到损伤时，材料内部化学键发生断裂，且通过扩散发生重组，从而实现自修复，这些动态化学键包括氢键、二硫键、金属配位键等。目前自愈合材料的研究主要集中在具有延展性和自愈合性的高分子材料的开发上，这些高分子材料在电子皮肤领域具有巨大的应用前景。

Jing 等[53]受到多重氢键自修复机理的启发，利用聚二甲基硅氧烷与甲苯 2,4-二异氰酸酯间的一锅缩聚反应形成可逆氢键，随后将羧基化多壁碳纳米管导电填料引入到聚氨酯弹性体分子结构中，制备了一种高修复效率（98%）及高延展性（应变为 1200%）的基于多重氢键自修复的导电复合弹性体柔性基材（见图 5-4）。

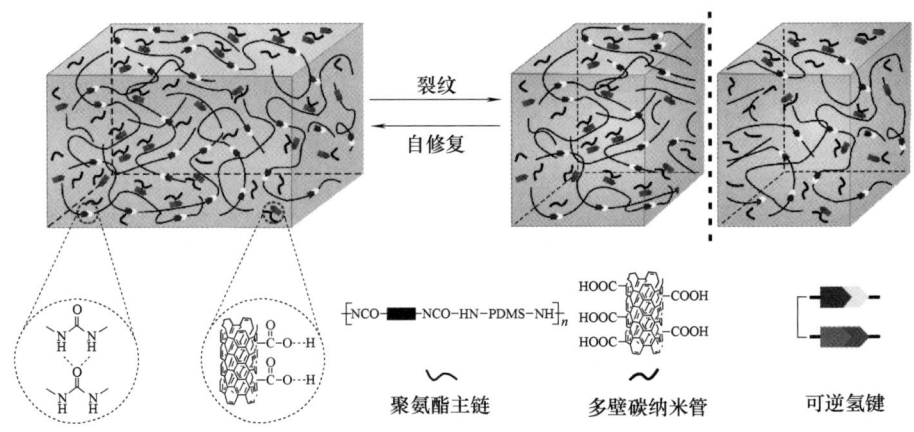

图 5-4 基于多重氢键自修复的修复机理示意图[53]

水凝胶材料因其高柔韧性、高弹性和生物相容性而被广泛应用于柔性电子器件领域，同时水凝胶还具备较强的可塑性、可设计性、可实现多功能化和可修复的功能，适用于柔性印刷基材的制备。韩国延世大学 Cheolmin Park 科研团队[54]利用丙烯酸酯、乙醇和 2-羟基-2-甲基丙酮混合溶液，经过紫外光照射制备了一种具有多羟基的脂肪族烷基链组成的自修复水凝胶基底，随后利用常规的转印印刷技术将共晶镓铟（EGaIn）薄膜直接图案化到水凝胶基材表面（见图 5-5）。该电子皮肤表现出 1500% 的拉伸应变、低电阻值（约 2Ω）及修复效率（约 80%），此自修复水凝胶基材促进了具备可拉伸变形、低电阻、可图案化的自修复电子设备的开发，适用于各种高环境适应性的微电子的制备。为解决聚丙烯酰胺/琼脂双网络韧性水凝胶与电极界面稳定性问题，中山大学谢庄教授课题组[55]利用明胶/铁离子交联聚丙烯酸双网络，结合甘油浸泡增韧策略，研发了一种可拉伸、可修复、可降解的多功能水凝胶基

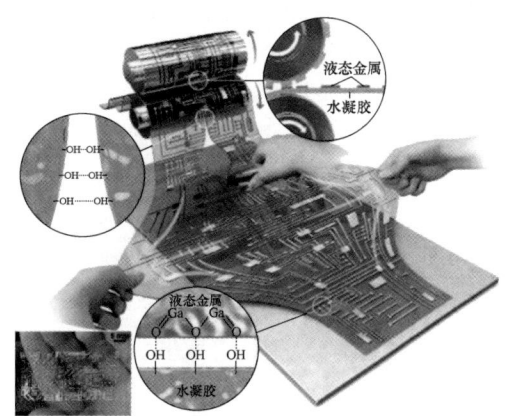

图 5-5 基于自修复水凝胶基底的可拉伸变形电极示意图[54]

材，随后在水凝胶表面增加微结构，增强电解质和电极层的界面黏附性，通过微电极印刷技术制备了高拉伸性（约 300%）、室温修复且可降解的柔性电子器件。该研发策略为实现制备绿色可持续的柔性电子基材提供了新的途径。

5.6 柔性玻璃

柔性玻璃通常指厚度≤0.1mm 的超薄玻璃，在印刷电子中的应用非常广泛。相对于普通玻璃，柔性玻璃不仅具有玻璃的硬度、透光性、耐热性和化学稳定性，还具有高分子聚合物的可弯曲、质轻、可加工性等特点。柔性玻璃可用于手机及平板电脑等的触摸面板、柔性显示器的基板、有机薄膜太阳能电池基板等领域。

2012 年，康宁公司发布了可以弯曲的玻璃 willow glass，厚度为 0.1mm，弯曲性能良好，具有玻璃耐高温性能，可以卷绕包装。日本旭硝子公司也生产出了 0.1mm 无碱玻璃，并在 2014 年美国圣地亚哥 SID 展出了厚度为 0.05mm 的超薄浮法玻璃，并有 100m 长、150mm 宽的卷状玻璃产品面世。日本电气硝子在 2014 年 FPD China 展会，推出了 0.03mm 厚的 G-leaf 玻璃。近几年来，三家公司在玻璃厚度上不断取得突破，厚度分别为 0.1mm、0.05mm 的柔性超薄玻璃相继生产出样品，使得柔性超薄玻璃的研发和生产技术迅速发展成熟，也带动了相关行业的技术进步和应用范围的扩大。

国内的超薄玻璃研究起步较晚，目前只能稳定量产厚度为 0.2mm 的普通钠钙硅玻璃和厚度为 0.3mm 的无碱超薄玻璃。2015 年 3 月，洛玻集团拉引出 0.25mm 厚度超薄玻璃，打破了国内最薄玻璃厚度 0.33mm 的记录。同年 4 月，蚌埠玻璃工业设计研究院信息显示超薄玻璃生产线，成功拉引出 0.2mm 超薄玻璃。

玻璃属于脆性材料，机械强度及抗冲击强度低。随厚度减薄，玻璃弯曲变形量变大，减薄后的玻璃弯曲强度增大，弹性模量与硬度不变，裂纹扩展速度减慢，有利于制备强度高的柔性玻璃。同时，玻璃本身存在的制备缺陷及后续加工造成的缺陷，都可能引起宏观

及微观缺陷的扩展及放大，降低玻璃强度，增加制备柔性玻璃的难度。因此，柔性玻璃的制备前提是厚度足够薄、表面质量高，这对柔性玻璃的制备方法提出了更高的要求。柔性玻璃的制备方法主要有一次成型法和二次成型法：一次成型法有溢流下拉法和浮法，二次成型法有化学减薄法和再次拉引法。

溢流下拉法是将原料按照一定比例混合、熔化制成玻璃液，玻璃液经过搅拌、澄清后，通过铂金通道流入溢流槽，玻璃液从槽两边溢流，沿着锥形部分均匀向下流动，在锥形下部融合在一起，并下拉形成玻璃片，如图5-6所示。

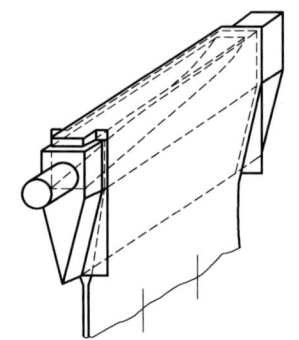

图5-6 溢流下拉法示意图

溢流下拉法利用玻璃自身重力进行拉薄，在整个成型和退火过程中，不与外界固液界面接触。由于玻璃板是在空气中形成的，不会因成型过程而留下表面痕迹或损伤，玻璃板表面纯净光滑，无须研磨抛光。技术关键与难点在于溢流处玻璃黏度的精准控制，在溢流口处整个板宽方向，玻璃液溢出量要绝对一致。溢流下拉法产量小，板宽受溢流槽尺寸限制，通常不足浮法玻璃板宽的一半。

浮法是将熔炉中熔融的玻璃液输送至液态锡床，玻璃液黏度较低，可利用拉边机控制玻璃厚度，随着流过锡床距离的增加，玻璃液便逐渐固化成平板玻璃，通过过渡辊，将固化后的玻璃平板引出，再经退火、切割等后段加工程序制成，如图5-7所示。

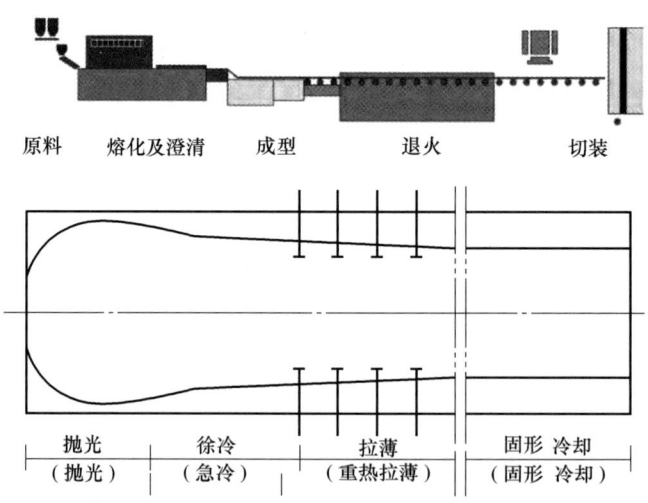

图5-7 浮法示意图及浮法玻璃成型工艺

浮法比溢流下拉法生产能力大，制备的玻璃面板宽。与溢流下拉法相比，玻璃经过了工艺参数精密控制的退火处理，玻璃残余应力低，再热收缩率低。劣势在于玻璃在制备过程中与锡液接触，表面质量不如溢流下拉法高，会影响柔性玻璃的成品率。国内外的大型玻璃公司如德国肖特、日本电气硝子和旭硝子，已能采用浮法工艺制备柔性玻璃。

狭缝下拉法如图5-8所示，将熔融玻璃液导入铂合金槽中，从槽底的狭缝流出，利用玻璃自重及向下的拉力拉制成柔性玻璃。玻璃厚度由熔窑的拉引量、狭缝的大小及下拉速度控制，玻璃的翘曲度根据温度分布的均匀性控制，可以实现连续生产。下拉时的温度区域较广，从玻璃低黏度的高温区域到接近固体的低温区域，因此控制玻璃基板的变形较难。同时狭缝下拉法必须在垂直方向上退火，如果将其转向水平方向，则可能增加玻璃表面与滚轮的接触及水平输送产生的翘曲，导致良率下降，设计时必须考虑退火高度。由于柔性玻璃表面与狭缝接触时容易受到狭缝的形状和材质的影响，为保证玻璃表面品质需二次抛光，以保证电子显示应用需求。

化学减薄法是用氢氟酸对玻璃表面刻蚀，利用液体溶液与玻璃表面发生化学反应，减薄玻璃达到柔性。硅酸盐玻璃与二氧化硅一样，都是以硅氧四面体（SiO_4）作为基本结构单元，其以顶角相连而组成三维架状结构。硅氧四面体中，Si^{4+} 为强酸，倾向于和强碱 F^- 结合，这是因为 F 的成键能力比 O 强，

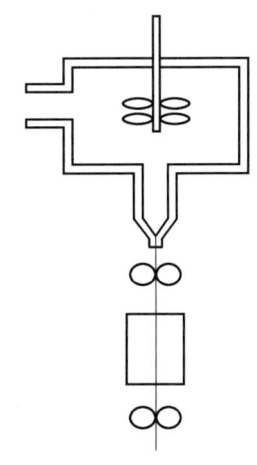

图 5-8　狭缝下拉法示意图

从而迫使 Si—O 键断裂，形成更稳定的 Si—F 键，再加上生成的 SiF_4 是气体，容易离开反应体系，更促进了反应平衡向玻璃蚀刻方向移动，使玻璃面板厚度变小，达到柔韧可弯曲的目的。

化学减薄法主要有垂直浸泡法、喷淋法及瀑布流法。

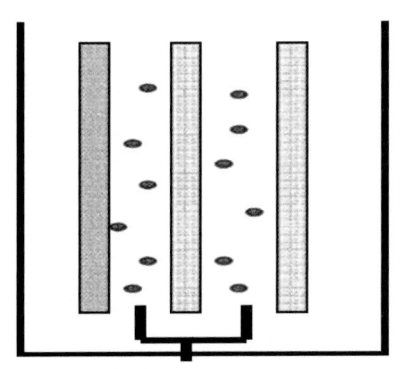

垂直浸泡法（见图 5-9）将隔膜外室划分出单元区，玻璃基板分别置于各单元内。蚀刻溶液装在外室中供给各单元，从室的下端向上提供泡沫，泡沫鼓动酸液使各单元中的玻璃减薄。该方法工艺简单，可以同时减薄多块玻璃基板；但所需时间长，当泡沫产生时会引起玻璃基板所产生的残余物与玻璃基板表面碰撞，或产生各种颗粒，以致在玻璃基板的表面形成划痕，或在玻璃基板的内表面形成颗粒，需后期清洗，且装置大、表面质量差，不易制备高强度柔性玻璃。

图 5-9　垂直浸泡法示意图

喷淋法（见图 5-10）是在玻璃基板两侧设置喷嘴，将蚀刻溶液喷射在玻璃基板的两个表面，由此减薄玻璃基板。该方法可处理大尺寸玻璃基板，可同时处理两面来满足不同蚀刻要求，蚀刻溶液可有效回收利用；但喷射压力高，会生成少量残余物，在基材表面产生酒窝划痕及凹点，需后续抛光处理。柔性超薄玻璃在研磨抛光过程中易破碎，成品率低。

瀑布流法（见图 5-11）是将蚀刻溶液以固定流速或可变流速，沿着玻璃基板的一个或两个侧面从玻璃基板上部流到下部，依靠重力作用，溶液沿着玻璃基板的两个侧面均匀流动，并以此精确控制蚀刻厚度。瀑布流法几乎无残余物生成，划痕和凹点少，不需后期的磨抛处理，有利于制备高强度的柔性玻璃。

再次拉引法是垂直地保持玻璃基板并向下方输送，利用电炉等将输送到下方的玻璃基板的下端加热至软化点附近，使软化后

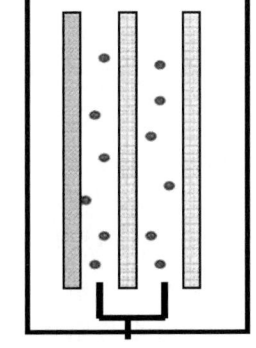

图 5-10　喷淋法示意图

的玻璃基板向下方延伸,从而制造柔性玻璃基板。薄板玻璃基板的截面成为加热前的玻璃基板(即预成型坯)的相似形,生产时通过提高预成型坯的尺寸精度,从而高精度地制备出柔性玻璃。采用玻璃预成型坯为原板,预成型坯厚度小于 0.3mm 时,将之缠绕于滚筒上,可实现连续生产。旭硝子采用再次拉引法,实现 0.1mm 厚度及以下柔性玻璃的制备,如图 5-12 所示。

图 5-11 瀑布流法示意图

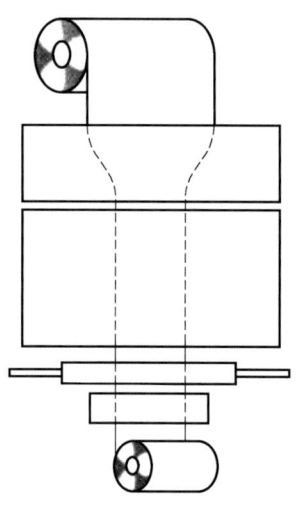

图 5-12 再次拉引法示意图

总体上,再次拉引法和狭缝下拉法属于间歇生产,成本低、配方变化容易,更适用于科研机构实验室;浮法和溢流下拉具有大规模、大板宽、连续性生产的特点,更适用于大规模工业化生产。国内浮法工艺技术和装备成熟,目前已经能够生产厚度为 0.15mm 的普通钠钙硅玻璃。

5.7 纤维织物

纺织纤维基电极材料具有低成本、易获取、柔性性能佳、可加工性能优异等优势,是重要的柔性印刷电子基材,柔软、吸湿、易加工的特点可满足柔性可穿戴智能纺织品的要求,并有效解决可穿戴产品轻便柔软、吸湿透气等舒适性问题。现阶段研发纺织基可穿戴电子设备的设计思路有两种。

第一种设计思路是以二维织物为柔性基底,采用涂覆法或封装法获得柔性可穿戴电子设备。涂覆法利用沉积、印刷、拼贴等工艺,在织物表面附着一层金属颗粒、碳基材料或高分子导电复合材料,形成导电涂层织物,其制备方法简单且易控制,是现阶段最为常用的方法。然而涂覆法得到的电子器件导电材料和织物基底之间附着作用较弱,存在不耐摩擦和洗涤、耐用性较差等问题。封装法通过缝合或包埋等方法,将柔性导电薄膜或导电纳米线等柔性传感材料加入到织物结构中制备纺织基可穿戴电子器件,但制备得到的柔性电子器件与纺织材料之间的连接仍然是一个难题。

第二种设计思路是先研制一维导电纤维/纱线,再通过现代织造工艺如提花、编织、刺绣等直接将导电纱线织入织物,获得二维纺织基可穿戴电子设备。与上述二维织物涂覆法和封装法相比，一维纱线织入法获得的柔性电子器件结构为一个整体，可更好地集合在衣物上，从而更好地满足可穿戴的要求。同时，一维纤维/纱线结构具有价低、质轻、体积小、易编织等优点，可使可穿戴产品获得更稳定、更多样化、更安全的功能，为解决当前柔性智能可穿戴领域面临的困境提供了新的解决思路[56]。

5.8 铝 基

铝箔是用铝材制作成的薄膜，表面光洁，作为包装材料无毒无味，包装食品不会干燥或收缩；硬度高、强度大，但撕裂强度小；铝本身无法加热密封，必须在其表面涂抹可热封材料，才能实现热封闭。铝箔有各种宽度和长度，铝箔胶带适用于各类变压器、手机、电脑、PDA（个人数字助理）、PDP（等离子体显示屏）、LED显示器、复印机等各种电子产品内需电磁屏蔽的场景。

电极箔是铝电解电容器专用的高性能电子材料。铝电解电容器主要应用于电视、手机、电脑、音响、汽车等电子数码产品中，全球铝电解电容器需求量近年来以平均10%以上的速度稳步上升，前景良好。电极箔厚度多为100μm，对纯度大于99.99%的高纯铝箔表面要进行电化学处理，以满足铝电解电容器所需电压、容量、强度的需求，其腐蚀比容的高低影响电容器性能，而氧化膜的质量水平则影响电容器的主要性能指标。

5.9 陶瓷材料

陶瓷基板因其高化学稳定性、高耐腐蚀性、高热导率、低热膨胀系数等特点，成为早期电子封装中的基板材料。但是，陶瓷基板存在质脆、制备工艺复杂、成本较高等问题，目前仅局限于特殊应用，如大型服务器的多芯片组件和军用产品。

陶瓷纤维是目前陶瓷材料在印刷电子应用中的研究方向。南方科技大学郭传飞团队[57]开发出一种基于陶瓷纳米纤维的柔性压力传感器，展现出优异的传感性、耐用性、透气性和耐高温性。柔性陶瓷纳米纤维网络作为新型传感器的基材，能够最大限度地减少聚合物传感器中常见的由于聚合物的黏弹性变化而导致的性能退化。陶瓷纳米纤维网络超轻量化、优异的柔韧性、高压力敏感性、高气液渗透性等性能，保证了人们穿戴舒适而不刺激皮肤，能够实现持续的精准生理监测。

复习思考题

1. 简述印刷电子基材的基本要求。
2. 简述不同基材的预处理工艺。
3. 对比PET、PEN、PI三者的优势与不足。
4. 分析纸基印刷电子的优势与不足。
5. 简述柔性玻璃基材的制备方法。
6. 简要分析PDMS、水凝胶等新型基材的优势与应用领域。

参 考 文 献

[1] LEE W J, CHOI J G, SUNG S, et al. Rapid and Reliable Formation of Highly Densified Bilayer Oxide Dielectrics on Silicon Substrates via DUV Photoactivation for Low-Voltage Solution-Processed Oxide Thin-Film Transistors [J]. ACS Applied Materials & Interfaces, 2021, 13 (2): 2820-2828.

[2] LIU Y W, TANG A, TAN J H, et al. Synthesis, gas barrier and molecular simulation of intrinsic high-barrier polyimide bearing carbazole and amide [J]. Journal of Polymer Research, 2021, 28 (2): 12.

[3] KHAN Y, THIELENS A, MUIN S, et al. A New Frontier of Printed Electronics: Flexible Hybrid Electronics [J]. 2020, 32 (15): 1905279.

[4] KAMYSHNY A, MAGDASSI S. Conductive nanomaterials for 2D and 3D printed flexible electronics [J]. Chemical Society Reviews, 2019, 48 (6): 1712-1740.

[5] LEE S S, CHOI K H, KIM S H, et al. Wearable Supercapacitors Printed on Garments [J]. 2018, 28 (11): 1705571.

[6] YANG Y, GAO W. Wearable and flexible electronics for continuous molecular monitoring [J]. Chemical Society Reviews, 2019, 48 (6): 1465-1491.

[7] 王甲乙, 孙晨薇, 华飘馨, 等. 一种PET薄膜表面改性方法的探究 [J]. 化工管理, 2017 (10): 201-203.

[8] 豆鹏飞. H_2SO_4 表面改性PET性能研究 [J]. 橡塑技术与装备, 2020, 46 (6): 23-27.

[9] 田永龙, 郭腊梅. UHMWPE 纤维的 PEW-g-MAH 涂层改性及性能研究 [J]. 针织工业, 2019 (3): 22-25.

[10] MALEKZAD HEDIYEH G M, COLOMBO VITTORIO, GALLINGANI TOMMASO, et al. Single-step deposition of hexamethyldisiloxane surface gradient coatings with a high amplitude of water contact angles over a polyethylene foil [J]. Plasma Processes and Polymers, 2020, 18 (2): 14.

[11] ZHOU X, CAO Y, YANG K, et al. Clean plasma modification for recycling waste plastic bags: From improving interfacial adhesion with wood towards fabricating formaldehyde-free plywood [J]. Journal of Cleaner Production, 2020, 269: 9.

[12] FÖLDES E, TÓTH A, et al. Surface changes of corona-discharge-treated polyethylene films [J]. Journal of applied polymer science, 2000, 76 (10): 1529-1541.

[13] SONG J, GUNST U, ARLINGHAUS H F, et al. Flame treatment of low-density polyethylene: Surface chemistry across the length scales [J]. Applied Surface Science, 2007, 253 (24): 9489-9499.

[14] YU L Y, ZHU B, CAI X, et al. Review of Polymer Surface Modification Method [J]. Materials Science Forum, 2016, 852: 626-631.

[15] HOLLÄNDER A, MANCINELLI S. Advanced Flame Treatment: New opportunities for roll-to-roll functionalization of polymer films [J]. Vakuum in Forschung und Praxis, 2022, 34: 43-46.

[16] 盛恩宏, 周运友, 凌小燕. 聚乙烯表面的火焰处理 [J]. 中国胶粘剂, 1999, 8 (3): 3-5.

[17] 杨思广. 低密度聚乙烯膜的表面改性及其性能研究 [D]. 桂林: 广西大学, 2005.

[18] 李春阳. 双向拉伸聚对苯二甲酸乙二醇酯薄膜的生产工艺及应用 [J]. 郑州轻工业学院学报, 1998, 13 (2): 46-49.

[19] 袁东芝, 邓康清, 杨柱. PET 型光学薄膜用涂层及相关技术研究现状 [J]. 化学与黏合, 2012, 34 (2): 59-64.

[20] 陈建军. 柔性PEN基底表面纳米金属薄膜制备及其性能研究[D]. 甘肃：兰州理工大学, 2019.

[21] 贾振福, 席祯珂. 聚萘二甲酸乙二酯的生产和应用[J]. 高分子及塑料, 2015, 32 (3)：82-86.

[22] 张素风, 康春蕾, 孙召霞. 聚萘二甲酸乙二醇酯的合成、性能及应用[J]. 造纸科学与技术, 2014, 33 (3)：46-49.

[23] 周晓沧. 聚萘二甲酸乙二醇酯的市场现状及发展前景[J]. 聚酯工业, 2005, (6)：1-5.

[24] 刘乃青, 顾巍, 乔迁, 等. 聚萘二甲酸乙二醇酯（PEN）的优异特性[J]. 长春工业大学学报（自然科学版）, 2004, 25 (2)：7-9.

[25] 焦宁宁. 2, 6-萘二酸二甲酯合成和应用技术进展[J]. 石化技术与应用, 2002, 20 (6)：410-416.

[26] 乔迁, 韩义军, 陈彦模, 等. BHEN缩聚反应研究[J]. 高等学校化学学报, 2006, 27 (2)：386-388.

[27] 王百年, 韩效钊. PEN聚酯工艺的研究进展[J]. 安徽化工, 2003, (6)：5-9.

[28] 俞国栋. 聚酰亚胺的合成方法及应用[J]. 辽宁化工, 2013, 42 (5)：542-546.

[29] 张勇, 彭而康. BOPI薄膜生产线的组成及其主要结构的设计要点[J]. 绝缘材料通讯, 1996 (5)：32-35.

[30] 柏春燕, 唐旭东, 张家鹤. 聚酰亚胺的合成方法与改性[J]. 杭州化工, 2009, 39 (4)：12-15.

[31] 曾小亮. 功能化有机基板材料的制备、结构表征及其性能研究[D]. 深圳：中国科学院大学（中国科学院深圳先进技术研究院）, 2017.

[32] KAWASHIMA H, SHINOTSUKA M, NAKANO M, et al. Fabrication of conductive paper coated with PEDOT：preparation and characterization[J]. Journal of Coatings Technology and Research, 2011, 9 (4)：467-474.

[33] HU L, CHOI J W, et al. Highly conductive paper for energy-storage devices[J]. PNAS, 2009, 106：21490-21494.

[34] YUAN L, YAO B, et al. Polypyrrole-coated paper for flexible solid-state energy storage[J]. Energy Environ, 2013, 6：470-476.

[35] CHOI K H, YOO J, LEEC C K, et al. All-inkjet-printed, solid-state flexible supercapacitors on paper[J]. Energy & Environmental Science, 2016, 9 (9)：2812-2821.

[36] HUANG Q, ZHANG K, YANG Y, et al. Highly smooth, stable and reflective Ag-paper electrode enabled by silver mirror reaction for organic optoelectronics[J]. Chemical Engineering Journal, 2019, 370：1048-1056.

[37] PARK J S, KIM T, KIM W S. Conductive Cellulose Composites with Low Percolation Threshold for 3D Printed Electronics[J]. Sci Rep, 2017, 7 (1)：3246.

[38] PIFFETA C, VERTRUYEN B, CAES S, et al. Aqueous processing of flexible, free-standing $Li_4Ti_5O_{12}$ electrodes for Li-ion batteries[J]. Chemical Engineering Journal, 2020, 397：11.

[39] LI S, HUANG D, YANG J, et al. Freestanding bacterial cellulose-polypyrrole nanofibres paper electrodes for advanced energy storage devices[J]. Nano Energy, 2014, 9：309-317.

[40] HUANG Q, XU M, SUN R, et al. Large scale preparation of graphene oxide/cellulose paper with improved mechanical performance and gas barrier properties by conventional papermaking method[J]. Industrial Crops and Products, 2016, 85：198-203.

[41] PHILIPOSE U, JIANG Y, FARMER G, et al. Using a Novel Approach to Estimate Packing Density and Related Electrical Resistance in Multiwall Carbon Nanotube Networks[J]. Nanomaterials (Basel), 2020, 10 (12)：16.

[42] DICHIARA A B, SONG A, GOODMAN S M, et al. Smart papers comprising carbon nanotubes and cel-

lulose microfibers for multifunctional sensing applications [J]. Journal of Materials Chemistry A, 2017, 5 (38): 20161-20169.

[43] MA C, CAO W T, XIN W, et al. Flexible and Free-Standing Reduced Graphene Oxide and Polypyrrole Coated Air-Laid Paper-Based Supercapacitor Electrodes [J]. Industrial & Engineering Chemistry Research, 2019, 58 (27): 12018-12027.

[44] ZHANG Y, SEZEN S, AHMADI M, et al. Paper-Based Supercapacitive Mechanical Sensors [J]. Sci Rep, 2018, 8 (1): 10.

[45] XU J, ZHANG Y, LI L, et al. Colorimetric and Electrochemiluminescence Dual-Mode Sensing of Lead Ion Based on Integrated Lab-on-Paper Device [J]. ACS Appl Mater Interfaces, 2018, 10 (4): 3431-3440.

[46] GE L, WANG S, YU J, et al. Molecularly Imprinted Polymer Grafted Porous Au-Paper Electrode for an Microfluidic Electro-Analytical Origami Device [J]. Advanced Functional Materials, 2013, 23 (24): 3115-3123.

[47] NOGI M, IWAMOTO S, NAKAGAITO A N, et al. Optically Transparent Nanofiber Paper [J]. Advanced Materials, 2009, 21 (16): 1595-1598.

[48] FUJISAKI Y, KOGA H, NAKAJIMA Y, et al. Transparent Nanopaper-Based Flexible Organic Thin-Film Transistor Array [J]. Advanced Functional Materials, 2014, 24 (12): 1657-1663.

[49] KONG W, WANG C, JIA C, et al. Muscle-Inspired Highly Anisotropic, Strong, Ion-Conductive Hydrogels [J]. Adv Mater, 2018, 30 (39): e1801934.

[50] JEONG Y R, PARK H, JIN S W, et al. Highly Stretchable and Sensitive Strain Sensors Using Fragmentized Graphene Foam [J]. Advanced Functional Materials, 2015, 25 (27): 4228-4236.

[51] LI W, YANG S, SHAMIM A. Screen printing of silver nanowires: balancing conductivity with transparency while maintaining flexibility and stretchability [J]. npj Flexible Electronics, 2019, 3 (1): 13.

[52] LO L W, ZHAO J, WAN H, et al. An Inkjet-Printed PEDOT:PSS-Based Stretchable Conductor for Wearable Health Monitoring Device Applications [J]. ACS Appl Mater Interfaces, 2021, 13 (18): 21693-21702.

[53] JING X, MA Z, ANTWI-AFARI M F, et al. Synthesis and Fabrication of Supramolecular Polydimethylsiloxane-Based Nanocomposite Elastomer for Versatile and Intelligent Sensing [J]. Industrial & Engineering Chemistry Research, 2021, 60 (28): 10419-10430.

[54] PARK J-E, KANG H S, KOO M, et al. Autonomous Surface Reconciliation of a Liquid-Metal Conductor Micropatterned on a Deformable Hydrogel [J]. 2020, 32 (37): 2002178.

[55] FANG L, CAI Z, DING Z, et al. Skin-Inspired Surface-Microstructured Tough Hydrogel Electrolytes for Stretchable Supercapacitors [J]. ACS Applied Materials & Interfaces, 2019, 11 (24): 21895-21903.

[56] 王霁龙, 刘岩, 钱祥宇, 等. 纤维基可穿戴电子设备的研究进展 [J]. 纺织学报, 2020, 41 (12): 157-166.

[57] FU M, ZHANG J, JIN Y, et al. A Highly Sensitive, Reliable, and High-Temperature-Resistant Flexible Pressure Sensor Based on Ceramic Nanofibers [J]. Advanced Science, 2020, 7 (17).

第6章 导电油墨制备与后处理技术

6.1 引　　言

实现印刷电子技术应用的前提是将特定功能材料配制成液态浆料，使其满足某种印刷或涂布工艺的性能要求。在此基础上，可通过印刷或涂布技术制造各种电子器件及集成系统。印刷技术是一种增材制造工艺，且无须高温、高真空等苛刻制造条件，因此印刷电子器件具有柔性、轻薄、可大面积生产等特点。表6-1将印刷技术按照接触式与非接触式进行了分类，理论上，表中所有印刷技术都可作为柔性电子器件制作手段，关键在于功能性油墨的制备及其与特定印刷工艺的匹配。

传统印刷中的非功能性油墨具有良好的印刷适性，能够满足印刷工艺的要求。然而，应用于印刷电子领域的功能性油墨无法在配方上复制传统油墨中各组分构成与比例，甚至要在一定程度上颠覆传统油墨的配方构成。以凹版印刷纳米银导电油墨为例，其配方与传统凹印油墨的比较见表6-2。由表6-2可知，传统凹印油墨中含有质量分数约15%的树脂，树脂在油墨中主要起到辅助印刷涂层成膜、流平并增强油墨附着力的作用；而纳米银导电油墨的配方中几乎不含有树脂成分，仅在纳米银分散液制备中加入了含量约2%的聚乙烯吡咯烷酮（PVP），其作用主要是控制纳米银成核、生长速度并提高纳米银分散液的稳定性。纳米银导电油墨中树脂含量极低的原因是减少树脂对纳米银颗粒构筑导电网络的阻隔性，提高油墨导电性；但是，树脂含量的大幅降低将会使功能性油墨的物理性能与传

表6-1　　印刷技术分类及基本特征

	印刷方式	基本特征			
		油墨物性与黏度	印刷膜厚	尺寸	印刷速度
非接触式印刷	喷墨印刷	低黏度液体	薄	大	单喷头低、集成后速度较高
	气流喷印	较宽黏度范围液体	薄	小	较低
	电流体喷印	较宽黏度范围液体	薄	小	低
	激光转移印刷	固体	薄	小	低
	激光打印	液体/固体	薄	大	高
	点胶	高黏度液体	厚	小	低
接触式印刷	网版印刷	中黏度液体	厚	大	较高
	凹版印刷	中黏度液体	薄	大	高
	柔版印刷	中黏度液体	薄	大	高
	凹版胶印	高黏度液体	薄	大	较低
	微接触式印刷	低黏度液体	薄	小	低

表 6-2　　　　　　　　　　　传统凹印油墨与纳米银导电油墨比较

油墨类型	组分构成	配方	各组分功能
传统凹印油墨	功能填料	有机颜料 12%	呈色
	树脂聚合物	氯乙烯、乙酸乙酯共聚体 12%	成膜、流平、附着及流变特性
		聚甲基丙烯酸树脂 3%	
	溶剂	乙酸乙酯 16%	颜料、树脂的载体
		甲乙酮 55%	
	添加剂	石蜡 2%	改善油墨印刷适性、提高油墨物理性能
纳米银导电油墨	功能填料	纳米银颗粒 70%	实现优良导电性
	树脂聚合物	包覆在纳米银颗粒表面的聚乙烯吡咯烷酮(PVP) 2%	实现印刷油墨在基材表面的附着，控制颗粒粒径分布、调节黏度
	溶剂	乙二醇、水、乙二醇甲醚混合溶剂 28%	纳米银颗粒的载体，调节油墨表面张力、黏度、干燥速度等印刷适性

统油墨有所不同。因此，平衡功能油墨印刷适性与其功能性之间的矛盾是本领域的关键问题之一，同时也需要从功能性油墨配方、制备方法、印刷工艺、印刷装备等多方面进行研究。

导电油墨是印刷电子材料的基础，作为一种伴随着现代科学技术而迅速发展起来的功能性油墨，至今约有半个世纪的发展历史。美国、日本、德国、韩国及我国台湾地区在导电油墨研究与应用领域处于领先地位。1948 年，美国公布了用金属银和环氧树脂制成的导电涂料专利，这是最早公开的导电涂料，也是导电油墨的雏形。其后，随着电子工业的迅猛发展，导电油墨的研发迅速升温。20 世纪 50 年代，日本开始生产以银和碳为导电填料的防静电涂料。美国军方在 60 年代已将导电涂料应用于电磁屏蔽领域。20 世纪 80 年代，国外防静电技术和电热涂料技术获得迅速发展，开发出镍系和铜系防静电涂料，其中铜系导电涂料由于其良好的稳定性及在低频区（30MHz）良好的屏蔽效果得到了广泛应用。进入 20 世纪 90 年代，随着印刷电子概念的提出，导电油墨迎来了发展高速期。据初步统计，在全世界范围内，至今已有近 20 家厂商推出了导电油墨产品，其中以喷墨打印导电墨水为主，比较有代表性的生产厂商有：韩国的 ANP 公司、ABC 公司及 InkTec 公司，日本的 ULVAC 公司、Harima Chemical 公司，美国的 Cabot 公司、NanoMas 公司、Sun Chemical 公司，以及德国的 Bayer 公司等。

国内导电油墨的研究与产业化尽管起步相对国外较晚，但是近 20 年发展迅速，无论是以高校、研究所为代表的研究水平，还是导电油墨产业化程度，都接近或部分达到国际先进水平。从导电油墨在国内外的发展历程不难看出，随着电子工业的发展，各相关产业对制作导电线路、电子器件的效率和精度均提出了更高的要求，导电油墨的应用领域也不再局限于早期的一些低端电子产品如防静电层、电磁屏蔽或电热转换等，迅猛发展的各种显示器件和高精度印刷电路都将是导电油墨的新兴应用领域。为了满足电子工业高精度与高效率的生产要求，进一步扩大导电油墨的应用领域，制备纳米级的导电材料，降低助剂含量与后处理温度，研发适用于各种印刷工艺、高速卷对卷（roll to roll）的高导电性、低后处理温度导电油墨成为目前发展的重点。本章主要介绍印刷电子材料中导电油墨的类型、制备、后处理工艺等。

6.2 导电油墨的组成与性能

（1）导电油墨的组成 导电油墨是指具有传导电流和排除积累静电功能的油墨，其组成包括导电材料（作为功能相）、连接料（作为分散介质和成膜材料）、溶剂、添加剂等[1]。

1）导电材料 导电材料均匀分散在连接料中，是构成导电油墨的主要成分之一，其性能和含量将影响油墨导电性，主要包括无机系和有机系两大类。无机系导电材料主要为常见的金属、金属氧化物、非金属碳材料等，如微纳米尺寸的银、铜、锗、氧化铟、氧化锡、炭黑、石墨、石墨烯、碳纳米管等。有机系导电材料主要有共轭聚合物和小分子化合物，如聚乙炔、聚苯胺、聚吡咯、聚噻吩等具有大共轭 π 键的高分子和羧基乙酸铜、乙酸银等有机金属化合物。在选择导电材料时，需考虑其本身的导电性能以及与连接料、溶剂的相容性。纳米材料因其具有较大的比表面积而呈现较高的活性，在其表面一般都会包覆分散剂，从而保证其稳定分散。该表面包覆剂的存在，一定程度上会影响印刷成膜后涂层的导电性，需通过后处理使其从纳米颗粒表面脱附并使纳米金属烧结，以提高印刷涂层的导电性。表 6-3 列出了导电油墨中部分常用导电材料的性能及应用[2]。

表 6-3　导电油墨中部分常用导电材料的性能及油墨应用

导电材料	主要分类	性能	应用
金属材料	金	体积电阻率为 $2.2\times10^{-6}\Omega\cdot cm$，化学稳定性好、抗蚀性好、价格贵	厚膜集成电路
	银	体积电阻率为 $1.59\times10^{-6}\Omega\cdot cm$，对温度敏感，高温导电性好	广泛
	铜	体积电阻率为 $1.7\times10^{-6}\Omega\cdot cm$，价格低廉，抗氧化性差	印刷电路、电磁屏蔽
	镍	体积电阻率为 $7.9\times10^{-6}\Omega\cdot cm$，导电性一般，便宜，易氧化	电磁屏蔽
金属氧化物	ITO、AZO、ZnSnO	透光性、导电性优异	透明导电膜（TCF）、有机太阳能电池电极（OPV）
无机半导体	硅、锗等半导体，碲化镉（CdTe）、铜铟镓硒复合物	半导体特性优良	太阳能电池、薄膜晶体管、传感器等
导电高分子	聚乙炔、聚噻吩、聚苯乙烯、聚吡咯、聚苯胺等	可溶液化，导电性能经掺杂后达导体范围，稳定性较差	印刷透明导电膜、太阳能电池电极等
碳材料 1	碳纤维、石墨、炭黑	体积电阻率为 $1\times10^{-3}\sim1\times10^{-2}\Omega\cdot cm$	导电图形印制
碳材料 2	石墨烯、碳纳米管	电荷传输性能优异	各种印刷电子功能器件电极、功能层等

金属内部具有高的自由电子密度，因导电性最好而被广泛用于导电油墨。目前，银纳米颗粒导电油墨较普遍，商业化的银导电油墨公司有杜邦、贺利氏、住友等。但银价格高，并且银迁移会导致短路，各方均希望寻找其他金属代替银，如铜、镍、锡等。铜导电性与银接近，在自然界中大量存在，价格只有银的 1/100，并且可减少电迁移效应，可代

替银用于导电油墨；但其容易在大气中氧化，尤其是尺寸小于 20nm 时更严重。为得到高导电、稳定的铜纳米颗粒，可采用置换反应、种子生长、共还原等方法，形成具有核壳结构的、高抗氧化的双金属纳米颗粒，如 Cu@Sn、Cu@Ag；也可采用分散到含有还原剂的溶剂体系中的 CuO 作为导电颗粒来制备铜导电油墨。

2）连接料　连接料是导电油墨的成膜物质，大多是高分子树脂如环氧树脂、醇酸树脂、丙烯酸树脂、羟乙基纤维素等，也可选用玻璃体、金属氧化物、陶瓷添加剂作为连接料。连接料主要用于调整油墨的流变性和膜层对基材的黏附性，属于绝缘体，使用过多会隔断导电，因此导电材料和连接料的配比对导电油墨很重要。在导电油墨中，提高导电性主要从选择导电材料种类、变更其填充量入手，而连接料的选择主要从使用对象所要求的物化性能入手，一般采用对导电性能影响小、稳定性高的连接料。

3）溶剂　溶剂用于分散导电材料，溶解连接料，调整油墨的干燥速度、黏度、表面张力等。选择溶剂时，要求其挥发速度适宜，不影响导电材料的导电稳定性。为了控制油墨干燥的速度，需将高沸点和低沸点的溶剂混合，如高沸点的 α-萜品醇和低沸点的乙醇混合溶剂，以避免印刷膜层干燥太慢而粘脏，或干燥太快造成印刷故障。

4）添加剂　添加剂包括流平剂、表面活性剂（润湿剂、分散剂）、金属防氧化剂、消泡剂、干燥剂等。在印刷过程中由于油墨流平性不好而产生的橘皮或针孔现象可通过添加流平剂来避免。添加表面活性剂可以减少油墨表面张力，有效防止分散过程中絮凝现象的产生，这在油墨生产中十分重要。消泡剂可以防止油墨在分散过程中产生气泡，也可在印刷过程中避免气泡或消除小气泡。使用添加剂时一定要注意控制用量，其用量取决于添加剂的类型和所需的印刷效果，通常为 0.5%~5%，精确测量添加剂的用量十分关键，只有这样才能达到最佳效果且不影响其导电性等性能。

（2）导电油墨的性能　油墨性能必须满足应用要求，同时还要与特定印刷工艺匹配。例如，油墨的物理、化学性质将影响印刷质量，包括印刷线条的分辨率、一致性、油墨转移率等。油墨的黏度、表面张力、干燥动力学是配置功能油墨时主要考虑的因素，油墨的黏度将对应不同的印刷方式，混合溶剂可用来调整油墨的干燥速度。此外，印后烧结性能也是配墨选墨时必须要考虑的。下面列举了导电油墨的主要性能参数。

1）表面张力　导电油墨的表面张力对油墨在承印基材表面的润湿铺展行为及油墨在印刷过程中的转移、传递具有十分重要的意义。导电油墨表面张力的大小主要由溶剂决定，加入低表面张力的溶剂或少量表面活性剂可以降低水性墨表面张力。下面以喷墨打印为例，说明导电油墨表面张力对印刷质量和性能的影响。

表面张力对打印过程中墨滴的形成和喷墨质量有着重要影响。喷嘴周围有无溢出物、液滴断裂长度、液滴的圆周度、稳定性、液滴形成的速度和是否成直线运行等均受油墨表面张力的影响。表面张力太大，油墨不易形成细小的微滴，并可能出现较长的断裂长度，或断裂时产生"拖尾巴"状微滴，从而直接影响打印图像的质量。另外，过大的表面张力使喷嘴表面不易被润湿，而喷嘴周围的油墨集结会影响微细液滴的线性运行，也影响液滴对承印物的湿润、渗透及油墨的干燥性能。一般要求喷墨油墨的表面张力必须低于承印物的表面自由能。表面张力过低则会导致液滴不稳定，容易形成星状溅射点，造成非图文部分带脏，影响图像质量。其表面张力的大小应控制在既能在承印材料上顺利铺展，又能在喷墨过程中形成足够细小的墨滴。

2) 黏度　黏度是指流体在流动过程中产生的内部摩擦阻力，是油墨的一个重要物理参数，它和表面张力一起影响着导电油墨的印刷适性。金属纳米颗粒的尺寸和形状影响油墨的黏度、烧结温度等。同样浓度下，纳米颗粒尺寸越小，黏度越高；颗粒越大，越易快速沉降。通常球形颗粒黏度较低，而片状颗粒黏度较高。金属颗粒的固含量越大黏度越大，过高的比例会使流动性变差。

3) 黏附牢度　黏附牢度是油墨对基底的黏着强度，ASTM D3359 标准对油墨的附着力等级和测试标准做了明确规定。ASTM D3359 附着力测试方法为：在印刷导电油墨涂层表面利用小刀划出夹角为 30°的十字交叉划痕，再贴上 3M 600 型透明胶带，3min 后，以 45°角方向迅速将胶带拉起，观察划痕处印刷涂层情况，按照表 6-4 评估印刷导电油墨涂层附着力。

表 6-4　　ASTM D3359 附着力测试标准

5A	没有剥落或分离
4A	沿着切口少许剥落或分离
3A	在任一边上,沿着切口参差不齐的分离达 1.6mm
2A	在任一边上,沿着大部分切口参差不齐的分离达 3.2mm
1A	胶带下"X"区域的大部分涂层分离
0A	分离超过"X"区域

4) 耐弯曲性　作为柔性电子器件，最重要的一点是在实际应用中须承受各种反复的弯曲，为了降低弯曲对器件电学性能造成的影响，要求导电油墨具有良好的耐弯折性。对耐弯折性的检测一般是将导电油墨印制成电路，对导电线路进行弯折实验，对比其电阻率的变化，通常当印制电路受到弯折作用时会产生裂纹，裂纹的扩展会导致印刷电路的电阻增大甚至发生断裂失效。因此，要想保证柔性电子器件的正常工作，导电油墨必须具备良好的耐弯折性。

5) 导电性　导电性是导电油墨最关键的性能，受导电材料的种类、颗粒大小、形状、填充量、分散状态、连接料种类及含量的影响。导电油墨干燥固化后，导电颗粒间隙变小，自由电子跃迁的势垒降低，两端施加电压后即可形成电流。导电填料晶格缺陷、油墨中非导电杂质含量、导电填料粒径分布、印刷烧结工艺等因素都会对油墨导电性能造成影响。

6.3　导电油墨制备技术

将功能材料分散或溶解到溶剂中形成稳定的浆料，并按照某种印刷工艺对油墨的物理性能进行调制与配方优化，以获得具备良好印刷适性导电油墨的过程称为功能材料油墨化。在功能材料油墨化过程中常用到研磨混合与浓缩纯化两种工艺，以获得稳定、高浓度、性能优异的功能油墨。

(1) 研磨混合　研磨混合是指将导电材料、连接料树脂、溶剂、添加剂按一定比例混合搅拌预分散，然后在三辊研磨机上进行研磨，使导电材料二次聚集体被打碎，恢复或接近为初始颗粒尺寸，最终成为均匀稳定的油墨。这种方法一般适用于丝网印刷、柔版印刷、凹版印刷等黏度相对较高的油墨体系，不适用于喷墨打印墨水，最终获得的导电材料尺度在亚微米到微米范围。预分散的主要作用是使导电填料被溶剂浸润，获得初步的分散稳定状态。研磨过程中，研磨辊间隙、辊的转速、研磨时间等对油墨的分散效果影响显著。研磨过程中需逐次减小辊间隙，多次研磨，转速不能太快。

（2）浓缩纯化　一方面，采用液相化学还原法批量制备的金属纳米颗粒分散液中，金属纳米颗粒的含量一般都在10%以下，不能满足高导电性油墨固含量的要求，需要进一步提高导电填料固含量，以增加印刷涂层内导电颗粒之间的接触机会，从而为电子传输提供更多的渗流路径。另一方面，在金属纳米分散液制备过程中会有大量的非导电杂质残留，包括过量的保护剂及反应副产物等。因此，需通过溶剂沉降、离心分离或反渗透技术等方法，提高金属纳米颗粒分散液的固含量，同时降低油墨体系中非导电杂质的含量。

离心分离法相对复杂、耗时，难以满足规模化制备，且离心后的导电颗粒不容易再次分散到溶剂中。溶剂沉降法是通过添加溶剂破坏原体系的稳定性，使导电颗粒沉淀下来。北京印刷学院印刷电子工程技术研究中心在溶剂沉降法控制制备高固含量银纳米颗粒导电油墨上取得了较好的效果，采用双向进料法，在聚乙烯吡咯烷酮（PVP）保护下还原硝酸银，制备了水性的银纳米颗粒分散液[3]。通过按一定比例加入丙酮溶剂，促使银纳米颗粒迅速沉降，同时有效去除了非导电杂质PVP，实现银纳米颗粒含量高于80%，非导电杂质含量低于3%，且可稳定分散在水、乙醇、丙三醇、乙二醇等混合溶剂中。

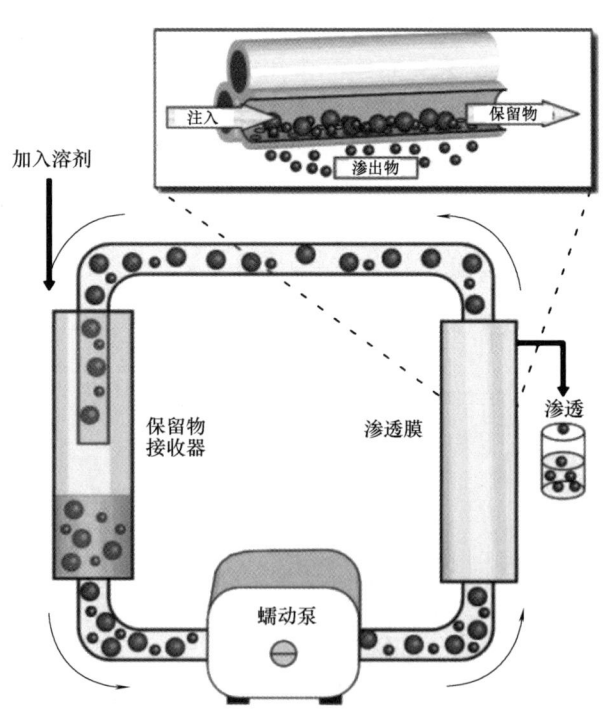

图6-1　反渗透技术提高导电颗粒的含量

反渗透技术也可用于浓缩提纯纳米导电颗粒分散液，在压力作用下，使纳米导电颗粒通过一定孔径的中空纤维膜，这样直径大于孔径的颗粒不会通过膜而被收集起来，而小于孔径的颗粒、溶剂、小分子等则通过膜渗透出去，如图6-1所示。利用该技术可获得固含量高于80%的金属纳米导电油墨。

需要指出，金属纳米颗粒用于导电油墨时，需首先考虑颗粒在油墨中的稳定性，因此，需在制备纳米颗粒的过程中加入稳定剂，保证保存及使用过程中不发生聚集。在使用金属纳米颗粒导电油墨过程中，要注意正确的保存方法，需在低温干燥环境下储存，使用时提前几个小时取出，让其恢复到室温。同时，还需掌握一些操作技巧，避免出现问题。例如，在印刷银导电油墨过程中，避免由于烘干不彻底（如烘干温度不够、时间不够或干燥方式欠佳）而使其电阻增大；避免由于印刷前油墨搅拌不彻底（银的比重大容易沉在底部），造成油墨上层银含量低，电阻增大，下层银含量高，附着力降低；等等。

6.3.1 金属纳米颗粒导电油墨制备技术

金属纳米颗粒导电油墨是指将金属纳米颗粒利用各种实验方法分散在适当的溶剂中形成稳定的纳米颗粒悬浮液,并通过各种助剂的加入及油墨配方的优化,形成满足印刷适性要求的导电浆料。与导电高分子导电油墨及金属有机化合物导电油墨相比,金属纳米颗粒导电油墨导电性能优良,所需合成原料便宜、易得,且制备过程可以参考纳米颗粒合成科学领域内的成熟研究结果,相对易于掌握,故受到了广大研究者及商业机构的青睐[4]。

根据溶剂类型,金属纳米颗粒导电油墨可以分为水性导电油墨及溶剂性导电油墨两类,前者采用水性高分子聚合物(PVP、PVA 等)为保护剂制备金属纳米颗粒,并将制得的金属纳米颗粒分散于水或以醇类溶剂为主的有机溶液中,制得水性导电油墨。溶剂性导电油墨则多利用小分子化合物作为保护剂,如带有端基极性基团的长链烷基化合物(十二烷基硫醇、十二烷基胺及十二烷基酸等),由于这类化合物具有非极性的长链烷基,故只能在一些极性相对较弱的有机溶剂中稳定分散以形成溶剂性导电油墨。表 6-5 是部分金属纳米颗粒喷墨导电油墨的性能[2]。

表 6-5　　部分金属纳米颗粒喷墨导电油墨性能

导电粒子	保护剂	粒径(nm)	后处理条件	$\rho(\mu\Omega\cdot cm)$	作者
Ag	PVP	21 or 47	200℃/30min	3.2	Moon J. 课题组[5]
Cu	PVP	40	325℃/1h 真空	17	Moon J. 课题组[6]
Ag	PVP	50	260℃/3min	16	Chou K. S. 课题组[7]
Ag	硝化纤维	<100	190℃/30min	20	Zhu K. S. 课题组[8]
Au	己硫醇	2~5	50mW 激光	14	Grigoropoulos C. P. 课题组[9]
Au	己硫醇	1.5	150℃/30min	3	Subramanian V. 课题组[10]
Ag	烷基硫醇	—	200℃	约 1~10	Subramanian V. 课题组[11]
Cu	烷基胺	—	150℃	约 1~10	Subramanian V. 课题组[11]
Ag	十二烷基胺	5	140℃/30s	25~50	Ong B. S. 课题组[12]
Au	烷基硫醇	2~4	140~200℃/5~30min	10~28	Ong B. S. 课题组[13]
Ag	十二烷基酸	7	250℃/60min	6	Lee K. J. 课题组[14]
Ag	PVP	5~150 可控	室温~120℃	4~10	北京印刷学院印刷电子工程技术研究中心[15]

(1) 纳米金属的合成　Moon 课题组[5,6]采用经典的多元醇法合成了纳米银与纳米铜悬浮液,并制备了喷墨导电墨水。在纳米银颗粒悬浮液的合成中,以硝酸银为前驱体、PVP 为保护剂、乙二醇为溶剂兼还原剂,采用将以上三者混合后加热回流,以及将硝酸银溶液注入溶解有 PVP 的乙二醇溶液这两种方法进行合成,分别考察了硝酸银浓度、PVP 浓度、升温速度(第一种方法)或硝酸银注入速度(第二种方法)、反应温度等因素对纳米银平均粒径及分布的影响[16]。在纳米铜颗粒悬浮液的合成中,由于 Cu^{2+} 的还原电位低于 Ag^+,故在反应体系中加入了次亚磷酸钠作为还原剂,采用注入硫酸铜前驱体溶液的方法合成纳米铜颗粒,考察了还原剂浓度、反应温度、硫酸铜前驱体溶液注入速度等因素对纳米铜颗粒平均粒径及分布的影响[17]。

Chou 课题组采用液相化学还原法,以硝酸银为前驱体、PVP 为保护剂,通过选择还原能力不同的还原剂(甲醛、葡萄糖)与碱性不同的化合物(氢氧化钠、碳酸钠)进行匹配,并通过调整硝酸银浓度、PVP 分子量及浓度、反应温度等条件,以控制纳米银成核、生长速度,合成了稳定的纳米银颗粒悬浮液,制得喷墨打印导电墨水[7,18,19]。

当采用结构相似但端基官能团不同的烷烃小分子化合物为保护剂合成金属纳米颗粒时,则多选用一些还原能力更强的还原剂(如硼氢化钠、苯胺等)在溶剂体系中还原金属前驱体,所得到的金属纳米颗粒粒径均小于 10nm,涂层后处理温度随着保护剂的不同而在 140~250℃范围内变化(这类金属纳米颗粒形成的涂层在室温下均不导电)。Grigoropoulos 课题组[20]和 Subramanian 课题组[10]选择了端基带有巯基官能团的小分子化合物作为保护剂,采用 Brust 等于 1996 年报道的经典两相化学还原法[21]合成了纳米金颗粒,合成过程如图 6-2 所示。Subramanian 课题组还利用经过改进的合成方法制备了纳米银颗粒和纳米铜颗粒[11],并考察了不同烷基链长度对纳米金属涂层后处理温度及导电性的影响,结果发现纳米金及纳米铜涂层导电阈值温度随着保护剂烷基链的增长而增加,而纳米银涂层导电阈值温度与保护剂烷基链长度无关。

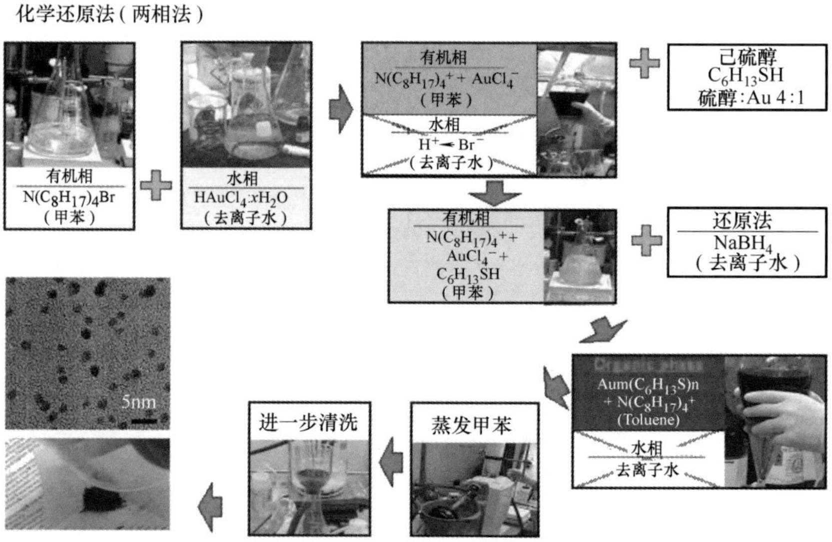

图 6-2 两相化学还原法合成纳米金颗粒

Ong 课题组以醋酸银为前驱体、端基为氨基的烷烃化合物为保护剂、苯肼为还原剂,在单一的甲苯溶剂中合成了粒径为 5nm 的纳米银颗粒,并制备了喷墨导电墨水[12]。同时还利用两相化学还原法合成了纳米金颗粒,并考察了不同烷基链长度纳米金涂层的后处理温度及导电性能,结果发现以丁硫醇为保护剂制得的纳米金涂层后处理温度较低(140℃)且导电性能最佳$(\rho = 10\mu\Omega \cdot cm)$[13]。

Lee 课题组以醋酸银为前驱体、油酸为保护剂兼溶剂、醋酸锡为还原剂,制得了平均粒径为 5nm 的纳米银颗粒,产率为 90%,并制备了相应的喷墨导电墨水[14]。

(2)纳米金属的纯化与浓缩 液相还原法制备纳米金属分散液产物中,一般含有大量的杂质离子,油墨化时,需要进一步提纯浓缩,得到高固含量的纳米金属浆料。纳米金属纯化与浓缩的方法包括离心沉降法、溶剂沉降法、电渗析法、半透膜渗析法等。

离心沉降法是目前实验室研究提纯最常用的方法，单次离心量较少，适用于实验室少量的研究。溶剂沉降法有两种，一种是在溶剂中加入聚电解质，打破纳米金属分散液双电层平衡，使金属颗粒团聚沉降，但一般会引入新的杂质；另一种是加入与溶剂相容但和纳米金属表面保护剂不相容的溶剂，使金属颗粒迅速沉降。下面以使用PVP为保护剂的水性纳米银分散液（Ag/PVP）为例，说明使用溶剂沉降法进行纯化浓缩的基本方法和原理。

合成的初始Ag/PVP纳米颗粒分散液浓度较低（理论质量分数约为1.4%）且含有较多的PVP，这不利于后期高导电性纳米银涂层的获得，因此需要对其进行纯化、浓缩处理。纯化、浓缩处理主要是利用了丙酮较低的密度以及与PVP不良的亲和性，使溶液中过多的PVP及杂质随离心后上层清液予以去除，同时提高Ag/PVP纳米颗粒分散液浓度，其过程如图6-3所示。随着分散体系中丙酮含量的增加，体系的密度逐渐降低（25℃时丙酮的密度是$0.788g/cm^3$），且逐渐由Ag/PVP的良分散体系转变为不良分散体系，再借助高速离心手段使Ag/PVP纳米银颗粒发生沉淀，而上层由水和丙酮组成的混合溶剂中则溶解了多余的PVP及反应副产物，将其去除并重新加入去离子水使Ag/PVP纳米颗粒分散，以达到纯化、浓缩的目的。

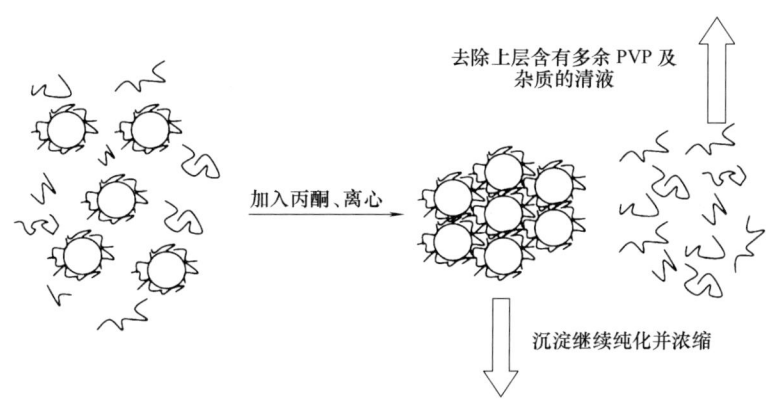

图6-3 Ag/PVP纳米颗粒分散液纯化、浓缩过程示意图

电渗析法则是将纳米金属分散液放入到有阴、阳离子交换膜的电渗析槽中，在电极的作用下，杂质阴、阳离子通过交换膜而使纳米金属分散液溶液提纯。半透膜渗析法是将分散液加入到半透膜中，放入到缓慢流动的纯净水槽中，杂质离子通过半透膜随流动的纯净水排除实现提纯。表6-6是北京印刷学院印刷电子工程技术研究中心研发的不同印刷方式纳米银导电油墨性能参数。

表6-6 不同印刷方式纳米银导电油墨性能参数

印刷方式	黏度(cP)	后处理温度(℃)	电阻率(Ωcm)	固含量(wt%)	墨层厚度(μm)
喷墨	1~20	20~120	$2.5×10^{-6}~6×10^{-6}$	15~30	0.15~1.5（取决于喷墨条件）
凹印/柔印/凹胶印	100~4500	80~120	$2.5×10^{-6}~6×10^{-6}$	50~70	0.3~3
丝印	3000~10000	80~200	$2.5×10^{-6}~6×10^{-6}$	50~70	1~15

6.3.2 金属有机化合物导电油墨制备技术

金属有机化合物（metal-organic precursors）导电油墨类似于染料型喷墨墨水，作为其导电填料的金属有机化合物溶解于一定的有机溶剂中形成真溶液，通过添加各种助剂调整其物化性能参数以满足喷墨打印要求。直接打印形成的涂层并不导电，需要对其进行加热后处理使金属有机化合物分解并最终形成金属导电涂层。由于导电墨水中的金属有机化合物完全溶解于溶剂中，故免去了喷墨墨水的分散稳定性困扰这一大难题，在打印过程中避免了导电填料堵塞喷头的发生。但金属有机化合物的化学稳定性与涂层后处理温度之间的矛盾是这一类导电墨水发展的瓶颈之一，选用化学稳定性较高的金属有机化合物往往带来后处理温度的升高，这与喷墨导电墨水的发展方向相悖；而分解温度较低的金属有机化合物往往化学稳定性不足。因此如何解决这一矛盾，使得金属有机化合物具有良好的溶剂相容性与化学稳定性，并且能够在较低的温度下分解得到金属导电涂层是目前研究的重点。

Teng 等[22-24]制备了以癸酸银（$C_9H_{19}COOAg$）为金属有机化合物的喷墨导电墨水并应用于太阳能电池的制作。热重分析（TGA）研究结果发现，癸酸银在175℃开始分解，230℃时分解速度达到最大，250℃时分解完全。研究涂层后处理温度与导电性能的关系发现：当后处理温度为300℃时，通过优化加热条件能够形成均匀的导电涂层。Rozenberg 等[25]选用了 VTMS（Cu）hfac 作为金属有机化合物制备了喷墨打印导电墨水，研究结果发现：打印涂层能够在低于200℃条件下形成金属铜导电涂层，涂层中铜含量高于90%，表面电阻约为100Ω/□。目前，在金属有机化合物导电墨水商品化的开发上最成功的是韩国InkTec 公司[26-29]，该公司生产的 TEC-IJ-010 喷墨打印墨水外观无色透明，黏度为9~15cPs，表面张力为30~32dynes/cm，密度为1.07g/cm^3，金属质量分数为15%，涂层在130~150℃加热5~10min后表面电阻为130mΩ/□，涂层厚度为323nm。

6.4 导电油墨印后处理

烧结是指在导电油墨印刷后，通过热、光、电等物理方法或化学方法处理印刷墨层，使导电相间连接或致密化，形成导电通路。所采用的烧结技术在很大程度上决定着最终的器件性能。通常，导电油墨印刷转移到基底材料后，要经过烧结才能达到良好的导电性。这是由于油墨中导电颗粒表面包覆有保护层，阻止颗粒聚集而稳定分散；但该层会阻断印刷成膜后的颗粒间连接，影响颗粒间电子传输。经烧结处理使保护层从颗粒表面脱附，同时颗粒之间实现物理接触并形成多孔膜或多晶膜，才能表现为块体薄膜特征。此外，为了提高金属纳米颗粒油墨的印刷适性（如黏度和流动性），会在油墨中加入少量的有机溶剂和高分子有机聚合物等非导电组分，来调整油墨的黏度和流动性。这些非导电组分阻隔了颗粒之间的接触，使导电性降低，因此需要烧结去除非导电组分。

目前，纳米金属导电油墨大部分用加热的方式烧结。然而，纯加热方式虽然易行，但往往需要较高的后处理温度，并且需要较长的加热时间。较高的加热温度（150℃以上）限制了印刷基板的选择，特别是热敏感性基板如纸张、塑料、织物等；较长的加热时间（30~60min）限制了生产效率。因此，人们还开发了光子烧结、等离子体烧结、微波烧结、化学烧结等一系列烧结技术。莫黎昕等[30]综述了 AgNPs 导电油墨低温烧结的研究进展，介绍了低温烧结制备高导电油墨的方法及各种新兴温和选择性烧结技术的机理和应用，为导电油墨烧结技术的发展带来思考和相关技术参考。

6.4.1 热 烧 结

热烧结是指在低于主要组分熔点的温度下加热，使颗粒间产生连接并致密化的方法，可采用烘箱、加热台或加热板烧结。热烧结的烧结机理主要是利用纳米颗粒的热动力学尺寸效应，其融化温度较块体材料大大降低。例如，块体银、铜的熔点分别为 961℃ 和 1083℃，而纳米银颗粒的表面在 100℃ 以下就可以开始融化。当颗粒尺寸降到 10nm 以下时，纳米尺寸效应更加明显，如纳米银颗粒小于 2nm 时熔点为 150℃ 左右。纳米尺度的银和铜的熔化温度可降低至 100~300℃，因此利用纳米尺度材料可以在较低温度下实现材料的烧结。在目前报道的已规模生产的喷墨纳米金属油墨产品中，粒径大多为 10~15nm，烧结温度为 130~200℃，电阻率为 2.3~4μΩ·cm。

此外，不同保护剂与纳米金属核的作用力强弱也会影响烧结温度。相对于大分子保护剂，小分子保护剂更容易脱附，如带有极性基团的长链烷烃（十二烷基硫醇、十二烷基胺、十二烷基酸等）包覆的银纳米颗粒在 120~200℃ 下烧结 30~60min，可将小分子的保护剂等杂质除去，实现纳米银的紧密堆积，得到连续的导电层，形成颗粒间的有效导电。而聚乙烯吡咯烷酮大分子包覆的纳米银颗粒，至少在 150℃ 以上才开始烧结。

一个完整的烧结过程按照发生顺序可分为初始、中间和最终 3 个阶段，即脱附、接触、成颈，如图 6-4 所示。

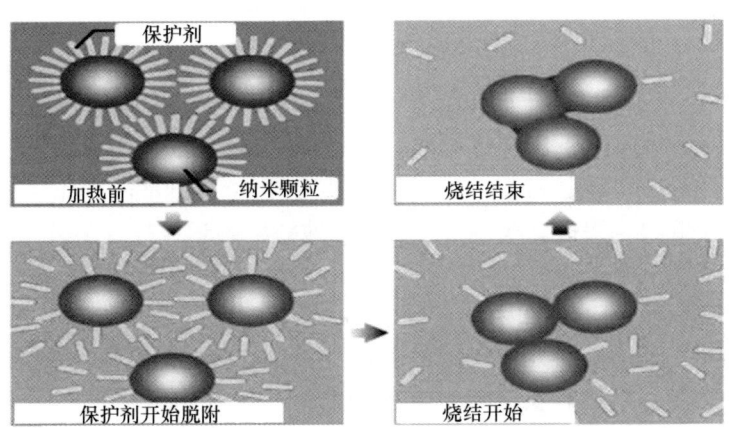

图 6-4　有包覆层的纳米颗粒的烧结过程

（1）初始阶段　在热驱动作用下，保护剂从颗粒表面脱附。脱附可减小纳米颗粒表面保护剂的厚度，有助于提高隧道电流、增大导电颗粒的接触面积及涂层致密程度，减小接触电阻。

（2）中间阶段　颗粒在烧结驱动力的作用下旋转、滑移到更稳定的位置，颗粒之间相互接触、收缩，在界面处开始形成烧结颈（neck）。

（3）最终阶段　原子向烧结颈区域的迁移使颗粒间距离缩小、颈不断长大，从而纳米颗粒相互合并融合，由点接触变为面接触。这些渗透通道连接相邻颗粒实现高导电性，而非通过完全坍塌合并形成块体实现高导电。

烧结过程就是体系自由能减小的过程，即系统相对于烧结前处于一个较低能量状态。烧结过程中颗粒间形成烧结颈，使系统的表面能降低，系统的总能量有所减少。烧结的驱动力主要来自颗粒系统的表面能和界面能。因此，颗粒越小，颗粒系统所具有的表面能越高，致密化的过程就越容易发生，颗粒的烧结活性也就越大。

印刷电子常用基材有聚酯、聚酰亚胺、纸张等，其中聚酯玻璃化温度（Tg）只有80℃，极限处理温度为120℃，决定了其热处理温度上限，超出则发生热变形；而聚酰亚胺 Tg 高达410℃，可耐300℃，适用于对透光率无要求的、热处理温度高的烧结条件。纸张在高温加热过程中容易变黄，也不适合高温热烧结。

Lee 等采用凹印印刷方法在聚酰亚胺膜上印刷微米银导电油墨，然后用 5m 长的烘道在 150℃ 干燥 2.5min 以上，再在 250~400℃ 下烧结[31]。加热温度对纳米银涂层导电性能有影响：随着温度的升高，膜层的电阻率逐渐减小；当烧结温度为 250℃ 时，导电膜层的电阻率减小至 $3\mu\Omega\cdot cm$[32]。Liu 等[33]采用 20wt% 含量的纳米银颗粒油墨在硫酸纸上直写并在 180~220℃ 烧结，电阻率为 $2.1\times10^{-6}\Omega\cdot m$。Kim 等将两种不同大小的颗粒混合（300nm 和 55nm），烧结后孔隙明显减少，获得了更紧密堆积的结构，导电性提高了 2 倍以上[32]。北京印刷学院高波老师开发了热烧结设备，将硅油注入到滚筒中，利用硅油传递热量到滚筒上来烧结聚酯基底上的银纳米颗粒，获得了较好效果。烧结后的膜层表面会产生一定孔隙，对导电性有一定影响。李路海老师课题组在低温烧结方面也做了深入的工作，发现包覆剂的厚度对于实现低温烧结非常关键[34]。

6.4.2 光子烧结

光子烧结技术通过高能光子与纳米颗粒相互作用，使纳米颗粒吸收能量后稳定脱附并在很短时间内相互聚集融合，形成功能材料薄膜。光子烧结属于低温快速烧结技术，包括闪灯烧结（强脉冲光烧结）、激光烧结和红外烧结。不同于加热烧结通过热辐射、热传导、热对流实现烧结，烧结时间长，需要在 150℃ 以上处理 30min 以上，速度慢；光子烧结技术由于其能够低温、快速、非接触、选择性地烧结纳米材料且不破坏基底而受到了广泛关注，其应用范围不断扩展。此外，光子烧结可抑制铜纳米颗粒的氧化，对基底的热损伤最小。

（1）闪灯烧结　闪灯烧结是采用宽光谱、高能量的脉冲光对纳米材料墨层固化烧结，也称强脉冲光烧结，作用机理及过程相对复杂。烧结装置由触发控制器、电容器、氙气灯、反射器组成（见图 6-5），膜层距离灯管 1~3mm。烧结时，由控制器控制电容器的充电电压和放电时间，激发大功率的氙气灯管发出脉冲高能强光，约 400kW 的高强度瞬间峰值能量使纳米金属颗粒膜吸光转热达到 250~300℃，而基材温度保持不变，达到不损坏基材的目的。氙气灯脉冲光的发光原理是电源对电容充电，电容再瞬间对灯管放电，依序循环，每秒最高达 100 次。可调节参数包括脉冲个数、光功率、脉冲时间，通过控制电容量（50~2400μF）、电容组电压（500~1500V）、形成脉冲的电感（0~1mH），在 1ms 内最大可射击 99 次脉冲，脉冲光能量最大达 $100J/cm^2$；脉冲持续 1.5~6ms，脉冲间隔时间为 0~20ms。氙气脉冲光提供宽带谱发光，发射光谱为 380~950nm，让墨层固化更容易，基材选择性大；灯管不发热，以达低温目的。闪灯烧结过程中，高曝光能量会导致膜层脱落,可采用多重脉冲来解决,也可通过提高膜与基底的黏附来降低影响[35]。

强脉冲光烧结通过闪灯曝光短暂诱导墨层高温,一方面,由于脉冲时间为几毫秒或更短,传输到墨层下方基底的热有限;另一方面,氙气灯发出的脉冲光被油墨吸收,而不被基底吸收,因此该方法不会损坏基材。通过热模拟发现,对于聚对苯二甲酸乙二醇酯(PET)基底上 1μm 厚的

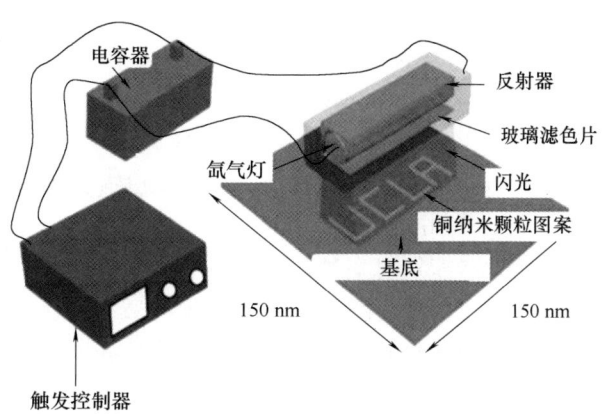

图 6-5 闪灯烧结铜纳米颗粒装置示意图

银膜层,在 300ms 脉冲时间内,诱导银膜最高温度超过 1000℃,而 PET 基底不超过 250℃,并在 8ms 内降低到 150℃。在闪灯烧结过程中,表面的银纳米颗粒先烧结,下层的银纳米颗粒再受热烧结,但是下层纳米颗粒烧结时,溶剂挥发使两层之间出现空洞,并撑破表面层,使电极"起皮"脱落(见图 6-6)。通过优化闪灯烧结的条件,调节不同的光功率及脉冲个数、脉宽,可以消除分层脱落现象,并获得形貌良好的烧结效果。

图 6-6 正常功率烧结获得的铜膜和大功率导致铜膜脱落

闪灯烧结方法更适合铜纳米颗粒膜,采用闪灯烧结技术能实现在大气环境下对铜纳米颗粒油墨和铜盐油墨的烧结,不需要惰性气体或氢气还原阻止氧化。这主要是由于在乙醇、乙二醇还原剂存在下,铜的氧化物等不纯物可通过高的脉冲峰值温度被还原,如脉冲时间足够短,就不会发生再氧化。用强脉冲光处理 PET 基底上喷涂的铜膜,发现在 2ms 的脉冲时间内不会发生再氧化反应。Ryu 等发现烧结过程中 Cu/Cu_2O 颗粒表面包覆的聚乙烯吡咯烷酮可作为还原剂,在脉冲光辐射聚乙烯吡咯烷酮过程中形成弱酸或端羟基中间体,聚乙烯吡咯烷酮具有还原特性,类似于醇还原剂的作用,使氧化铜层还原成铜,最终获得了纯铜的导电电极电路[36]。

闪灯烧结在几毫秒室温下即可完成,可在线快速大面积(增加灯管数量来扩展烧结面积)烧结,均匀性好,室温下烧结不损坏基底,基底选择性广。利用闪灯烧结技术可以搭建快速、大面积的烧结系统。将闪灯烧结装置集成在印刷设备中,可对银纳米油墨卷对卷在线烧结。

(2)激光烧结 激光分为连续激光和脉冲激光,激光烧结技术是采用连续或脉冲激光照射纳米材料膜层,利用激光能量作用产生的热量,使墨层材料固化烧结,实现材料的功能化。通常采用光纤激光器作为激光光源,波长有 488nm、514nm、780nm、940nm 和 1064nm。

连续激光主要控制参数是功率和时间。采用连续激光对纳米材料油墨进行烧结时，产生的线宽都大于十几微米，甚至达几十微米，主要原因是光学衍射极限及热导时间效应，即连续激光的热导时间较长，热量从烧结区内传递到了烧结区外，从而引起烧结区域的加宽。不同激光功率、扫描速度对线宽存在影响，相同功率条件下，扫描速度越快线宽越窄，其原因是材料烧结时扫描速度越快，热导时间越短，有利于获得较窄线条。

脉冲激光器能发射毫秒及微秒的脉冲激光，频率达几千赫兹。利用脉冲激光进行油墨材料烧结时，能获得更小的线宽和热导区域。由于脉冲激光的脉冲能量较大，在进行材料烧结时需要更好地控制激光的能量，防止能量过高烧蚀掉膜层和损坏基材[37]。分析激光与金纳米颗粒之间的能量交换机理，发现能量耗散与颗粒尺寸之间呈非指数关系，并且能量耗散的时间常数与颗粒的表面积成正比。在进行纳米颗粒烧结时，激光激发的电子与纳米颗粒的电子散射产生热电子，热电子与颗粒晶体的声子耦合达到与晶格的能量平衡，这一过程与块状材料的能量传递过程相同，但是由于纳米颗粒的尺寸很小，颗粒随后通过声子-声子耦合与周围的环境达到热平衡。纳米颗粒尺寸越小，其能量耗散时间越短。

中科院苏州纳米技术与纳米仿生研究所搭建了图6-7所示的连续激光烧结装置，并将该装置与气溶胶打印设备集成，实现了纳米材料油墨打印与烧结的自动化，并且利用该装置实现13μm线宽的烧结。

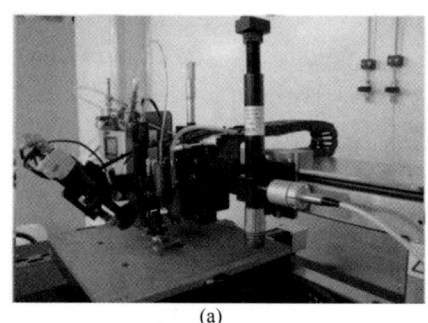 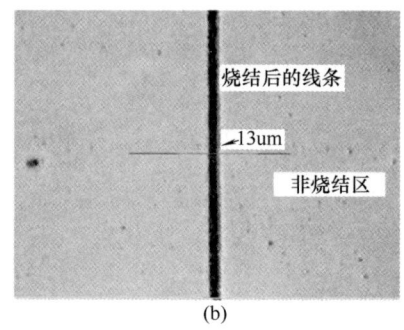

图6-7 连续激光烧结装置（a）及烧结的图案（b）

理论上，若激光波长与油墨材料的吸收峰相近，其能量转换效率会较高，但由于激光的高能热效应，即使是波长不在吸收峰附近的激光，也能实现纳米材料的烧结。因此，可以用780nm、940nm、1064nm波长的激光进行纳米材料的烧结研究。但是不论采用何种波长的激光进行纳米材料油墨的烧结，其烧结装置基本组成都如图6-8所示，包括激光器、光纤、分光镜、透镜等。首先将激光器发射的激光整形成平行光，然后通过偏振分光镜（PBS）进行分光，透射光的部分可以通过能量计进行能量测量，反射光的部分形成一个无限远校正光学系统；在该系统的下端通过显微物镜对激光进行聚焦，上端通过电荷耦合器件（CCD）传感器观察烧结时光斑的情况。在该光路中能自由增加滤波片等光学元件，有利于提高光束质量。待烧结的样品放置于XY电动平移台上，通过振镜扫描器（Galvano-mirror scanner）可实现微米大小的激光光斑快速扫描形成线，通过控制平台的移动速度和方向实现膜平面的烧结。

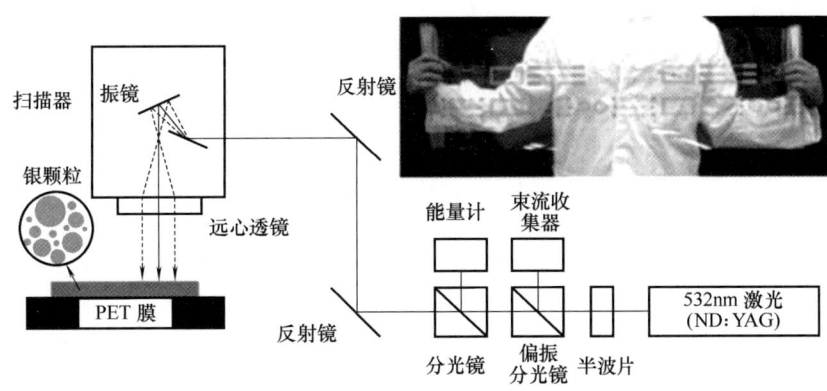

图 6-8　激光烧结的光路图及烧结的大面积银颗粒图案

总之，激光烧结特点如下：通过调整激光强度使激光对基底热损伤最小；通过光学透镜组整形聚焦后能获得较小的光斑，可使热影响的区域最小；激光能量集中，所需烧结时间短、高效；室温可进行；通过调整能量可把不需要的膜层去除掉，保留未被激光扫描的膜层区域，可实现精细的图形（5μm 以下）。

利用波长为 514nm 的连续氩离子激光对喷墨打印的金电极进行烧结，发现激光能量为高斯分布时，油墨在烧结区域出现热毛细现象，纳米颗粒向两边移动，产生类似"咖啡环"现象，使烧结区域轮廓呈现火山状；在 100mW 的低功率激光下，由于马兰戈尼效应，在烧结区的两边出现了间隔约 8μm、高度为 0.5~1μm 的尖刺形貌。为了克服单束激光能量分布不均所引起的形貌缺陷，采用"心"形双光束进行金电极烧结，获得了与块状材料相近的导电性，形貌较平整。

（3）红外烧结　红外烧结是利用红外光的热效应对纳米材料墨层固化烧结。虽然纳米颗粒材料油墨在红外区的吸收一般较小，但红外光的热效应能使墨层溶剂快速挥发，纳米颗粒相互聚集并受热融合。研究发现，用红外光对金属纳米颗粒油墨烧结时，随着金属纳米材料的聚集融合，表面反射率会逐步增强，红外光吸收逐步减小，从而形成了一个负反馈效应，有利于防止烧结时温度过高引起的样品损伤。

红外烧结能实现对纳米材料墨层的快速、大面积烧结。用大功率的红外灯照射喷墨打印在纸基上的银纳米颗粒电极，在 20s 内得到小于 6μΩ·cm 的电极。同时，由于塑料等透明柔性衬底对近红外区的吸收很小，利用光子烧结技术时，聚合物衬底的温升很低，实现纳米银颗粒的熔融粘连，有利于低温柔性印刷电子器件的制备。例如，PET 对近红外光的吸收较小，所以红外烧结主要采用短波红外光进行纳米材料油墨的烧结，不损伤 PET 基底，可获得与烘箱烧结相当的导电性。

光子烧结技术包含的闪灯、激光、红外烧结方式各自具有鲜明的特点和应用范围。关于闪灯烧结设备，目前主要的厂商是美国的 Xenon 公司和 NovaCentrix 公司，还有德国 Heraeus 公司。其中，Xenon 公司开发了几种生产型和研发型闪灯烧结设备，应用于金属导电油墨及半导体油墨的烧结中，并于 2016 年推出了卷到卷的闪灯烧结设备（Sinteror 5000）。NovaCentrix 公司开发了单张及卷对卷闪灯烧结设备，但其针对的材料主要是其公司开发的金属纳米材料油墨。激光烧结设备一般采用光纤激光器作为激光光源（如美国 IPG 公司的光纤激光器），通过光学透镜组整形聚焦后能获得较小的光斑，以实现精细的图形化烧结。红外烧结装置可以实现快速、大面积烧结。2013 年，德国的 3D Micromac 公司采用 Heraeus 公司的红外设备，进行了大面积卷对卷在线烧结。随着印刷电子技术的发展及对大面积、快速、成膜性好及高分辨率的烧结技术的研发，光子烧结技术将发挥重要的作用和优势，并将得到更加广泛的实际应用[38]。

6.4.3 其他后处理技术

除了以上两种主要烧结技术外，人们也在开发微波烧结、化学烧结、热压烧结、等离子体烧结等烧结技术。

（1）微波烧结　微波烧结的基本原理是纳米金属受到一定功率的微波辐射，内部会产生涡流，从而产生能量，使纳米金属表面的保护剂脱去。烧结时，金属颗粒对微波有很强的吸收能力；而热塑性的塑料聚合物在低于玻璃化温度时，偶极子极化很小，对微波辐射吸收很少，就像是透明的，基本不吸收微波的能量。因此，采用微波烧结可避免衬底承受较高的温度，大幅缩短烧结时间，但对设备要求高。与加热方式相比，微波烧结具有均匀、快速、体积加热的特点。采用微波法烧结银颗粒，获得的电导率为块体银电导率的 10%～40%。Perelaer 等研究微波烧结喷墨印刷在 PI 基板上的纳米银导电膜层，经 4min 烧结处理使导电涂层的电阻率达到 $30\mu\Omega \cdot cm$[39]。将微波与等离子体结合、微波与光子结合，可以提高烧结效率，获得更好的烧结效果。

（2）化学烧结　化学烧结不同于以上的物理烧结，不是靠产生热量来使纳米金属颗粒表面的保护剂脱附，而是通过喷涂或在油墨中提前加入化学试剂的方法，一般在常温下即可脱附保护剂从而使颗粒紧密接触。化学烧结法具有节能、快速、简单等优点。

Magdassi 等在化学烧结方面做了一系列工作，发现当聚丙烯酸钠包覆的带负电的银颗粒，与带有相反电荷的聚二烯丙基二甲基氯化铵（PDAC）接触时，会自发地聚集而获得较好的导电性（见图 6-9）[40]。经此法烧结的纳米银导电线路的电导率，可达纯银电导率的 20%。这种方法利用电荷中和实现室温下颗粒的"烧结"，可用于热敏感基材如纸张、塑料、聚合物基材上银纳米颗粒的处理。进一步用盐酸蒸汽对打印的聚丙烯酸包覆的纳米颗粒图案进行处理，氯离子诱导

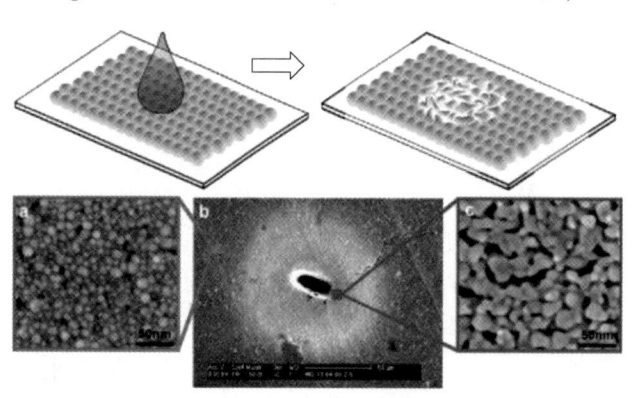

图 6-9　聚二烯丙基二甲基氯化铵烧结
纳米银示意图及 SEM 图

保护剂解吸附并使银颗粒聚集，导电性达到纯银的 40%[41]；在此基础上，在制备的纳米银油墨中掺杂一定浓度的氯化钠溶液，或在打印好的纳米银图案上再打印氯化钠溶液来实现烧结，在室温下得到纯银电导率 40% 的银导电线条（见图 6-10），这主要是利用氯离子与银的强结合性，脱去了银纳米颗粒表面包裹的保护剂聚乙烯吡咯烷酮，使纳米颗粒发生团聚、接触而实现导电[42]。中科院化学研究所的宋延林团队发现氢氧根离子有很强的极化性，比氯离子的脱附效果更好，可使纳米银颗粒表面的聚乙烯吡咯烷酮保护剂快速脱

附团聚。将合适浓度的氢氧化钠溶液均匀喷涂到纳米银导电图案上，可在室温下快速烧结纳米银导电图案，获得良好的导电性。

（3）热压烧结　热压烧结是一种广泛用于粉末冶金的烧结方法，是基于烧结的基本原理，在加热的基础上，通过施加压力增强烧结动力，促进颗粒烧结形成致密薄膜。在烧结过程中，压力起到了两方面作用：一是增加纳米颗粒间接触面积或接触点数目；二是促使纳米颗粒形成更均匀和致密的微观结构。

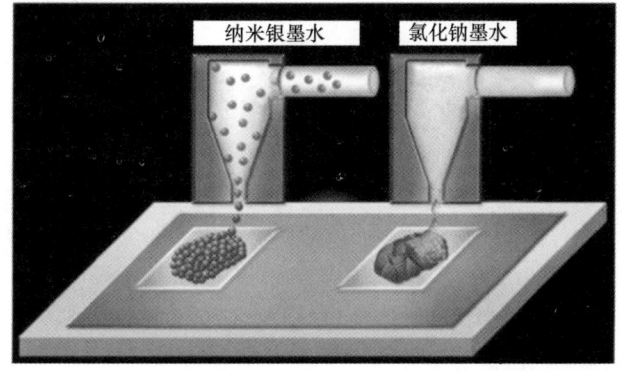

图6-10　喷印氯化钠溶液化学烧结纳米银颗粒示意图

（4）等离子体烧结　等离子体烧结是将印刷出的图案在等离子下曝光处理，从而得到致密层的一种烧结方法。烧结时从薄膜表层逐层烧结，直至烧结成块体。等离子体可通过施加足够的能量（如热、电流、电磁辐射）而产生，其化学性质依赖于激发等离子体的供给气体。通过选择氢气、氧气、氮气，等离子体可分别具有还原性、氧化性、惰性。选择合适的电极结构、配置适宜的电压激发装置，可产生足够多的低温等离子体实现材料的烧结。在等离子体烧结金属纳米颗粒时，激发出的高能等离子活性物质可以分解包覆在纳米颗粒外层的有机包覆层，通过断链形成小分子化合物。这些小分子化合物在低压等离子体中被挥发掉，留下脱去包覆层的金属纳米颗粒，促使颗粒间连接。而烧结金属前驱体油墨时，银盐离子会被高能氩离子（氩气等离子体处理产生的）轰击分解，最后剩下金属颗粒，形成导电层。

综上所述，湿法化学方法批量制备的金属纳米颗粒，其表面通常会包覆有机物，这影响印刷膜层的导电性，需通过加热、光、微波、压力等物理烧结和化学烧结方法，增加纳米颗粒之间渗透路径，提高导电性。烘箱加热耗时、成本高，并且高的加热温度限制了塑料基材的应用。而激光、强脉冲光，可在相对小的时间窗口提供高的、集中的能量快速烧结，可与高速卷到卷印刷工艺兼容，具有较大优势。需要指出的是，导电油墨印刷中的干燥固化，也是影响导电油墨性能的一个因素。例如，单组分丙烯酸树脂或乙烯类树脂组成的常温固化导电油墨，随着干燥的进行体积电阻值减小，这主要是由于随着干燥固化的持续，增加了分散颗粒的接触概率。导电银浆中的各种溶剂与助剂也对电阻率有一定影响，要使它们从电路中释放出来，主要靠热风干燥，干燥温度一般控制在85~90℃，在热风下恒温40min。实践证明，干燥不彻底的导电图形，往往比干燥彻底的图形阻值高数十倍以上。

复习思考题

1. 常用导电油墨的基本组成与性能之间的关系。
2. 简述纳米金属导电油墨的制备工艺。
3. 纳米金属导电油墨常用的后处理方法有哪些？
4. 热烧结的烧结过程分为几个阶段，分别是什么？

参 考 文 献

[1] 辛智青, 胡堃. 印刷制造原理与技术 [M]. 北京: 文化发展出版社, 2019.
[2] 李路海, 莫黎昕, 冉军, 等. 导电油墨及其应用技术进展 [J]. 影像科学与光化学, 2014, 32 (4): 9.
[3] 李伟伟, 莫黎昕, 付继兰, 等. 晶型可控纳米银合成的简单方法及表征 [J]. 稀有金属材料与工程, 2013, 42 (8): 4.
[4] 刘春华, 李春丽. 纳米银粒子的制备方法进展 [J]. 化学研究与应用, 2010, 22 (6): 4.
[5] KIM D, MOON J. Highly Conductive Ink Jet Printed Films of Nanosilver Particles for Printable Electronics [J]. Electrochemical and solid-state letters, 2005, 8 (11): J30.
[6] PARK B K, KIM D, JEONG S. Direct writing of copper conductive patterns by ink-jet printing [J]. Thin Solid Films, 2007, 515 (19): 7706-7711.
[7] LEE H H, CHOU K S, HUANG K C. Inkjet printing of nanosized silver colloids [J]. Nanotechnology, 2005, 16 (10): 2436-2441.
[8] NGUYEN B T, GAUTROT J E, NGUYEN M T, et al. Nitrocellulose-stabilized silver nanoparticles as low conversion temperature precursors useful for inkjet printed electronics [J]. Journal of Materials Chemistry, 2007, 17 (17): 1725.
[9] BIERI N R, CHUNG J, POULIKAKOS D, et al. Manufacturing of nanoscale thickness gold lines by laser curing of a discretely deposited nanoparticle suspension [J]. Superlattices & Microstructures, 2004, 35 (3/6): 437-444.
[10] HUANG D, LIAO F, MOLESA S, et al. Plastic-compatible low resistance printable gold nanoparticle conductors for flexible electronics [J]. Journal of The Electrochemical Society, 2003, 150 (7): 412.
[11] VOLKMAN S K, PEI Y, REDINGER D, et al. Ink-jetted Silver/Copper conductors for printed RFID applications [J]. Mrs Proceedings, 2004, 814: 24-29.
[12] LI Y, WU Y, ONG B S. Facile synthesis of silver nanoparticles useful for fabrication of high-conductivity elements for printed electronics [J]. Journal of the American Chemical Society, 2005, 127 (10): 3266-3267.
[13] WU Y, LI Y, LIU P, et al. Studies of Gold Nanoparticles as Precursors to Printed Conductive Features for Thin-Film Transistors [J]. Chemistry of Materials, 2006, 18 (19): 4627-4632.
[14] LEE K J, JUN B H, KIM T H, et al. Direct synthesis and inkjetting of silver nanocrystals toward printed electronics [J]. Nanotechnology, 2006, 17 (9): 2424-2428.
[15] MO L, GUO Z, WANG Z, et al. Nano-silver ink of high conductivity and low sintering temperature for paper electronics [J]. Nanoscale Res Lett, 2019, 14 (1): 197.
[16] KIM D, JEONG S, MOON J. Synthesis of silver nanoparticles using the polyol process and the influence of precursor injection [J]. Appleton Century Crofts, 2006, 17 (16): 4019-4024.
[17] KIM D, JEONG S, PARK B K. Synthesis and size control of monodisperse copper nanoparticles by polyol method [J]. Journal of Colloid and Interface Science, 2007, 311 (2): 417-424.
[18] CHOU K S, REN C Y. Synthesis of nanosized silver particles by chemical reduction method [J]. Materials Chemistry and Physics, 2009, 64 (3): 241-246.
[19] LU Y C, CHOU K S. A simple and effective route for the synthesis of nano-silver colloidal dispersions

[J]. Journal of the Chinese Institute of Chemical Engineers, 2008, 39 (6): 673-678.

[20] KO S H, PAN H, GRIGOROPOULOS C P, et al. Lithography-free high-resolution inkjet-printed OFET (organic field effect transistor) fabrication on polymer by laser processing; proceedings of the Photon Processing in Microelectronics & Photonics VI, F, 2007 [C].

[21] HOSTETLER M J, WINGATE J E, ZHONG C J, et al. Alkanethiolate Gold Cluster Molecules With Core Diameters From 1. 5 To 5. 2 Nm: Core And Monolayer Properties As A Function Of Core Size [J]. Langmuir, 1998, 14 (1): 17-30.

[22] TENG K F, VEST R W. Metallization of Solar Cells with Ink Jet Printing and Silver Metallo-Organic Inks [J]. IEEE Transactions on Components Hybrids and Manufacturing Technology, 1988, 11 (3): 291-297.

[23] TENG K F, VEST R W. Liquid Ink Jet Printing with MOD Inks for Hybrid Microcircuits [J]. IEEE Transactions on Components, Hybrids, and Manufacturing Technology, 1987, 10 (4): 545-549.

[24] TENG K F, VEST R W. Application of ink jet technology on photovoltaic metallization [J]. IEEE Electron Device Letters, 2002, 9 (11): 591-593.

[25] ROZENBERG G G, BRESLER E, SPEAKMAN S P, et al. Patterned low temperature copper-rich deposits using inkjet printing [J]. Applied Physics Letters, 2002, 81 (27): 5249-5251.

[26] 郑光春, 赵显南, 孔明宣, 等. 有机银络合物、其制造方法及其形成薄层的方法: 200680001222. 9 [P]. 2012-11-07.

[27] 郑光春, 赵显南, 孔明宣, 等. 导电墨水及其制造方法: 200680000687. 2 [P]. 2007-08-01.

[28] 郑光春, 孔明宣, 沈在俊. 有机银化合物及其制备方法、有机银墨水及其直接布线方法: 200480008541. 3 [Z]. 2006-05-03.

[29] CHUNG K C, CHO H N, KIM B H, et al. Process for preparation of silver nanoparticles, and the compositions of silver ink containing the same [Z].

[30] MO L, GUO Z, YANG L, et al. Silver Nanoparticles Based Ink with Moderate Sintering in Flexible and Printed Electronics [J]. Int J Mol Sci, 2019, 20 (9): 2124.

[31] PARK J, NGUYEN H A D, PARK S, et al. Roll-to-roll gravure printed silver patterns to guarantee printability and functionality for mass production [J]. Current Applied Physics, 2015, 15 (3): 367-376.

[32] AMERT A K, OH D H, KIM N S. A simulation and experimental study on packing of nanoinks to attain better conductivity [J]. Journal of Applied Physics, 2010, 108 (10): 102806.

[33] YANG W, LIU C, ZHANG Z, et al. Paper-based nanosilver conductive ink [J]. Journal of Materials Science: Materials in Electronics, 2012, 24 (2): 628-634.

[34] 刘世丽, 辛智青, 李修, 等. 导电材料在透明电极中的应用研究 [J]. 功能材料与器件学报, 2015, 21 (4): 6.

[35] FARNSWORTH S, SCHRODER K, WENZ B, et al. 32. 4: Invited Paper: Broad Implications Arising from Photonic Curing Process For Printed Electronics and Displays [J]. Blackwell Publishing Ltd, 2012, 43 (1): 430-433.

[36] RYU J, KIM H S, HAHN H T. Reactive Sintering of Copper Nanoparticles Using Intense Pulsed Light for Printed Electronics [J]. Journal of Electronic Materials, 2010, 40 (1): 42-50.

[37] PENG P, HU A, ZHOU Y. Laser sintering of silver nanoparticle thin films: microstructure and optical properties [J]. Applied Physics A, 2012, 108 (3): 685-691.

[38] 顾唯兵, 林剑, 陈征, 等. 光子烧结技术在印刷电子技术中的应用研究进展 [J]. 影像科学与光化学, 2014, 32 (4): 303-313.

[39] PERELAER J, DE GANS B J, SCHUBERT U S. Ink-jet Printing and Microwave Sintering of Conductive Silver Tracks [J]. Advanced Materials, 2006, 18 (16): 2101-2104.

[40] MAGDASSI S, GROUCHKO M, BEREZIN O, et al. Triggering the sintering of silver nanoparticles at room temperature [J]. Acs Nano, 2010, 4 (4): 1943-1948.

[41] LAYANI M, MAGDASSI S. Flexible transparent conductive coatings by combining self-assembly with sintering of silver nanoparticles performed at room temperature [J]. Journal of Materials Chemistry, 2011, 21 (2011): 15378-15382.

[42] GROUCHKO M, KAMYSHNY A, MIHAILESCU C F, et al. Conductive Inks with a "Built-In" Mechanism That Enables Sintering at Room Temperature [J]. ACS Nano, 2011, 5 (4): 3354-3359.

第7章 柔性透明导电膜

7.1 引 言

透明导电膜（transparent conductive film，TCF）是指在可见光范围内（$\lambda = 380 \sim 780\mathrm{nm}$）有较高的透光率（平均透光率 $T>80\%$）和较好的导电性（$\rho<10^{-3}\Omega\cdot\mathrm{cm}$）的薄膜材料。自然界中，玻璃、水晶等透明物质通常都不导电；导电材料往往不透明，如金属、炭黑等。透明导电膜作为一种既导电又透明的材料，在印刷电子中具备广泛的应用前景，是光电器件的基础原材料。例如，平面显示器、触控面板、太阳能电池、电子纸、PDLC 调光玻璃、OLED 照明等光电产品都须用到透明导电膜。目前，应用最为广泛的透明导电膜是在玻璃或 PET 薄膜基材上通过真空沉积法制备的掺锡氧化铟（Indium Tin Oxide，ITO）薄膜，但其存在制备工艺复杂、成本高、质脆、弯曲后导电性下降大等缺点，限制了透明导电薄膜在新型柔性印刷电子器件中的应用。因此，开发兼具优良光电特性与柔性的透明导电膜，以及大面积、批量化制备方法备受关注[1,2]。

从物理学角度看，物质的透光性和导电性是一对矛盾属性。为了使材料具有导电性，根据能带理论，其费米球附近的能级分布密集，被电子占据的满价带能级和空导带能级之间不存在带隙。此时，当有入射光进入时，容易产生内光电效应，光子由于激发电子失掉能量而衰减，故无法透过物质。因此，从增强透光性的角度不希望产生内光电效应，故要求其禁带宽度必须大于光子能量[3]。从光学角度考虑，载流子可看作一种等离子体状态，与光的交互作用很强，当入射光的频率小于材料载流子的等离子体频率（plasma frequency）时，入射光会被反射。因此，材料的载流子等离子体频率在光谱中的位置是可见光波段（$380 \sim 760\mathrm{nm}$）能否透过物质的决定因素。金属薄膜的等离子体频率在紫外光区，所以可见光无法穿透金属，故金属不透明。降低金属薄膜厚度是增加光线穿透度的一个方法，但是过薄的金属薄膜可能会带来薄膜稳定性差的问题，不利于应用。金属氧化物的等离子体频率落在红外光区，因此可见光能透过金属氧化物呈现透明状态。但是，金属氧化物能隙（energy band gap）太大，载流子浓度有限，故金属氧化物的导电性差。提升载流子浓度、掺杂（doping）或制造缺陷等方式将有助于提高金属氧化物的导电性。

透明导电膜根据材料及其微观形态可分为金属氧化物膜、超薄金属膜、导电高分子膜、碳基材料膜、纳米金属线膜、金属栅格膜等。其中，以 ITO 和掺铝氧化锌（aluminum zinc oxide，AZO）等为代表的金属氧化物透明导电薄膜是目前技术最为成熟、应用最多的类型。导电高分子膜、碳基材料膜、纳米金属线膜、金属栅格膜等新型柔性透明导电膜则更多地在柔性与印刷电子器件中逐渐扮演重要角色。图 7-1 比较了不同类型的透明导电薄膜表面电阻和透光率。本章将就上述几种主要柔性透明导电膜的原理、制备方法及其应用进行介绍。

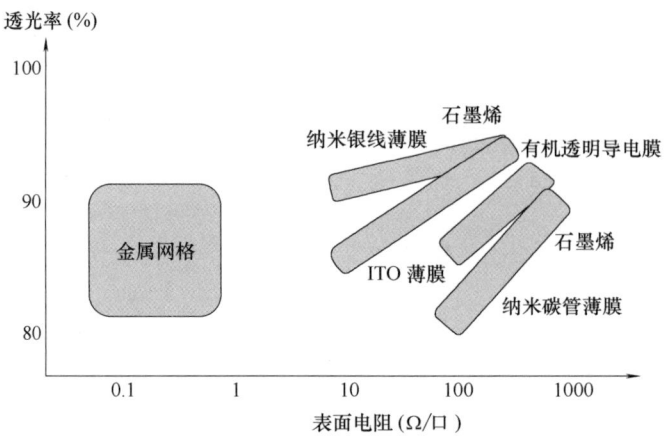

图 7-1 不同类型的透明导电薄膜表面电阻和透光率对比[4]

7.2 金属氧化物透明导电膜

7.2.1 金属氧化物透明导电膜简介

透明导电氧化物薄膜（transparent conductive oxide，TCO）从组成成分上讲是金属氧化物，从性能上讲是一种半导体薄膜材料。20 世纪初科学家 Badeker 首次成功采用辉光放电法研制出了兼具透光性和导电性的 CdO（氧化镉）薄膜，从此透明导电氧化物薄膜开始被广泛探究并应用。在 20 世纪 50 年代伴随着第三次科技革命的发展，以及半导体工业、各类光电产业的发展，科学家们相继研制出 SnO_2、In_2O 等透明导电薄膜。在 20 世纪 60 年代，人们发现以氧化铟为主体掺杂氧化锡制备的 ITO 薄膜具有高导电性和可见光范围内高透光性的特点，因此 ITO 薄膜被广泛应用到电磁屏蔽、传感器、平面显示等各类领域。国内外科研领域的掺杂体系主要有 ZnO:Al（AZO）、ZnO:Ga（GZO）、SnO_2:F（FTO）、SnO_2:Sb（ATO）、In_2O_3:SnO_2（ITO）等。这些多元掺杂系的透明导电薄膜的禁带宽度都在 3eV 以上，在可见光范围内（300~800nm）的能量（1.6~3.1eV）不能激发价带电子到导带上而发生光吸收，并且薄膜内的自由电子浓度在 $1 \times 10^{19} cm^{-3}$ 以上，能够具有和金属一样良好的导电性。

在众多透明导电氧化物薄膜中，ITO 薄膜具有导电性能好、可见光透射率高、紫外吸收性高、红外反射性高等优势，应用最为广泛。但 ITO 薄膜存在方阻高、柔性差等不足之处，另外铟元素有毒、自然储量少、价高等缺点也促使新材料的研发。

铟锡金属氧化物（ITO）无论用何种方法制备，它的结构都是固定的立方 In_2O_3 结构。工艺不同其多晶体结构的主取向也会不一样，略微影响其性能参数。ITO 薄膜导电性能的主要指标有面电阻、膜厚和电阻率。ITO 薄膜的透光性主要与材料本身制备条件及薄膜沉积的厚度相关，图 7-1 所示为 ITO 及其替代物透光率和导电性能对比。相对来说，在制备 ITO 薄膜时要想获得不同的膜厚是容易的，只需要调节薄膜沉积速度和沉积时间，而且精度和均匀性可以通过不同的工艺手段和方法来解决。而薄膜电阻率是决定 ITO 薄膜性能的关键因素。ITO 材料内部载流子浓度和载流子迁移率与其电阻率直接相关，载流子浓度和迁移率越低，ITO 薄膜的电阻率就越大，反之亦然。载流子浓度和 ITO 薄膜内部的锡、氧原子占比有关，通过改变锡、氧原子比例可调节薄膜电阻率[5]。研究表明，通常情况下，当 SnO_2 和 In_2O_3 的比例为 1∶9 时，ITO 薄膜在红外光区域和可见光区域内的透光率可高于 90%。

氧化锌（ZnO）是一种 n 型 Ⅱ-Ⅵ 族半导体，其本征电导率较差，但在 ZnO 薄膜中掺入比 Zn 多一价的金属阳离子（Al^{3+}、In^{3+} 等），可以有效地改善薄膜电学性能。掺铝氧化锌薄膜（AZO）是建立在 ZnO 基底上的 TCO 薄膜，结构是六方纤锌矿型，其光学禁带宽度可以达到 3.2eV，再加上 Zn 的储量丰富、无毒，而且比 ITO 容易腐蚀和实现掺杂，使得对这种基底薄膜的研究发展迅速。如果不掺入 B、Al、In 等 Ⅲ 族元素或 Ⅳ 族元素的话，其薄膜电阻率虽然可以低至 $4.5×10^{-4}\Omega \cdot cm$，但温度一旦超过 150℃，其光学性能和电学性能就不再稳定了，故掺 Al 的 AZO 薄膜是比较节约成本的好性能薄膜。若同时追求高透光率、高电导率及性能稳定，ITO 薄膜依然是最具光电性能优势的首选。

7.2.2 制备方法

科研学者不断利用多种方法制备 TCO 薄膜，以求得高透光率、高导电性的材料。近年来，人们逐渐把薄膜制备的技术应用于生产 TCO 薄膜上。总的来说 TCO 薄膜的制备方法有物理方法和化学方法两类，主要有磁控溅射法、化学气相沉积法、真空蒸发镀膜法、溶胶-凝胶法等。在上述制备方法中，磁控溅射法和化学气相沉积法应用比较广，综合成本、效率、工艺、质量等诸多因素，磁控溅射法被公认为是制备透明导电膜的最好方法，并已成为实用镀膜领域的主要制备技术。

(1) 磁控溅射法　磁控溅射法（physical vapor deposition，PVD）在现今透明导电薄膜的制备过程中应用十分普遍。其基本原理是 $Ar-O_2$ 混合气体中的等离子体在受到电场及交变磁场的作用下，受到加速的高能粒子会对靶材表面进行轰击，在产生能量交换以后，靶材表面的原子从原晶格之中逸出，转移至基体表面产生膜。其特征是成膜速度快、基片温度低，能够满足大面积镀膜的要求。不足之处是实际需要的设备复杂程度高、设备成本高，受影响的因素也相对较多。

(2) 化学气相沉积法　化学气相沉积法（chemical vapor deposition，CVD）的原理是利用气态的先驱反应物通过原子、分子间进行的化学反应，获得固态薄膜。制备 ITO 薄膜就是将铟和锡的有机物进行气化，然后通过气态反应物在基材表面发生化学反应进而沉积成 ITO 透明导电膜。Sawada 等[6]以三氯化铟和氯化锡为原材料，采用 CVD 法制备出 ITO 透明导电膜，在空气中进行 350℃ 热处理后，薄膜电阻率为 $1.9×10^{-4}\Omega \cdot cm$；在 N_2/H_2 的混合气氛中（H_2 含量为 0.1%）进行 600℃ 热处理后薄膜电阻率为 $9.5×10^{-5}\Omega \cdot cm$。化学气相沉积法制备薄膜的过程中，所选的反应物必须有足够高的蒸气压，以保证反应物气化过程的顺利进行。而沉积物必须同时具有足够低的蒸气压，才能保证反应产物能够很好地沉积在基材上。尽管该方法制备的薄膜电阻率较低、透光率较高，但因其需要先制备具有高蒸发速度的铟锡前驱体，从而成本较高。

(3) 真空蒸发镀膜法　真空蒸发镀膜是通过在真空中加热固体材料，使其升华或蒸发并沉积在预设基底上而得到薄膜的工艺方法。真空蒸发镀膜过程大体可分为以下 3 步：

1）加热靶材料使其熔化蒸发或升华。2）蒸气由靶材料扩散到衬底。3）蒸气于衬底表层凝结为固体薄膜。真空蒸发镀膜机最关键的部件是蒸发源，按蒸发源的不同，可以把真空蒸发镀膜分成电子束蒸发、电阻热蒸发、激光束蒸发、高频感应蒸发4类。真空蒸发镀膜法的优点是方便调控镀膜成分，所需设备较为简单，适合较大面积薄膜的制备。但是缺点很多，如不能实现薄膜的均匀、统一，无法保证薄膜质量，会产生较多杂质和缺陷，重复性欠佳，等等。

（4）溶胶-凝胶法　溶胶-凝胶法把金属有机化合物、金属无机化合物或前述两类混合物当作前驱体，并溶解在溶剂中形成溶胶，再通过水解缩聚反应逐渐凝胶化，然后采取干燥、烧结或热处理等后续处理工序获取目标化合物，最后使用上述产物沉积在基片上形成所需薄膜材料。以硝酸铟和氯化锡为原料，以玻璃为基材制备ITO透明导电膜，在400℃条件下进行热处理后，可得到电阻率为$1.5\times10^{-3}\Omega\cdot cm$、透光率为80%的ITO薄膜。溶胶-凝胶法的优点是整个过程不需要真空条件及附属设备，生产成本相对较低，制备过程原料损耗少，容易制备大面积的薄膜。

7.3　超薄金属透明导电膜

7.3.1　超薄金属透明导电膜简介

超薄金属导电薄膜是指厚度低于趋肤深度的金属薄膜。金属良好的导电性和延展性赋予薄膜较低的表面电阻和较好的柔性，同时通过降低薄膜厚度可以提高透光率，因而超薄金属导电薄膜是一种理想的柔性透明导电膜[7]。

超薄金属导电薄膜的光电特性主要取决于薄膜材料和厚度。Au、Ag、Cu等过渡金属在可见光和近红外波段具有较高的透光率，是常见的超薄金属薄膜材料。其中Ag在可见光波段的光学损耗最低且具有最低的电阻率（$1.62\times10^{-8}\Omega\cdot m$），是金属基透明导电膜中最常用的金属材料。要获得良好的光电性能，超薄金属导电薄膜的厚度需达到阈值厚度，即薄膜开始连续生长的厚度，以呈现连续状态。进一步增加薄膜厚度可继续降低电阻率，然而薄膜厚度的增加会使透光率下降。因此，要想使超薄金属导电薄膜同时具有低电阻和高透光率，关键是降低金属薄膜的阈值厚度。尽管如此，单层超薄金属导电薄膜的透光率往往还是不足以满足器件的使用需求，根据计算，10nm厚度的Ag金属膜可达到的理论透光率约为70%，其反射率较高。将金属层插入具有高折射率的介电层之间，形成介电层/金属层/介电层（D/M/D）复合结构，是提高金属薄膜透光率的有效途径。D/M/D多层结构透明导电膜可采用磁控溅射、原子层沉积、热蒸镀等方法制备，并与卷对卷生产工艺兼容，从而实现大规模制备。

7.3.2　制备方法

几乎所有常用的薄膜生长技术都可用来制备超薄金属薄膜，包括磁控溅射法、原子层沉积法、热蒸镀法以及脉冲激光沉积法等，其制备难点在于如何降低阈值厚度。因此，本小节主要总结阐述降低超薄金属薄膜（特别是超薄Ag薄膜）阈值厚度的方法及原理，主要方法包括添加氧化物缓冲层和金属种子层、表面处理、掺杂及低温沉积等。

（1）添加氧化物缓冲层　金属薄膜在氧化物缓冲层表面的润湿程度主要取决于金属与氧化物界面间的结合强度。较大的结合强度可以有效抑制金属原子的扩散。结合强度主要受界面物理、化学性质影响，如氧化物表面的吸附位点类型、氧化物与金属原子间化学键的性质、金属原子的氧化态及相邻金属原子间的结合强度[8]。常用的氧化物缓冲层一般是高度透明的导体或半导体，如ITO、ZnO、ZnS等。Sahu等[9]以20nm ZnO为氧化物缓冲层，在其表面制得阈值厚度低至6nm的超薄Ag薄膜。当厚度为6nm时，所得超薄Ag薄膜的最大透光率为95%，方阻小于5Ω/□。

（2）添加金属种子层　Schwab等[10]通过引入MoO_3-Au种子层体系，利用热蒸镀法在玻璃表面制备7nm光滑连续的超薄Ag薄膜。直接沉积于玻璃表面的7nm Ag薄膜具有较低的透光率及较高的方阻，而采用MoO_3-Au种子层体系沉积所得的Ag薄膜在厚度为7nm时具有与在玻璃上直接沉积的ITO薄膜相比拟的光电性能。由于Au的表面能大于Ag的表面能，Ag在Au表面具有更好的润湿效果，因此Au种子层的引入有助于形成阈值厚度较低且光滑连续的超薄Ag薄膜。尽管引入金属种子层是一种有效的提高金属薄膜润湿性的方法，然而，金属层的引入仍然在一定程度上降低了金属薄膜的透光率。目前常用的低光学损耗的金属种子层主要是Al、Au、Cu等。

（3）表面处理　利用表面处理制备超薄金属薄膜的方法通常是在衬底表面引入聚合物分子层，利用聚合物分子层的官能团与金属原子间的键合作用抑制金属原子的扩散。Stec等[11]在玻璃表面引入（3-氨基丙基）三甲氧基硅烷（APTMS）和（3-巯基丙基）三甲氧基硅烷（MPTMS）的混合层，得到8nm的超薄Au薄膜。混合层对Au原子扩散的抑制作用主要通过APTMS中的氮原子与Au原子间的配位作用，以及MPTMS中的硫醇与Au原子形成强的共价键来实现。Zou等[12]在引入ZnO缓冲层的基础上，进一步利用11-巯基-十一烷酸（MUA）对ZnO进行表面处理，获得表面更加光滑平整、方阻更低的超薄Ag薄膜。通过MUA上的羧基与ZnO表面的羟基反应形成酯基，巯基与Ag原子键结合，ZnO与Ag原子间的结合强度进一步增强，从而达到抑制Ag原子扩散的效果。不同于金属种子层的引入会带来薄膜光学损耗的问题，聚合物分子层对薄膜光学性能的影响较小、易涂布于聚合物衬底上的特点使其成为制备柔性超薄金属薄膜的理想方法。

（4）掺杂　Gu等[13]通过共溅射在Ag薄膜中掺入含量为4%（原子分数）的Al，制得SiO_2/Si(100)衬底上阈值厚度为6nm且表面均方根粗糙度为0.37nm的Ag-Al薄膜。制得的Ag-Al薄膜在550nm（人眼敏感的波长）处的透光率接近80%，但由于在生长过程中，从环境气氛中扩散到薄膜中的O原子与从薄膜中扩散出来的Al原子结合，在薄膜表层形成包含Al—O键的覆盖层，导致薄膜方阻偏大，为73.9Ω/□。金属掺杂的方法可有效降低超薄金属薄膜的阈值厚度。在薄膜成核过程中，掺杂的金属原子更容易被固定在衬底表面，增加薄膜生长所需的非均相成核位点，从而提升薄膜生长的连续性。掺入少量其他金属来制备超薄金属薄膜是一种制备工艺简单、成本较低的方法，然而，其他金属的掺入可能会引起薄膜的光学损耗问题。此外，目前也有大量关于制备过程中掺入少量气体的研究，使用较多的气体通常含有O、S、N、C等元素。通过掺入气体提高金属薄膜的浸润性主要是依靠气体使金属原子状态发生变化，降低金属原子的表面能，从而提高金属薄膜的稳定性。Zhao等[14]通过采用Ar与N_2气体流量比为50∶0.2的溅射气氛在ZnO表面制得阈值厚度低至6.5nm的CuN_x薄膜。N_2对Cu薄膜生长过程的影响主要在于N原子与

Cu原子间的弱键合在削弱Cu原子间作用力的同时，提高了Cu原子与ZnO表面的键合作用。值得注意的是，掺入气体制备超薄金属薄膜需要将气体含量控制在一定范围内，既要达到提高薄膜浸润性的效果，又要避免过多气体的掺入使金属薄膜导电性下降。目前，这在技术上仍然具有挑战性。此方法的另一个弊端是：在溅射过程中气体的掺入可能会导致靶中毒。

（5）低温沉积　低温沉积也是一种有效制备超薄金属薄膜的方法。低温可以有效抑制金属原子在衬底表面的扩散，使初期生长过程中形成较多尺寸较小的金属团簇，从而增加薄膜的形核位点。Sergeant等[15]通过控制衬底温度和沉积速度来达到提高Ag薄膜浸润性的目的，探究所得的最佳工艺参数为衬底温度-5℃和沉积速率5.5~6A/s。尽管低温沉积可以达到降低金属薄膜阈值厚度的目的，但在实际操作过程中，对温度精确控制的要求和昂贵的设备仍然使该方法的推广面临挑战。

7.4　导电高分子透明导电膜

自从发现掺杂的聚乙炔呈现金属的导电性以来，导电高分子一直是研究的热点。导电高分子是由一些具有共轭π键的聚合物经化学或电化学掺杂后形成的，电导率可从绝缘体延伸到导体范围的一类高分子材料。导电高分子透明导电膜因其导电性在较大范围内可调、韧性好、易加工成型、易大规模工业化生产而逐渐引起广大研究者的兴趣。目前研究的导电高分子基透明导电膜材料主要有网络掺杂聚合物、本征导电聚合物及超微导电颗粒/超细导电纤维填充聚合物三种类型，虽然导电相不同，加入导电相的方式也不同，但它们都是通过在聚合物绝缘介质中把超细导电相变成相互连接的导电网络，从而实现整体材料既具有透明性又有导电性。聚苯胺（PANI）、聚噻吩（PTH）、聚吡咯（PPy）等导电聚合物的衍生物溶解性、环境稳定性良好，常被用来制备高分子透明导电薄膜[3]。

PEDOT:PSS作为一种成熟的导电聚合物被认为是用作下一代透明电极材料的有前途的材料[16]，由于其溶液的可加工性、在可见光范围内的高透明度和出色的热稳定性，在透明电极中得到广泛应用。如Sun等[17]将经过甲磺酸（MSA）处理的PEDOT:PSS涂覆于刚性玻璃和柔性PET基板上，并将其用作钙钛矿型太阳能电池的透明电极。对于基于玻璃衬底的PEDOT:PSS电极的刚性钙钛矿太阳能电池，其最高功率转换效率（PCE）接近11%，而基于PET衬底PEDOT:PSS电极的柔性钙钛矿太阳能电池，其PCE为8%，但柔性钙钛矿太阳能电池具有出色的弯曲机械柔韧性。复合导电高分子透明导电膜应用范围更加广泛。Gu等[18]通过喷涂法在柔性PET表面制备具有夹层结构的CNTs/PEDOT:PSS/CNTs透明导电薄膜（TCFs），CNTs嵌入PEDOT:PSS中经硝酸处理时不易剥离，结构更加稳定，将50wt%的乙二醇（EG）加入到PEDOT:PSS溶液中改进薄膜的导电性，TCFs透光率为87.72%，方阻为95.15/□。当复合透明电极用作有机发光二极管的阳极时，器件的最高亮度在14V时为1598cd/cm^2，最大电流效率在13V时为15cd/A。

7.5　碳基材料透明导电膜

用碳纳米材料制备柔性透明导电膜及相关应用的研究工作主要集中在碳纳米管（包

括单壁碳纳米管和多壁碳纳米管）及石墨烯。碳纳米材料基透明导电膜突出的化学稳定性、良好的基底贴合性、优异的机械柔性，以及可以大量制备并适合连续化制膜的优势使其在新型透明导电膜特别是柔性透明导电膜研究领域仍占有重要的地位。

（1）碳纳米管基透明导电膜制备　碳纳米管基透明导电膜的制备方式主要分为干法和湿法两种，干法是指直接通过化学气相沉积法（CVD）生长碳纳米管薄膜或由碳纳米管阵列拉成薄膜；而湿法是指将碳纳米管分散在合适的溶剂中，通过液相成膜的方法沉积在相应基底上。

干法直接生长碳纳米管薄膜的工作最早由中国科学院物理研究所的解思深院士课题组[19]开展，他们采用浮动催化剂化学气相沉积技术（FCCAD）直接生长出了100nm厚的自支撑的单壁碳纳米管薄膜。该透明导电薄膜具有70%透光率和50Ω/□的方块电阻。另一种干法制备方法是从已生长好的碳纳米管阵列中连续化地拉出碳纳米管薄膜。Zhang等[20]报道了从多壁碳纳米管阵列中连续化抽拉得到了宽度为5cm、长达1m的平行排列的碳纳米管膜。清华大学范守善院士课题组[21]报道了一种透明、柔性、可拉伸的碳纳米管薄膜扬声器，将其安装在17英寸（1英寸=2.54cm）的液晶屏幕上，并展现了其良好的柔性，为碳纳米管基透明导电薄膜开启了崭新的应用方向。

用湿法制备碳纳米管透明导电薄膜的方法有很多，常见的成膜方法有喷涂法、旋涂法、浸渍提拉法、线棒涂膜法、真空抽滤法、喷墨打印法等，这些液相成膜的方法很多都易于实现连续化制膜。斯坦福大学的Bao研究组[22]采用旋涂方法制备了碳纳米管薄膜，该方法对溶液均匀性要求较高，而碳纳米管由于互相之间的范德华力作用而倾向于聚集，为了改善碳纳米管的分散性而不影响导电性，他们加入尽可能少的聚三烷基噻吩（P3AT）作为表面活性剂，旋涂得到的膜经过亚硫酰氯（$SOCl_2$）掺杂后，导电性得到进一步提升，该方法能够简易地实现各种目标基底上柔性透明导电膜的制备。

（2）石墨烯柔性透明导电膜　制备石墨烯透明导电膜主要有两类途径，一类是自下而上地通过CVD得到高质量的单层或少层石墨烯，或通过含苯环的分子前驱体高温下交联得到类石墨烯结构，然后转移到透明的目标基底上；另一类是自上而下地采用溶液的方法制膜，所用的膜液为物理剥离得到的少层石墨烯分散液，或化学法得到的氧化石墨烯溶液，成膜后进行后处理或还原步骤。制膜方法与碳纳米管薄膜类似，如真空抽滤法、旋涂法、喷涂法、线棒涂膜法、Langmuir-Blodgett薄膜法等。两类方法都可以实现大面积连续化制备，并且在透明导电膜的应用上展现出巨大的潜力。氧化石墨烯的还原是指通过还原氧化石墨烯表面的含氧官能团形成还原氧化石墨烯（RGO）来改变化学性质的方法，是一种廉价、可大量制备石墨烯的方法。除了氧化石墨烯的还原之外，其他自上而下制备石墨烯的方法也引起学术界的关注，如电化学剥离石墨烯及非化学的机械剥离等。通常高质量的石墨烯生长在不透明的金属基底上，因此石墨烯薄膜完整转移度很大程度上决定了所得到的透明导电膜的质量。

（3）碳纳米材料复合柔性透明导电膜　碳纳米管和石墨烯分别作为一维和二维碳纳米材料的代表在透光性和导电性上具有互补性，因此很多研究者对二者的复合物薄膜的透光和导电性进行了研究。Tung等[23]将化学氧化的石墨烯和碳纳米管在溶液中混合，并用水合肼进行还原，发现在水合肼存在的条件下，碳纳米管不需要表面活性剂就可以很好地分散，最终他们得到了还原氧化石墨烯和碳纳米管的复合物膜，透光性为86%，方块电阻为240Ω/□，并且具有良好的柔性。清华大学朱宏伟课题组[24]将碳纳米管膜覆盖于在铜箔上生长的CVD石墨烯膜上，溶去铜箔后得到了一种由石墨烯补丁填补的独立碳纳米管复合物薄膜，该柔性透明导电膜在透光率为90%时，方块电阻为735Ω/□。Choi等[25]采用不连续的银纳米线对CVD石墨烯进行掺杂，发现石墨烯自身的导电性在金属线连接作用下提高了30%，该工作对于研究真正意义上以石墨烯为主体的复合物透明导电膜的性能优化具有重要的指导意义。

7.6 金属纳米线透明导电膜

7.6.1 金属纳米线透明导电膜简介

纳米银线（silver nanowires，AgNWs）是典型的一维金属纳米材料，它既具有纳米材料的小尺寸效应，又具有银的优异导电性、导热性及柔韧性，从而在光电相关领域得到广泛的应用[26]。AgNWs的长径比是影响其透明导电膜光电性能的关键因素之一，较高的长径比可以提高导电网络的构建效率，只需较少的AgNWs即可搭建出低雾度和高透光率的透明导电膜。AgNWs也被看作是最有可能替代ITO的材料之一，广泛用于太阳能电池、触摸板、有机发光二极管（OLED）、聚合物发光二极管（PLED）等领域。

7.6.2 制备方法

银纳米线（AgNWs）透明导电膜的制备，主要有旋涂法、刮涂法、喷涂法、印刷法、真空抽滤法等[26-28]。

旋涂法通常将透明基材真空吸附在高速转盘上，通过离心作用将纳米银溶液均匀平铺，经过烧结形成纳米银透明导电膜，通过转速、时间及滴料量控制膜的厚度。旋涂法小面积生产工艺简单，性价比较高，但无法卷对卷制备大面积样品。

刮涂法是在基材上用迈耶棒将AgNWs分散液铺平成膜。透明导电膜结构与性能取决于导电液的性质、涂布棒规格、涂布速度和基材平整度。迈耶棒刮涂法制得的样品有厚度均匀性高、成本低、原料利用率高等优点，但制备的过程中分散液与基材间的接触较差，薄膜的导电性可能不均匀。

喷涂法是通过喷枪将导电材料分散液直接喷涂到基材表面，再对基材加热以加快溶剂的挥发，通过控制喷涂流量、时间及分散液的浓度，制备不同厚度的薄膜。该方法有原料利用率低、薄膜均匀性差等缺陷。

真空抽滤法是通过抽真空的方式将分散在溶剂中的材料沉积在滤膜表面，形成均匀而具有一定厚度的导电薄膜，通过控制滤液的浓度和体积制备不同厚度的薄膜。抽滤时若局部出现滤料偏少，会使该处内外压强差较大，促使更多滤液通过，沉积加快变厚，因此滤料分散更加均匀。抽滤时内外压力不同可使滤料更好地接触，进而改善薄膜的导电性。但该方法工艺复杂，制备出的薄膜尺寸局限性大。

将银纳米线与碳纳米管复合，通过涂布也可以制备透明导电膜[29]。Park等[30]将银纳米线经油墨印刷工艺制备成膜，其电阻为32Ω/mm时具有95%的透光率。Jiu等[31]使用长度大于60μm、直径约为60nm的银纳米线，制备出方块电阻为25Ω/□、550nm波长处的透光率为91%的薄膜。

7.7 金属网格透明导电膜

7.7.1 金属网格透明导电膜简介

金属网格透明导电膜利用银、铜等金属材料在玻璃或PET薄膜上形成金属网,透光并导电[32]。在金属网格中,由于网格线之间的"小孔"空隙几乎100%透明,相比于连续的金属薄膜,金属网格导电膜的透光率得到大幅度增加。然而提高透明性是以付出电导率为代价的,可以通过增加网格线的厚度来降低导电膜的方阻,从而提升导电性。对于金属网格导电膜来说,网格的存在使得材料的透光率不是连续的。因此,导电膜的总透光率可以用网格覆盖总面积的百分比进行比照,而这与金属网格线的宽度、网格的间距、网格的数量等都有着直接的关系。

7.7.2 制备方法

(1)印刷法 北京印刷学院通过柔/凹版印刷制备了金属网格透明导电膜,其透光率为70%~80%,且透光率随栅线周期/线宽的增大而分别增大/减小,电磁屏蔽效能最高超过15dB。图7-2和图7-3分别是金属网格透明导电膜工艺过程示意图和三维显示图像[33]。PET薄膜的厚度约为150μm,预涂层厚度约为1μm,印刷的纳微米银网格线厚度为3~10μm,宽度为20~100μm。Kang等人[34]用电流体喷墨印刷的方式制备了银纳米颗粒网格透明导电膜,打印的银线线宽为10μm,结合石墨烯表面涂布,最终制备了方块电阻为4Ω/□、透光率为78%的复合透明导电膜。Jiang等[35]通过反转胶印制备了银网格透明导电膜,银网格厚度约为100nm,透光率为93.2%,方阻为17Ω/□,同时也具有非常好的柔韧性,应用于有机太阳能电池中。

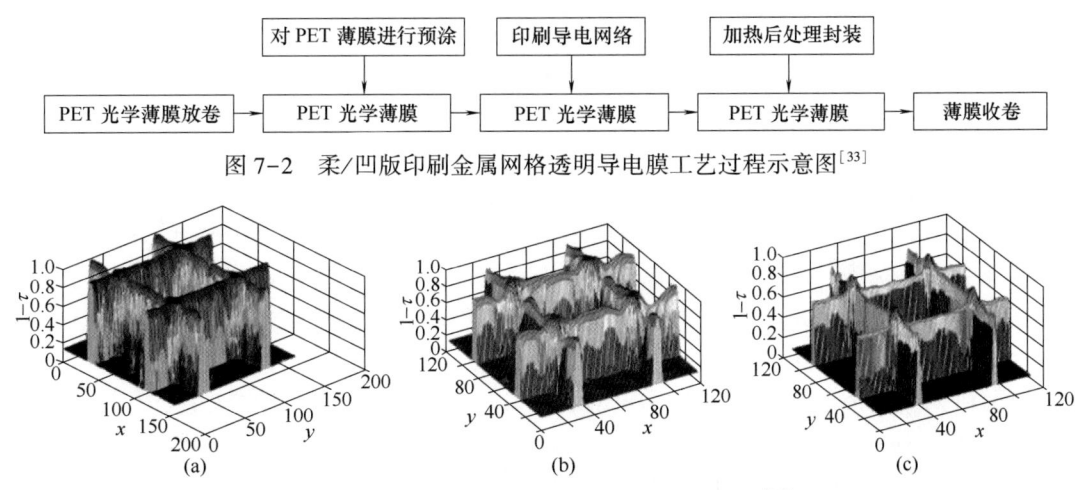

图7-2 柔/凹版印刷金属网格透明导电膜工艺过程示意图[33]

图7-3 金属网格透明导电膜三维显示图像[33]

中科院苏州纳米所崔铮研究员团队[36,37]通过结合卷对卷压印和混合式印刷方法自主研发了嵌入式银网格透明导电膜,银纳米颗粒填充在相互连通的凹槽结构中,透光率高于

85%，方块电阻低于1Ω/□，并成功应用于触摸屏上。与其他制作网格的方式不同，此方法可以制作高深宽比且窄的金属线，并能实现卷对卷大批量制作，成本低，网格线宽可小于2μm，深宽比大于2∶1[38]。其团队在此研究基础上，2019年进一步实现嵌入式铜网格，实现最低方阻为0.03Ω/□，并仍然保持86%的透光率，品质因子（figure of merit）达到80000[39]，2021年该团队使用这一技术实现了高导电性、高透明度、可拉伸金属网格[40]。

（2）卤化银涂布法　乐凯胶片公司邹竞团队[41]通过卷对卷涂布工艺制备卤化银感光胶片并对其进行曝光和显影加工，在聚酯片基上形成了由金属银构成的网格图案，银网格线宽为15~17μm，网线间距为285μm，经化学镀铜制得了透明导电膜。该透明导电膜的透光率为80%，面电阻为0.1~1000Ω/□可调。该法通过减法制备导电网格，显影和镀铜工艺有环境污染，制备流程长。具体制备流程如图7-4所示。

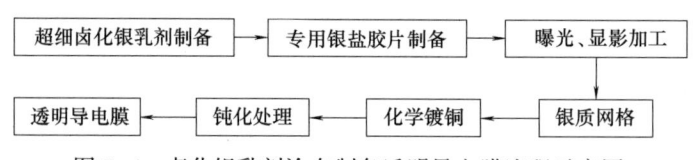

图7-4　卤化银乳剂涂布制备透明导电膜流程示意图

（3）激光烧结法　激光烧结可以同时达到网格图案化与高温烧结的目的，有人通过激光烧结Ag颗粒墨水并洗去未烧结Ag墨水的方法，在柔性基材上制备了二维金属方格透明导电薄膜，如图7-5所示。所得的导电薄膜网格线宽为10~15μm，透光率为85%，方阻小于30Ω/□。还有人利用该方法直接烧结NiO颗粒墨水制备了Ni金属网格，当相邻线中心间距为80μm时，网格的透光率为87%，方阻为655Ω/□。该方法的主要缺点是金属颗粒墨水利用率低，导致成本较高。

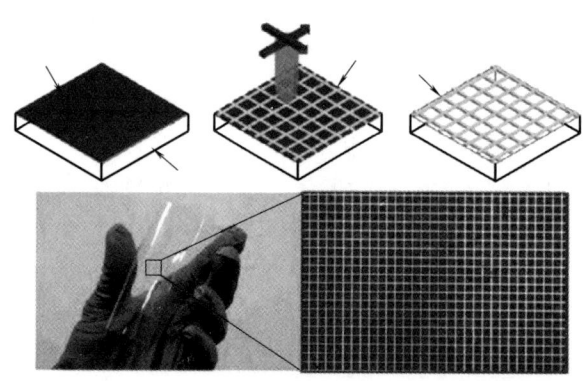

图7-5　激光烧结银颗粒墨水制备透明电极流程图

（4）其他方法　相对于经过设计并通过一定工艺形成的金属网格，自然形成的金属网络也可以形成导电网络。悬浮液干燥时固体会聚集成环，称为咖啡环效应（Coffee Ring）。利用咖啡环效应使适当的悬浮液干燥成膜，可以自组装形成金属网格；或利用纳米金属线交错，均可形成导电金属网络。纳米银墨水在液体挥发干燥后，可以自动形成导电网络，也可以利用气泡破裂自动形成纳米银线聚集网络，经过烧结可以形成面电阻为6.2Ω/□、透光率达84%的透明导电膜。通过自形成的凝胶膜而得到网格模板，结合沉积银和去除多余凝胶工艺，最终可获得方阻为4.2Ω/□、透光率为82%的银网格透明导电膜[42]。Seo等人[43]也通过自组装的方法制备了随机银网格透明导电膜，银网格可凸于衬底表面，也可实现凹于衬底里，并应用于太阳能电池中。

另一种金属网络是由纳米金属线随机交织而成的金属网络，可形成导电性好的透明导电膜（见图7-6）。以化学法合成纳米铜线，可制成电阻达51.5Ω/□、透光率为93.1%的透明导电膜；银的导电性比铜好，少量纳米银线即可交织成高导电性、高透光率的透明导电膜。

图 7-6 纳米银线搭接透明导电膜

7.8 柔性透明导电膜应用与发展

7.8.1 柔性透明导电膜的应用

柔性透明导电膜因具有高透光率、高导电性和机械柔性而受到了广泛关注。随着柔性电子和可穿戴电子器件的深入研究和发展，柔性透明导电膜应用领域不断扩大，在触摸屏、有机电致发光二极管、薄膜太阳能电池、柔性透明电加热膜和电磁屏蔽膜上都有应用。

（1）触摸屏　2007年，自苹果手机推动触摸屏成为主要的人机交互界面以来，触摸屏的使用发生了翻天覆地的变化，在智能手机、电脑、电视、汽车导航仪、电子纸等设备的触屏上得到了普及。触摸屏是一种可接收触头等输入讯号的感应式显示装置，当接触了屏幕上的图形按钮时，屏幕上的触觉反馈系统可根据预先编好的程序驱动各种控制装置，因此高透光率和导电性是触摸屏的主要特征，柔性透明导电膜成为触摸屏的核心材料。商业上透明导电材料一直使用的是 ITO，但是近年来 ITO 价格起伏不定，成本居高不下，因而替代材料的研究与开发逐渐兴起。

（2）有机电致发光二极管　随着电子器件的发展和不断更新换代，显示面板的需求日益上升。透明导电电极在液晶显示器、有机电致发光二极管、电致发光器件等领域发挥着重要作用。自 1987 年 Tang[44]首次报道双层结构的有机电致发光器以来，有机电致发光二极管（OLED）备受关注，被誉为下一代"梦幻显示器"。经过 30 多年的发展，OLED 已经走向成熟并开始向大面积、低成本、可弯曲的柔性 OLED 方向发展。

OLED 属于载流子双注入型发光器件，由阳极、空穴传输层、发光层、电子传输层和阴极组成，在外加电压驱动下，从阴极注入的电子经过有机层与阳极注入的空穴复合而产生激子，激子发生辐射衰减而发光，发光层产生的光再经过有机层和衬底入射到人眼中，如图 7-7 所示。光要发射出器件外，这使得透明导电电极成为不可缺少的部分。2019 年 2 月，随着华为和三星可弯折手机的发布，柔性 OLED 器件也备受关注。而商业化的刚性 ITO 材料易脆、不能弯曲，因此不适合应用于柔性显示器中。

（3）薄膜太阳能电池　薄膜太阳能电池是将光能转换成电能的光电器件，需要让太阳光几乎无衰

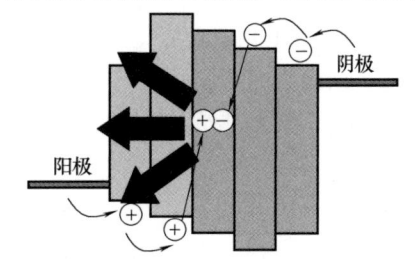

图 7-7　OLED 器件结构

减地直接到达激活区。因此为了转化光能，必须有一个全波段高透光率的透明导电膜。现已应用于太阳能电池的透明导电膜材料主要是 ITO，但其在光谱红外区缺少透光性，这对较宽光谱太阳光的收集有一定影响。而新发展的石墨烯、金属纳米线等透明导电材料在科学研究方面已应用于太阳能电池中[45-47]。

（4）其他　在同时需要高透光率和高导电性的光电器件中，透明导电膜是必不可少的组成部分。除了以上讨论的应用外，新兴透明导电材料在其他领域也有很多应用，包括用于光学窗口的电磁屏蔽膜、功能玻璃、红外成像、透明电加热膜、薄膜晶体管的透明电流收集器和透明的薄膜能源存储设备。不同的应用领域对透明导电膜的光电性能（导电性和透光率）有不同的要求，例如，当消除静电荷时，100kΩ/□ 的透明屏蔽膜就可满足要求，而屏蔽微波会要求更低的方块电阻。红外成像应用要求在红外范围内有高透光率即可。由于碳纳米管或石墨烯薄膜在红外范围内具有优异的透光率，因此在红外成像应用中，二者比金属纳米结构更受青睐。透明碳纳米管电极也被应用于纳米晶体管中，其中源极、漏极和栅极都是碳纳米管，大大简化了器件的制作流程，提高了晶体管的力学性能。未来的电子产品将需要更多的集成功能，新兴的透明导电膜将得到更广泛的应用。

7.8.2　柔性透明导电膜发展要求

近年来，随着柔性电子和光电器件的迅猛发展，传统 ITO 薄膜越来越不能满足应用需求，这也对新型柔性透明导电膜提出了新的挑战：首先，随着全球能源危机的加剧，电子产品逐渐向低成本方向发展，而作为柔性电子器件中重要材料的透明导电膜也需追求低成本；其次，导电性和透光率是柔性透明导电膜最重要的光电性能，现已发展的新型透明导电膜如碳材料和金属纳米材料，都存在导电性和透光率相互制约的瓶颈，提高导电性都需要在牺牲部分透光率的情况下才能实现，因此开发新型的能在高导电性情况下仍保持高透光率的透明导电膜是学界和产业界共同追求的目标；再其次，柔韧性和可拉伸性对于柔性电子来说也是重要的性能；最后，柔性电子器件有时需要多次反复弯折，同时还需要在不同的环境条件下使用，因此透明导电膜的稳定性对于电子器件起到至关重要的作用，包括多次弯折后的光电性能稳定性和不同恶劣环境条件下的稳定性。因此，发展一种低成本、高导电性、高透光率、柔韧性、可拉伸性和稳定性好的新型透明导电膜是亟须解决的问题。

复习思考题

1. 简要说明透明导电膜的原理及均衡透明度与导电性的方法。
2. 简要分析金属氧化物透明导电膜的优势与不足。
3. 列举几种导电高分子并说明其在透明导电膜中的应用。
4. 分析碳纳米管和石墨烯透明导电膜的异同。
5. 思考除纳米银线外其他金属纳米线是否适用于制作透明导电膜，及其在透明导电膜中的应用。
6. 分析并简述金属网格透明导电膜的应用。
7. 分析并简述透明导电膜的需求与未来发展方向。

参 考 文 献

[1] 史冬梅,杨斌,刘红丽. 印刷与柔性显示材料与器件技术发展现状与趋势 [J]. 科技中国,2018 (3):16-18.

[2] BAE S, KIM H, BALAKRISHNAN J, et al. Roll-to-roll production of 30-inch graphene films for transparent electrodes [J]. Nat Nanotechnol, 2010, 5 (8):574-579.

[3] 章峰勇. 柔性透明导电膜的研究进展 [J]. 信息记录材料,2010,11 (03):44-51.

[4] 王瑞. 印刷电子与导电材料技术发展分析 [J]. 信息记录材料,2016,17 (2):20-24.

[5] 张雅娟. 氧化铟锡(ITO)透明导电膜的特性及应用研究 [J]. 基础科学,2012 (8):122,124.

[6] SAWADA Y, KOBAYASHI C, SEKI S, et al. Highly-conducting indium-tin-oxide transparent films fabricated by spray CVD using ethanol solution of indium (III) chloride and tin (II) chloride [J]. Thin Solid Films, 20024, 409:46-50.

[7] 许君君,黄金华,盛伟,等. 超薄金属透明导电膜及其应用研究进展 [J]. 材料学报,2019,33 (6):1875-1881.

[8] CAMPBELLl T C. Ultrathin metal films and particles on oxide surfaces:structural, electronic and chemisorptive properties [J]. Surface Science Reports, 1997, 27 (1-3):1-111.

[9] SAHU D R, LIN S Y, HUANG J L. ZnO/Ag/ZnO multilayer films for the application of a very low resistance transparent electrode [J]. Applied Surface Science, 2006, 252 (20):7509-7514.

[10] SCHWAB T, SCHUBERT S, MüLLER-MESKAMP L, et al. Eliminating Micro-Cavity Effects in White Top-Emitting OLEDs by Ultra-Thin Metallic Top Electrodes [J]. Advanced Optical Materials, 2013, 1 (12):921-925.

[11] STEC H M, WILLIAMS R J, JONES T S, et al. Ultrathin Transparent Au Electrodes for Organic Photovoltaics Fabricated Using a Mixed Mono-Molecular Nucleation Layer [J]. Advanced Functional Materials, 2011, 21 (9):1709-1716.

[12] ZOU J, LI C Z, CHANG C Y, et al. Interfacial engineering of ultrathin metal film transparent electrode for flexible organic photovoltaic cells [J]. Adv Mater, 2014, 26 (22):3618-3623.

[13] GU D, ZHANG C, WU Y K, et al. Ultra-Smooth and Thermally-Stable Ag-Based Thin Films with Sub-Nanometer Roughness by Al Doping [J]. ACS Nano, 2014, 8 (10):10343-10367.

[14] ZHAO G, KIM S M, LEE S G, et al. Bendable Solar Cells from Stable, Flexible, and Transparent Conducting Electrodes Fabricated Using a Nitrogen-Doped Ultrathin Copper Film [J]. Advanced Functional Materials, 2016, 26 (23):4180-4191.

[15] SERGEANT N P, HADIPOUR A, NIESEN B, et al. Design of transparent anodes for resonant cavity enhanced light harvesting in organic solar cells [J]. Adv Mater, 2012, 24 (6):728-732.

[16] GROENENDAAL B L B, JONAS F, FREITAG D, et al. Poly (3, 4-ethylenedioxythiophene) and Its Derivatives:Past, Present, and Future [J]. Advance Materials, 2000, 12 (7):481-494.

[17] SUN K, LI P, XIA Y, et al. Transparent conductive oxide-free perovskite solar cells with PEDOT:PSS as transparent electrode [J]. ACS Appl Mater Interfaces, 2015, 7 (28):15314-15320.

[18] GU Z Z, TIAN Y, GENG H Z, et al. Highly conductive sandwich-structured CNT/PEDOT:PSS/CNT transparent conductive films for OLED electrodes [J]. Applied Nanoscience, 2019, 9 (8):1971-1979.

[19] MA W, SONG L, YANG R, et al. Directly synthesized strong, highly conducting, transparent single-

walled carbon nanotube films [J]. Nano Lett, 2007, 7 (8): 2307-2311

[20] ZHANG M, FANG S, ZAKHIDOV A A, et al. Strong, transparent, multifunctional, carbon nanotube sheets [J]. Science, 2005, 309 (19): 1215-1219.

[21] XIAO L, CHEN Z, FENG C, et al. Flexible, stretchable, transparent carbon nanotube thin film loudspeakers [J]. Nano Lett, 2008, 8 (12): 4539-4545.

[22] PAREKH B B, FANCHINI G, EDA G, et al. Improved conductivity of transparent single-wall carbon nanotube thin films via stable postdeposition functionalization [J]. Applied Physics Letters, 2007, 90 (12): 4.

[23] TUNG V C, CHEN L M, ALLEN M J, et al. Low-temperature solution processing of graphene-carbon nanotube hybrid materials for high-performance transparent conductors [J]. Nano Lett, 2009, 9 (5): 1949-1955.

[24] LI C, LI Z, ZHU H, et al. Graphene nano- "patches" on a carbon nanotube network for highly transparent/conductive thin film applications [J]. J Phys Chem C, 2010, 114 (33): 14008-14012.

[25] CHOI H O, KIM D W, KIM S J, et al. Role of 1D metallic nanowires in polydomain graphene for highly transparent conducting films [J]. Advanced Materials, 2014, 26 (26): 4575-4581.

[26] 周扬州, 钱磊, 章婷. 银纳米线及其透明导电膜的研究进展 [J]. 材料学报, 2020, 34 (11): 21081-21092.

[27] GARLAPATI S K, DIVYA M, BREITUNG B, et al. Printed Electronics Based on Inorganic Semiconductors: From Processes and Materials to Devices [J]. Advanced Materials, 2018, 30 (40): 55.

[28] 梁树华, 卫文飞, 何岗, 等. 银纳米线及其透明导电膜的制备 [J]. 硅酸盐学报, 2016, 44 (5): 707-710.

[29] 崔丽娜. 原位生长法制备碳纳米管/纳米银线复合材料及其应用研究 [D]. 北京: 北京化工大学, 2014.

[30] PARK J D, LIM S, KIM H. Patterned silver nanowires using the gravure printing process for flexible applications [J]. Thin Solid Films, 2015, 586: 70-75.

[31] JIU J, ARAKI T, WANG J, et al. Facile synthesis of very-long silver nanowires for transparent electrodes [J]. J Mater Chem A, 2014, 2 (18): 6326-6330.

[32] 齐亮飞, 朱超挺, 杨晔, 等. 金属网格透明导电薄膜研究现状与应用分析 [J]. 材料导报, 2015, 29 (9): 31-37.

[33] 徐艳芳, 李修, 刘伟, 等. 栅格式透明导电膜透光性能的表征和测试方法 [J]. 光学学报, 2014, 34 (2): 305-311.

[34] KANG J, JANG Y, KIM Y, et al. An Ag-grid/graphene hybrid structure for large-scale, transparent, flexible heaters [J]. Nanoscale, 2015, 7 (15): 6567-6573.

[35] JIANG Z, FUKUDA K, XU X, et al. Reverse-Offset Printed Ultrathin Ag Mesh for Robust Conformal Transparent Electrodes for High-Performance Organic Photovoltaics [J]. Advanced Materials, 2018, 30 (26): 7.

[36] CHEN X, WU X, SHAO S, et al. Hybrid Printing Metal-mesh Transparent Conductive Films with Lower Energy Photonically Sintered Copper/tin Ink [J]. Scientific Reports, 2017, 7 (1): 8.

[37] LI Y, MAO L, GAO Y, et al. ITO-free photovoltaic cell utilizing a high-resolution silver grid current collecting layer [J]. Solar Energy Materials and Solar Cells, 2013, 113: 85-89.

[38] CUI Z, GAO Y. Hybrid Printing of High Resolution Metal Mesh as A Transparent Conductor for Touch Panels and OLED Displays [J]. SID Symposium Digest of Technical Papers, 2015, 46 (1): 398-400.

[39] CHEN X L, NIE S H, GUO W R, et al. Printable High-Aspect Ratio and High-Resolution Cu Grid Flexible Transparent Conductive Film with Figure of Merit over 80 000 [J]. Advanced Electronic Materials, 2019, 5 (5): 8.

[40] CHEN X L, YIN Y F, YUAN W, et al. Transparent Thermotherapeutic Skin Patch Based on Highly Conductive and Stretchable Copper Mesh Heater [J]. Advanced Electronic Materials, 2021, 7 (12): 11.

[41] 邹竞, 章峰勇, 安国强. 银盐法制备透明导电膜的研究与应用 [J]. 信息记录材料, 2010, 11 (2): 4-6.

[42] HAN B, PEI K, HUANG Y, et al. Uniform self-forming metallic network as a high-performance transparent conductive electrode [J]. Adv Mater, 2014, 26 (6): 873-877.

[43] SEO K W, NOH Y J, NA S I, et al. Random mesh-like Ag networks prepared via self-assembled Ag nanoparticles for ITO-free flexible organic solar cells [J]. Solar Energy Materials and Solar Cells, 2016, 155: 51-59.

[44] TANG C W, VANSLYKE S A. Organic electroluminescent diodes [J]. Applied Physics Letters, 1987, 51 (12): 913-915.

[45] JEON I, CHIBA T, DELACOU C, et al. Single-Walled Carbon Nanotube Film as Electrode in Indium-Free Planar Heterojunction Perovskite Solar Cells: Investigation of Electron-Blocking Layers and Dopants [J]. Nano Lett, 2015, 15 (10): 6665-6671.

[46] LIU Z, YOU P, XIE C, et al. Ultrathin and flexible perovskite solar cells with graphene transparent electrodes [J]. Nano Energy, 2016, 28: 151-157.

[47] WU J, QUE X, HU Q, et al. Multi-Length Scaled Silver Nanowire Grid for Application in Efficient Organic Solar Cells [J]. Advanced Functional Materials, 2016, 26 (27): 4822-4828.